Otto Gradenwitz

Einführung in die Papyruskunde

Verlag
der
Wissenschaften

Otto Gradenwitz

Einführung in die Papyruskunde

ISBN/EAN: 9783957006004

Auflage: 1

Erscheinungsjahr: 2015

Erscheinungsort: Norderstedt, Deutschland

Hergestellt in Europa, USA, Kanada, Australien, Japan
Verlag der Wissenschaften in Hansebooks GmbH, Norderstedt

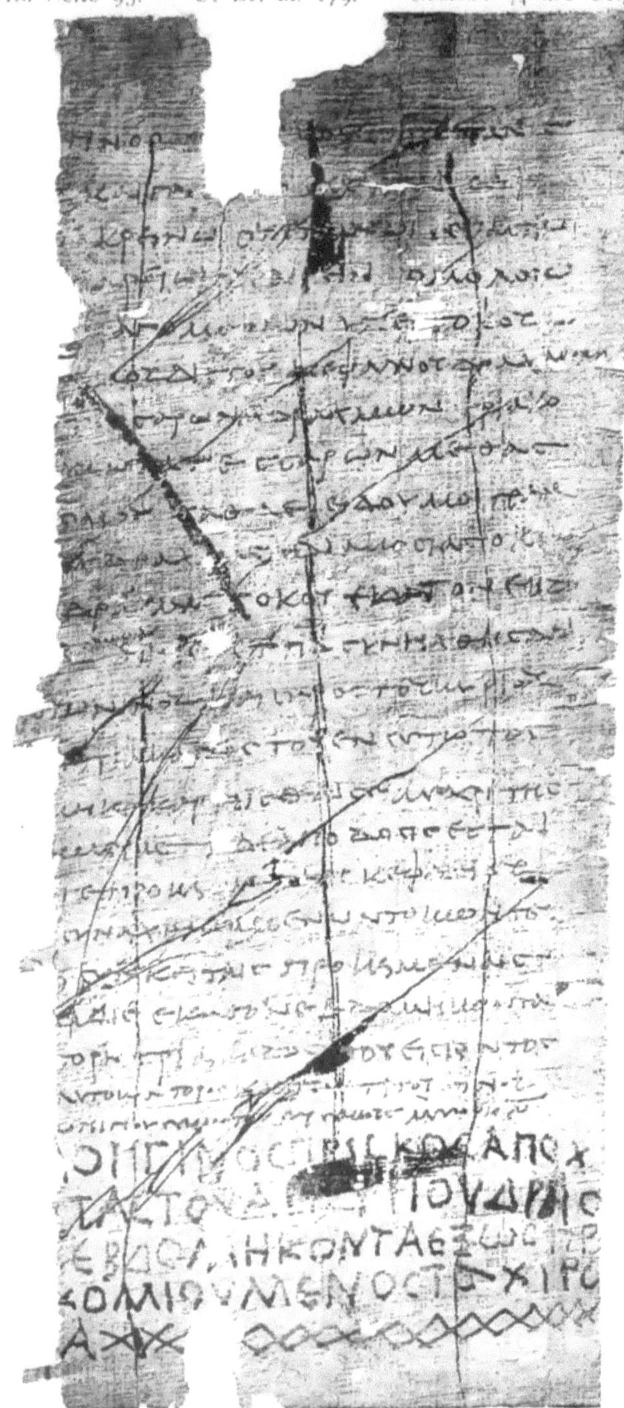

Verlag von S. Hirzel in Leipzig.   Lichtdruck von Albert Frisch, Berlin.

GRADENWITZ. Einführung in die Papyruskunde. I.

EINFÜHRUNG IN DIE PAPYRUSKUNDE

VON

OTTO GRADENWITZ

PROFESSOR AN DER UNIVERSITÄT KÖNIGSBERG

I. HEFT.

ERKLÄRUNG AUSGEWÄHLTER URKUNDEN.

NEBST EINEM CONTRÄR-INDEX
UND EINER TAFEL IN LICHTDRUCK.

—— ——❦——

LEIPZIG
VERLAG VON S. HIRZEL
1900.

Inhalt.

III. Gemeinsames über Vertragsurkunden.

A. Bestandteile.

B. Der Charakter der Urkunden.

Indices.

Abkürzungen.

UBeM.   = Urkunden des Berliner Museums (vgl. S. 4 Anm. 1). Grosse Ziffer: Nummer des Papyrus in der Edition, kleine: Zeile.

Brit. Mus. = Greek Papyri in the British Museum (vgl. S. 4 Anm. 2). Römische Ziffer: Band, grosse arabische: Seite des Bandes, kleine arabische: Zeile des auf der Seite abgedruckten Papyrus.

Oxyrh.   = The Oxyrhynchos Papyri (vgl. S. 5 Anm. 3). Römische Ziffer: Nummer des Papyrus, arabische: Zeile.

Z.S.St.   = Zeitschrift der Savigny-Stiftung für Rechtsgeschichte, Romanistische Abteilung.

No.   = UBeM.

D.   = Digesta Justiniani Augusti.

Verbesserungen.

S. 12 rechts Z. 11 des griechischen Textes l. $\tau\tilde{\omega}\iota$ statt $\tau\tilde{\omega}\nu$.

S. 25 Z. 6 l. 177 statt 172.

S. 30 am Rand und in der Zeile l. 667 statt 665.

S. 34 Anm. 1 Z. 1 l. 378 statt 37.

S. 60 Z. 7. 8 von unten l. $\varepsilon\dot{v}\delta\acute{o}\varkappa\eta\sigma\iota\varsigma$ statt $\varepsilon\dot{v}\delta o\varkappa\acute{\iota}\alpha$.

S. 64 Anm. 1 l. Schulten statt Scholten.

S. 76 in der ersten Zeile des Textes von UBeM. 282 l. $\Theta\varepsilon\varrho\mu o\tilde{v}\vartheta\iota\nu$ statt $\Theta\varepsilon\varrho\mu o\tilde{v}\delta\iota$.

S. 87 Z. 8 l. XXXIV statt XXXCI.

S. 93 am Rand l. für statt $\mu o\iota$.

S. 123 Anm. 1 Z. 2 l. 183 statt 283.

S. 165 Z. 3 von unten l. die Masse statt das Volumen.

S. 195. Zu Brit. Mus. II, 153: Die Ergänzungen und Berichtigungen mit Ausnahme des Schlusses finden sich auch bei Grenfell und Hunt (Classical Review XII, S. 434), die ausserdem noch Z. 10 $\sigma\tau\varrho\alpha\tau\varepsilon\nu o\mu\varepsilon[\nu o\nu]$ lesen und den Namen Z. 14. 15 als $\varDelta o\mu\iota\tau\iota o\varsigma$ bestimmen.

S. 196. Zu Brit. Mus. II, 220: Grenfell und Hunt (a. a. O.) geben die Lesung von Z. 23, und ergänzen Z. 24: $[\varOmega\varrho o\varsigma \ \varepsilon\xi]\eta\varsigma$.

Vorwort.

Wie den älteren Geschwistern öfters die Aufgabe zufällt, den jüngeren den Lebensweg zu ebnen, so hat die deutsche Epigraphik der jungen deutschen Papyruskunde diesen Dienst geleistet: es fand sich ein Historiker, der mit sicherem Takt auch Rechtsurkunden entzifferte und behandelte, und ein Jurist, der als Rechtshistoriker es verstand, über den Bäumen nicht den Wald zu vergessen, und — der Meister auch der Epigraphik beseitigte durch seinen Einfluss auf die Publikation wie durch seine Beteiligung an der Herausgabe, Erklärung und wissenschaftlichen Verwertung der Papyri die Hindernisse, welche für keimende Wissenschaft bereit gehalten zu werden pflegen.

Aber auf der anderen Seite rechtfertigt die hohe Geltung, deren der Satz: Graeca sunt non leguntur heute sich erfreut, den Versuch, wie ihn die vorliegenden Blätter wagen, dem Juristen philologische, dem Philologen juristische Anfangsgründe der Papyruskunde vorzuführen. Als Paradigmen wurden vorwiegend Vertragsurkunden genommen, nicht blos, weil sie mir am nächsten liegen, sondern auch, weil über viele andere Arten von Papyri ausführliche Abhandlungen bereits vorliegen. Die Urkundensammlung des zweiten Heftes berücksichtigt neben den Rechtsurkunden auch die Profanurkunden. Da Wilckens Vortrag 'Die griechischen Papyrusurkunden' über den Raum, welchen im Gebiete der Altertumswissenschaft die Papyri beanspruchen, Aufklärung giebt, so konnte ich hier gleich in medias res, in die Behandlung der einzelnen Urkunden eintreten: dem juristischen Leser wäre anheimzustellen, vor dem ersten Abschnitt etwa die Paragraphen 7 und 11 aus dem zweiten Abschnitt vorzunehmen.

Entstanden ist das Buch im Anschluss an exegetische Übungen, in denen ich in den Sommern 1894 und 1895 ausgewählte Papyri erklärte; als ich im Oktober 1895 Berlin verliess, waren der jetzige dritte Teil und vom zweiten Teil die Paragraphen 3—6 fertiggestellt und ich glaubte bald an die Offentlichkeit treten zu können. Hindernisse der verschiedensten Art liessen mich nicht vor den Herbstferien 1898 die Arbeit wieder aufnehmen. In diesen Ferien schrieb ich den ersten Teil und gab das Manuskript zum Druck; in den Osterferien vervollständigte ich durch die Paragraphen 7—11 den umgearbeiteten zweiten Teil; auch den dritten Teil in gleicher Weise behandeln wollen, hätte geheissen, die Arbeit wieder um ein halbes Jahr vertagen und die schon überreich in Anspruch genommene Geduld des Herrn Verlegers missbrauchen; so liess ich diesen Teil, wie er war. — Mitteis' Trapezitica erschienen, als dies Buch schon im Druck war, und wurden nicht mehr benutzt. Doch habe ich den Aufsatz nunmehr gelesen, und schliesse mich Mitteis' Deutung der wirtschaftlich-rechtlichen Natur der $\delta\iota\alpha\gamma\rho\alpha\varphi\alpha\iota$ an; meine Erklärung der Form dieser Urkunden bleibt bestehen.

Bei der Behandlung der Urkunden bin ich stets davon ausgegangen, dass die Papyruskunde in den Anfängen steht, und dass, so vortreffliche Entzifferer wir in Deutschland und im Ausland besitzen, gleichwohl der Benutzer der Papyri stets mit der Möglichkeit eines Verlesens zu rechnen, und stets die Aufgabe hat, Ergänzungen auch seinerseits zu versuchen. Auch habe ich es nicht gescheut, in der Tranchirkunst etwas weit zu gehen, und die Glieder der juristischen Urkunden umständlich von einander abzusondern; wer das Gerüst auch nur einer Urkunde bis ins Kleinste erfasst hat, wird vielen Urkunden selbständiger und mit eindringendem Verständnis entgegentreten. — Aus demselben Grunde habe ich, ästhetische Rücksichten bei Seite lassend, die 2., 3., 4. Hand durch neue Typen wiedergegeben. — Die textkritischen Vorschläge sind, wo nichts anderes bemerkt, von mir; ich habe sie aber Herrn Dr. Krebs gezeigt, der durch seine freundliche Warnung mich vor mancher Verschlimmbesserung bewahrt hat.

Gegen Mitteis polemisiere ich in mancher Einzelheit; hoffentlich zeigt mein Buch darum nicht minder, welch aufrichtige Hochachtung ich vor seiner Leistung wie vor derjenigen der Papyrusforscher diesseits und jenseits des Kanals empfinde, deren Lesung ich hier und da modifiziere.

Berlin, Oktober 1899. **O. Gradenwitz.**

Vorwort zu dem Conträr-Index.

Da es sich hier um ein neues mechanisches Hilfsmittel zur Ergänzung lückenhafter Texte handelt, so sei über die Entstehungsgeschichte kurz berichtet.

UBeM. 388 ist zum Teil der geschichtlichen Erklärung der Thatsache gewidmet, dass für einen Menschen Namens *Εὔκαιρος* zwei Freilassungsbriefe mit verschiedenem Datum und verschiedenen Urkundszeugen, aber gleichem Aussteller (einem später ermordeten Soldaten *Σεμπρώνιος*) vorgebracht werden. 338[II], 36: *Πόστουμος* [1] εἶπεν· "Εἰ, ὡς λέγεις, διπλαῖ ἐγράφη[σα]ν, πῶς οὔτε ὁ αὐτὸς χρόνος ἐν αὐταῖς προσκειται ἀλλ᾽ οὐδὲ οἱ αὐτοὶ σφραγισταί"; *Κασιανὸς* [2] εἶπεν· "Ὡς προεῖπόν σοι, ἡ *Πτολεμαΐς*, ὑφε[λο]μένη τὴν ταῖς αλ[. . .]αις· τοῦ *Εὐκαίρου* ταβελ[λ. . .]η *Αὔξωνος* τοῦ τετελευτηκότος ἐνέγραψε τὸ τούτου ὄνομα, ἐν ᾗ πλαστογραφίᾳ περιμ[ένο]ν ἐστὶν τὸ ὄνομα [νῦ]ν περὶ ὅλην τὴν ταβέλλαν."

Das *προειπεῖν* fand offenbar 338[I], 29 ff: *Κασιανὸς* εἶπεν· statt; indess ist diese Stelle so lückenhaft erhalten, dass sie zwar zu der im folgenden zu gebenden Deutung der oben abgedruckten Stelle wohl stimmt, aber zur Erklärung selbst nicht verwerthbar ist. In unserer Stelle kommt alles auf die Ausfüllung der Lücke αλ[. . . .]αις an: *Πτολεμαΐς* hat eine an sich noch sichtbare nachträgliche Fälschung in der namentlichen Bezeichnung des Freizulassenden vorgenommen; aber welche? ταῖς ἄλ[λαις τ]αῖς, was Krebs zweifelnd vorschlägt, giebt zwar Worte, aber keinen Zusammenhang. Da sich die Lösung nicht finden wollte, sah ich in Papes Wörterbuch alle Lemmata, die mit αλ anfangen, durch, fand bei *ἀλήθεια*, dass auch ταῖς *ἀληθείαις* statt τῇ *ἀληθείᾳ* vorkommt, und glaubte in *ὑφελομένη*

---

1) Der Vorsitzende.

2) Ein Beisitzer. Er und der *προσοδοποιὸς Διογένης*, die offenbar die Sache studiert haben, geben ihrer Meinung, wie das auch im *προεῖπον* liegt, mit einer solchen Unbefangenheit Ausdruck, dass wir den Vorsitzenden bewundern müssen, der es unterlässt, es den Leuten begreiflich zu machen, dass er, wenn auch sachunkundig, doch immerhin der Rangälteste ist.

$τὴν\ ταῖς\ ἀλ[ηϑεί]αις\ τοῦ\ Εὐκαίρου\ ταβέλ[λαν\ τ]ῇ\ Αὔξωνος\ τοῦ$
$τετελευτηκότος\ ἐνέγραψε\ τὸ\ τούτου\ ὄνομα$ die richtige Lesung
gefunden zu haben; in der Form modifizierend, in der Sache be-
stätigend wirkt jetzt UBeM. 742[II], 1: $ἵνα\ σοι\ μεταδῶμεν,\ εἰ\ ταῖς$
$ἀληϑ[ι]ραῖς\ ἀντὶ\ φερνῆς\ ἡ\ παραχώρησις\ ἐγένετο$, insofern $ταῖς$
$ἀλ[ηϑιν]αῖς$, wie statt $ταῖς\ ἀλ[ηϑεί]αις$ natürlich ebensogut in 388
zu ergänzen, durch sie für den Sprachgebrauch der Papyri gesichert wird [1]).

Ptolemaïs hat danach die echte Urkunde des Eukairos hinter
sich behalten, und ihm diejenige eines Verstorbenen nach gefälschtem
Namen eingehändigt. Der Zweck des wunderlichen [2]) Manövers
wäre, den Eukairos mit einem von ihm wohl für echt genommenen
Falsum zu bedenken, um bei Gelegenheit, etwa nach Ablauf einiger
Zeit, ihn ebensowohl, unter Aufdeckung des Unechten, als Sklaven
reklamieren, wie, unter Angebot der echten Urkunde, ein Lösegeld
von ihm erpressen zu können [3]). Nun ist es klar, dass, wenn nicht
erhalten wäre: $ταις\ αλ....αις\ του$, sondern $ταις\ ....ιναις\ του$, die
eben vorgeführte Methode der Ergänzung unanwendbar wäre: denn,
um den Anfang herauszubekommen, müsste man alle Worte mit
$ινος$, und alle mit $ινα,\ ινη$ beisammen haben, und das leisten die
Wörterbücher nicht.

Da nun die seltsamste Komplikation von der Welt mich in
die Lage versetzte, über eine bestimmte ansehnliche Summe zu
wissenschaftlichen Zwecken verfügen zu müssen, so beschloss ich,
ein Verzeichnis der fehlenden Art herstellen zu lassen; es lag auf
der Hand, dass etwa auf $ινος$ allein abzustellen willkürlich wäre,

---

1) UBeM. 742 ist Hadrians Zeit; UBeM. 388 soll zweites bis drittes
Jahrh. sein.

2) Mommsen, Z.S.St. 16, 186 bemerkt, dass meine Annahme „eine wenig
wahrscheinliche Kombination des Thatbestandes" erfordere. Das leuchtet mir
ein; aber erst jüngst haben wir es erlebt, dass man auf einer Rohrpostkarte den
Namen des Adressaten ausradierte, um ihn durch den gleichen Namen zu ersetzen:
der Zweck war, mit der entdeckten Fälschung einen Andern zu belasten; der
Missgriff, die Fälschung nicht auf die Wohnung auszudehnen, der in jenem
Fall zur Entdeckung des Manövers führte, kann im vorliegenden nach $ἐν\ ᾗ$
$πλαστογραφίᾳ\ περιμ[ένο]ν\ ἐστὶν\ τὸ\ ὄνομα\ [νῦ]ν\ περὶ\ ὅλην\ τὴν\ ταβέλλαν$
wiederholt, aber auch vermieden sein. — In ähnlicher Weise veranlasst in dem
Ibsenschen Stücke 'Frau Inger auf Östrut' Nils Lykke den Sohn, sich für einen
Andern auszugeben, weil er die Thatsache je nach Belieben verwerthen will.

3) Dazu stimmen I, 30 ff. die Reste: 34 $[ἄγρα]φος\ ὢν\ ὁ\ Σ[εμπρώνιος]$
37 $[αλ]είψαντες\ ἐκ\ τῶ[ν\ ......\ τ]αβελλῶν\ τὸ\ ὄνομα$ 38 $ἤλλαξεν\ τὸ\ τοῦ$ 39 $τῆς$
$αὐτοῦ\ ταβέλλης$, ohne natürlich es zu erweisen.

und ebensowohl alle Worte auf *νος*, ja alle auf *ος* gesammelt werden mussten. Herr Prof. Diels, mit dem ich den Plan besprach, billigte meine Absicht, die lateinische, nicht die griechische Sprache zunächst heranzuziehen, und machte die einleuchtende Bemerkung, dass alle Endungen mit einem Schlage getroffen würden, wenn die Worte atomistisch in der alphabetischen Reihenfolge des letzten Buchstabens nacheinander stünden. Ein solches Verzeichnis sämtlicher lateinischen Worte lasse ich denn auch herstellen, und hoffe es bald gedruckt vorzulegen.

Um aber den Bearbeitern nicht blos als Finanzkraft, sondern auch als Experte gegenübertreten zu können, machte ich mich daran, zunächst selbst eine solche Arbeit im Kleinen zu beginnen und wählte dazu den Index zu den Berliner Griechischen Papyri I. II., den ich zu verzetteln und einzuordnen begann; die Arbeit hat dann in meinem Auftrag Herr stud. jur. von Rehbinder fortgesetzt und auf die Indices von British Museum II und Oxyrhynchos I ausgedehnt.

Nun liegt es auf der Hand, dass dieses Wortverzeichnis zu den Papyruseditionen nur einen Auszug aus Auszügen bieten kann; denn die Papyri enthalten nur einen Teil des griechischen Wortschatzes, und aus diesem Teil haben die Verfasser der Indices wiederum eine Auslese aufgenommen. Gleichwohl ist eine gewisse Wahrscheinlichkeit dafür vorhanden, dass das lückenhaft erhaltene Wort auch an anderer Stelle der Papyri vorkommt und in den Indices steht: deshalb ist auch dieses unvollkommene Hilfsmittel von Wert; so führt UBeM. 592^{I}, 6: *ἡ ἀντίδικος ....* (8) *ἐκείν[ων ...χιαν η[γ]αγεν* die Untersuchung aller Wörter mit *χια* auf *ἡσυ]χίαν*, so UBeM. 619^{I}, 1 *τὴ[...]ισθεῖσαν πρόσοδον* auf *ὁρ]ισθεῖσαν* (Worte auf *ίζω*), was ich allerdings dann auch in den Ergänzungen fand, so findet sich für UBeM. 613, 6: *ὃς τὰ κεκριμένα ....ι.ασι: ἐκβιβάσι* als das wahrscheinlichste, so empfiehlt sich Brit. Mus. II, 220, 14 *ἐξουσίαν τοῦ πωλεῖν ὑποτίθεσθαι οὐδὲ ἄλλως [..........]τισαι* ein *χρημα]τίσαι*; so würden Grenfell und Hunt schwerlich deutschen Gelehrten die Lösung und Lesung von *ὑπὸ διαγηνηλιον* haben überlassen müssen, wenn ein Conträr-Index ihnen unter den Worten auf *ιος* auch *ἥλιος* vor Augen geführt hätte u. s. f. — Auch abgesehen von dem unmittelbaren Nutzen, der natürlich nicht in jedem Fall stattfindet, stärkt die Durchsicht der Worte mit bestimmter Endung das Gedächtnis für künftige Fälle [1]).

1) Als dieses Vorwort sich im Drucke befand, kam das Register der Verbesserungen zu Brit. Mus. II von Grenfell und Hunt (Classical Review XII S. 434) zu meiner Kenntnis:

Allerdings wird der Konjekturalkritiker, der sich seines 'Treffer-blicks' bewusst ist, diesem Hilfsmittel gegenüber Empfindungen hegen, wie der kräftige Alpensteiger beim Anblick der Gornergrat-bahn; aber auch ihn wird hoffentlich die Erwägung besänftigen, dass eine solche Wortparade, ausser für Ergänzungen, auch für grammatikalische Studien ihren Wert hat.

Die Verbesserungen, die ich zu der Urkunde Brit. Mus. II S. 153 bringe, sind fast alle schon bei G. u. H., welche überdies Z. 9 richtig $\sigma\tau\rho\alpha\tau\epsilon\nu o\mu[\acute{\epsilon}\nu o\nu$ lesen und den Namen des erkorenen Richters als $\varDelta o\mu\iota\tau\iota o\varsigma$ erkannt haben; nur die Ergänzung am Schluss $\zeta\eta[\tau\eta\mu\alpha]$ $\delta\iota\alpha\lambda\epsilon\xi o[\mu\epsilon\nu o\nu$ bringen sie nicht. Indem ich auf die Priorität der Herren nochmals hinweise, möchte ich zeigen, wie zu diesen Ergänzungen der Conträr-Index führt. Der Schlüssel lag für mich in $\mu\alpha\nu\epsilon\rho\alpha\varsigma$ $\epsilon\chi\epsilon\iota$; denn $\mu\alpha\nu\epsilon\rho\alpha\varsigma$ musste Wortende sein: nun giebt es ausser $\varphi\alpha\nu\epsilon\rho o\varsigma$ kein Wort, das für $\nu\epsilon\rho\alpha\varsigma$, $\nu\epsilon\rho o\varsigma$, $\nu\epsilon\rho\alpha$, $\nu\epsilon\rho\eta$ in Betracht käme, dies musste auf die Vermutung führen, dass ν statt π verlesen war, worauf sich $\pi\rho\alpha\gamma]\mu\alpha$ $\pi\epsilon\rho\alpha\varsigma$ $\epsilon\chi\epsilon\iota\nu$ von selbst darbot. Ebenso führte die Fest-stellung, dass auf $\nu\pi o\varsigma$, $\nu\pi o\nu$ nur $\alpha\lambda\nu\pi o\varsigma$, $\tau\nu\pi o\varsigma$, $\pi\rho\omega\tau\nu\tau\nu\pi o\varsigma$ vorkommt, auf $\nu\sigma o\nu$, also $\varkappa\epsilon\lambda\epsilon]\nu\sigma o\nu$; man kann etwa an $\acute{o}[\rho o\nu$ $\varkappa\epsilon\lambda\epsilon]\nu\sigma o\nu$ denken, besser, aber kaum angängig, wäre $\mu\epsilon\sigma\iota\tau\iota\alpha\nu$. Bei $\tau\epsilon\nu\sigma\iota$ war an ein Amt auf $\tau\epsilon\nu\omega$ zu denken; doch fand sich das gewünschte $\mu\ldots\tau\epsilon\nu\sigma\iota$ nicht unter den zur Verfügung stehenden $\beta\alpha\tau\epsilon\acute{\nu}\omega$, $\acute{\epsilon}\mu\beta\alpha\tau\epsilon\acute{\nu}\omega$, $\gamma\rho\alpha\mu\mu\alpha\tau\epsilon\acute{\nu}\omega$, $\acute{\alpha}\rho\chi\iota\epsilon\rho\alpha\tau\epsilon\acute{\nu}\omega$, $\sigma\tau\rho\alpha\tau\epsilon\acute{\nu}\omega$, $\acute{\epsilon}\xi\eta\gamma\eta$-$\tau\epsilon\acute{\nu}\omega$, $\varkappa o\sigma\mu\eta\tau\epsilon\acute{\nu}\omega$, $\nu o\mu\iota\tau\epsilon\acute{\nu}\omega$, $\acute{\nu}\pi o\pi\tau\epsilon\acute{\nu}\omega$, $\varkappa\alpha\tau\alpha\delta\nu\nu\alpha\sigma\tau\epsilon\acute{\nu}\omega$, $\pi\iota\sigma\tau\epsilon\acute{\nu}\omega$, $\varkappa\alpha\tau\alpha\pi\iota\sigma\tau\epsilon\acute{\nu}\omega$, $\varphi\nu\tau\epsilon\acute{\nu}\omega$, $\varkappa\alpha\tau\alpha\varphi\nu\tau\epsilon\acute{\nu}\omega$, $\zeta\omega\varphi\nu\tau\epsilon\acute{\nu}\omega$, und hier wurde durch das aus $\mu\epsilon$ (Z. 13) $..\tau\epsilon\acute{\nu}\omega$ hervorkommende $\mu\epsilon\sigma\iota\tau\epsilon\acute{\nu}\omega$ umgekehrt der Conträr-Index ergänzt. Der restituierte Papyrus ist lehrreich, insofern er diesen $\mu\epsilon\sigma\acute{\iota}\tau\eta\varsigma$ und $\varkappa\rho\iota\tau\acute{\eta}\varsigma$ zum Amt kommen lässt wie im alten Rom neminem voluerunt majores nostri iudicem esse .... nisi qui inter adversarios convenisset; ein weiteres Beispiel (zu den Exekutivurkunden pro judicato und purae, zum duplum nach depositi ius, und wohl auch zum $\mu\grave{\eta}$ $\acute{\epsilon}\lambda\alpha\tau\tau o\nu\mu\acute{\epsilon}\nu o\nu$ als Verhinderung der Consumption) für das Vorkommen in Rom uralter Rechtsinstitute in unseren Papyri: denn ein blosser arbiter ex compromisso ist Domitios nicht.

Die zweite Columne, welche die Rechnungen „In der Anlage" vorführt, zeigt ebenfalls einen merkwürdigen Satz: Nach Kenyons Ergänzung am Schluss $(\tau\alpha\lambda\alpha\nu\tau\alpha)$ $[\delta$ $(\delta\rho\alpha\chi\mu\alpha\iota)$ $\beta\omega]$ kann über den Calcul selbst kein Zweifel sein. Es wird (Z. 32ff.) ein dritter Posten von 500 Drachmen erwähnt, für den 4 Aruren verpfändet waren und auf den abgezahlt war (Z. 33 $\epsilon\xi$ $\omega\nu$ $\alpha\pi\epsilon\delta\omega$-$\varkappa\epsilon\nu$ $\tau\omega$ δ $(\epsilon\tau\epsilon\iota)$ $\varPhi\alpha\mu\epsilon\nu\omega\vartheta$ — es ist wohl etwas ausgefallen). Nun werden in der Gesamtaufstellung Z. 35 von der Gesamtsumme 4000 Drachmen und von dem Pfandboden zwei Aruren abgezogen; dies bedeutet offenbar die Hälfte von Summe und Pfand des dritten Postens: indem von jener Schuld die Hälfte abgezahlt wurde, ging auch die Hälfte des Pfandobjektes aus dem Nexus heraus, ganz im Gegensatz zum Grundsatz pignoris causa indivisa est, aber im Einklang mit UBeM. 445, 19 wenn dort richtig ergänzt ist $[\tau\tilde{\eta}\varsigma$ $\pi\rho\acute{\alpha}\xi\epsilon\omega\varsigma$ $o\H{\nu}\sigma\eta\varsigma$ $\H{\epsilon}\varkappa$ $\tau\epsilon$ $\tau\tilde{\eta}\varsigma$ $\Sigma o]\acute{\eta}\rho\epsilon\omega\varsigma$ $\varkappa\alpha\grave{\iota}$ $\acute{\epsilon}\varkappa$ $\tau[\tilde{\omega}]\rho$ $\lambda o\iota\pi\tilde{\omega}\nu$ $\tau[\tilde{\eta}]\varsigma$ $\mu\epsilon\sigma\iota\tau\acute{\iota}\alpha\varsigma$ $\acute{\alpha}\rho o\nu\rho\tilde{\omega}\nu$.

An diese lexikographische Betrachtung reihe ich eine andere an. Zwischen Wilcken und mir besteht eine Meinungsverschiedenheit über die Interpunktion und Interpretation von UBeM. 15, 14, indem der Satz ᾿Αξιοῖ ἀναγεινώσκων τὰ κεκελευσμένα bis εἰς ἀλλοτρίαν᾿ von Wilcken für ein eingeschobenes Referat, von mir für den Schluss der Rede des Rhetors und für dessen Petitum gehalten wird. Zu meiner Auffassung passt, wie ich hervorhob (Z.S.St. 16, 136), schlecht der Satz ἀναγεινώσκων τὰ κεκελευσμένα, wenn man ἀναγιγνώσκειν für ʻlesen᾿ nimmt, und ich hatte für ἀναγιγνώσκειν die ältere Bedeutung ʻanerkennen᾿ in Anspruch genommen. Wilcken erklärte (Z.S.St. 17, 155 ff.) diese Übersetzung für ebenso unmöglich wie meine von ihm mit Recht gerügte Wiedergabe von πράκτωρ ἀργυρικῶν. Nun hatte ich für ἀναγιγνώσκειν die Bedeutung von ʻanerkennen᾿ — ohne genügende Belege — in allen Lexicis von Stephanus an gefunden, kann aber als Beleg jetzt nur eine Herodotstelle beibringen. Da muss man denn doch sagen, dass die Wörterbücher den Benutzer irre führen! — Notwendig ist für meine Interpunktion, bei der ich bleibe, jene Bedeutung nicht; ich kann auch die andere Bedeutung annehmen; der Mandant, ʻindem er vorliest᾿ = ʻdurch mich, den Rhetor, vorlesen lässt᾿, das ist hart, aber nicht unerträglich.

Wenn übrigens Wilcken gegenüber meiner Bemerkung, das Petitum sei der wichtigste Theil, auf die überragende Wichtigkeit des Urteils verweist, so besteht hierin Übereinstimmung zwischen uns: nur von dem Parteivortrag ist meiner Meinung nach das Petitum der wichtigste Theil:

So ist von Wilckens Ausführungen (prozessualisch genommen) das wichtigste der Schluss: ʻZiehen wir die Summe: "Die von Gradenwitz vorgeschlagene Deutung ..... ist sprachlich völlig unmöglich" .....᾿ — sein petitum, obwohl er es in die Form eines Urteils kleidet; das Urteil selbst wird, wenn unsere Kenntnis durch neues Material bereichert sein wird, endgiltig festgestellt werden: gegenwärtig bleiben wir beide — die Parteien — Jeder bei seiner Meinung! Und dies, obwohl Wilcken sicherlich einen Teil meiner Argumente entkräftet hat, und also der natürliche Erfolg gesitteter Polemik — beide Teile zu belehren —, nach Wilckens freundlicher Bemerkung über die juristischen Dinge, uns nicht ausgeblieben ist.

Einleitung.

. Papyrus ist ein Substrat der Überlieferung, für alle litterarischen Erzeugnisse, wie für Urkunden benutzt. Auf dem Gebiet der Urkunden besitzen wir ausser den Papyri noch Erz-, Stein-, Wachs-Inschriften. Mit den Wachstafeln bilden die Papyri eine Gruppe, und in dieser Gruppe sind sie durch die Masse des Erhaltenen der Hauptbestandtheil. — Erz und Stein wurden naturgemäss da angewandt, wo der Zweck vorlag, etwas öffentlich auszustellen, Papyrus und Wachs, um sicher zu verwahren. So ist für jene der geeignete Gegenstand das, wonach sich männiglich zu richten hat: Gesetze, Statuten, leges datae oder Verfügungen von dazu berechtigten Privaten an die Allgemeinheit, kurz, alles was das Wort lex in seiner weitesten Bedeutung umfasst, und Erlasse. Nach einer natürlichen Entwicklung besitzen wir inschriftlich vieles, was uns nebenher auch noch durch Schriftsteller überliefert ist. Die Papyrusmasse ist mehr geeignet, uns das Leben kennen zu lehren, welches auf Grund der Verfügungen sich entwickelte. Die Anwendung des Rechtes, die Praxis im Kleinen, die Art der Befolgung der Regeln, die Kämpfe über die Auslegung, angebliche Nichtbefolgung, die Entscheidung, der Ausgang eines solchen Kampfes im Einzelnen, das ist das Gebiet, auf dem Wachs und Papyrus herrschen. Kundzuthun, dass der minor viginti quinque annis geschont werden solle, war die Lex Plaetoria auf Stein oder Erz eingegraben; aber wie sich ein Minderjähriger beklagt, lehrt uns der Pap. UBeM 378: ἔτι δὲ ἐντὸς τοῦ Λαιτωρίου νόμου ὤν. und wie die
insuper autem intra aetatem legis Plaetoriae.
Verwirklichung der Norm, so überliefert er natürlich oft deren Vervielfältigung und Uebersetzung. Angeschlagen wurde das Rescript über die longi temporis praescriptio in Stein oder Erz: aber auf dem Papyrus UBeM 267 wird der ägyptische Rechtssucher beschieden:

Μακρᾶς νομῆς παραγραφῆς [1]) τοῖς δικαία[ν] αἰτ[ί]αν ἐσχηκόσι
Longae possessionis praescriptio eis qui justam causam habent
καὶ ἄνευ τινὸς ἀμφισβητήσεως ἐν τῇ νομῇ γενομ[έν]οις πρὸς
et sine ulla controversia in possessione fuerunt adversus
μὲν τοὺς ἐν ἀλλοτρίᾳ πόλει διατρείβοντας ἐτῶν εἴκοσι ἀριθμῷ
eos qui in alia civitate degunt annorum viginti spatio
βεβαιοῦται, τοὺς δὲ ἐπὶ τῆς αὐτῆς ἐτῶν δέκα. Προετέθη ἐν
munitur, eos vero qui in eadem, decennio. Proposita est
Ἀλεξανδρείᾳ κτλ. (199 p. Chr.). Vgl. Paulus, sent. V, 2, 3.
Alexandriae.

Die Diplome der Veteranen sind im Original in Erz ausgefertigt
nach der tabula ahenea, die in Rom auf dem Capitol angeschlagen ist
und es haben sich deren gar viele erhalten; aber die Handhabung
solcher Diplome enthüllt der Text auf dem Papyrus, der die Gestellung
zum Gegenstand hat:

(cf. CIL. 3², 853) Imp. etc. veteranis qui militaverunt in classe Raven-
(cf. UBeM 113) οἱ ὑπογεγραμμέ(νοι) οὐετρανοὶ στρατευσάμενοι ἐν εἴλαι[ς] καὶ ἐν
nate sub Sex. Lucilio Basso etc., quorum nomina subscripta sunt,
σπείραις καὶ ἐν κλάσσαις δυσὶ Μεισηνάτῃ καὶ Συριακῇ, ἐπιτυχόντες σὺν
ipsis liberis posterisque eorum civitatem dedit et conubium
τέκνοις καὶ ἐγγόνοις τῆς Ῥωμαίων πολιτείας καὶ ἐπιγαμίαν (sic)
cum uxoribus, quas tunc habuerunt cum est civitas is data, aut
πρὸς γυναῖκας, ἃς τότ[ε] εἶχον, ὅτε αὐτοῖς ἡ πολει[τ]ία ἐδόθ[η], ἢ
si qui caelibes erunt cum iis quas postea duxissent dumtaxat
εἴ τινες ἄγαμοι εἶεν, πρὸς ἃς ἐὰν μεταξὺ ἀγάγωσι, τοῦ μέχρι μιᾶς
singuli singulas.
ἕκαστος.

Vielfach ist bezeugt, dass die römischen Soldaten nicht hei-
rathen durften, aber mitten in die Lebensverhältnisse hinein führt
uns erst UBeM 114, 6, wo die Frau aus dem Nachlass des Soldaten
eine παρακαταθήκη (depositum) fordert, und der Beamte ihr den
Richter verweigert mit der Mahnung: Νοοῦμεν ὅτι αἱ παρακαταθῆκαι προῖκές (dotes) εἰσι· ἐκ τῶν τοιούτων αἰτιῶν κριτὴν οὐ
δίδωμι· οὐ γὰρ ἔξεστι στρατιώτην γαμεῖν, wo uns also die Schleich-
wege, auf denen das Verbot umgangen werden sollte, vor Augen
treten; und UBeM 729, 8 ff., wo ein Soldat von einer Frau eben ein
solches Pseudodepositum erhält, wie es No. 114 aufdeckt: (Er bekennt,) von ihr empfangen zu haben παραθήκην ἀκίνδυνον παντὸς
κινδύνου (suo periculo) und wird sie: φυλάξει παρ᾽ ἑαυτῷ (custo-

---

1) Dieser Casusfehler ist unerheblich, kann aber verschiedentlich erklärt
werden; z. B. so, dass im Original stand: l. poss. praescriptio his qui, was für
praescriptionis qui gelesen wurde. Ein einfaches Abschreiberversehen ist aber
wahrscheinlicher. Überhaupt liegen mehrere grammatische Absurditäten in
dem griechischen Text auf der Hand.

diet) καὶ ἀποκαταστήσει (restituet) αὐτῇ ὁπότε ἐὰν ἀπαιτῆται
(quando repetetur) ἀνυπερθέτως (sine mora) ἢ ἐκτείσει κατὰ τὸν
τῶν παραθηκῶν νόμον (aut aestimationem solvet iure depositi) zeigt
uns eine dissimulirte 'dos' dieser Art; denn der Gegenstand des angeblichen Depositums ist: ἱμάτια γυναικεῖα συντετειμημένα (aesti-
mata) ἀργυρίου δραχμῶν τριακοσίων καὶ χρυσᾶ κοσμάρια ἐν εἴδεσι
ἐπὶ τὸ αὐτὸ τετάρτων τριάκοντα δύο.

Ja, die soeben veröffentlichte Urkunde Brit. Mus. II, 206, 7. 17. 25
zeigt, welches das ius depositi hier war: das nämliche, welches die
Römer dem Edict ihres Praetors nach nur mehr für das sog. depositum miserabile hatten; es sind hier durch Vermittlung einer Bank
zweihundert Drachmen ins Dépôt des Schuldners gebracht, offenbar
ihm als depositum irregulare anheimgegeben [1]), Z. 17: ἐὰν δὲ μὴ
                                                      quod si non

ἀποδῶ καθ᾽ ἃ γέγραπται, ἀποτισάτω τῷ (Name) τὴν παραθήκην
  reddiderit   secundum id quod scriptum est solvet   eius quod depositum est
διπλῆν κατὰ τὸν τῶν παραθηκῶν νόμον.
duplum   secundum   depositi   ius.

Und, wichtiger noch, Brit. Mus. II, 211, 23 lehrt oder bekräftigt,
dass, was wir UBeM 446, 17 von der Arrha lesen, (dass nämlich die
Verkäuferin, wenn sie nicht gegen Empfang der Restsummen die
Auflassung vornimmt, nach Arrharecht zurückzahlen müsse) ebenfalls auf restitutio dupli hinausläuft:

Brit. ἐὰν δὲ μὴι καταγράψωσι ἐκτίσιν αὐτὰς τὸν ἀῤῥαβ[ῶν]α
      quod si non   mancipabunt   soluturas eas   arrhae
Berl. ἐὰν δὲ μὴ καταγράφῃ, ἐκτείσ[ειν αὐτὴν τὸν ἀῤῥαβῶνα
διπλοῦν μεθ᾽ ἡμιολίας καὶ τόκων.
duplum   (cum semisse) et   usuris
διπλοῦν τῷ τῶν] ἀραβώνων νόμῳ.

Also: Verkäuferin muss das Doppelte herausgeben, wenn sie
die Verpflichtung nicht hält, bei Zahlung des Restpreises die Umschreibung vorzunehmen; der Käufer aber wird der Arrha beraubt,
wenn die Verkäuferin zur Auflassung bereit ist und er nicht den
Rest zahlt, Z. 17: ἐὰν δὲ καὶ ἡ Σωτηρία ἑτοίμως ἔχουσα [2]) κατα-
               quod si illa   parata   man-
γράψαι ᾧ [. . . 20 Buchst.] στερίχεθαι (= στερίσκεσθαι) αὐτὸν τοῦ
cipare

---

1) Ebenfalls Gelddepots betreffen Brit. Mus. II, 205, 4. 208, 11. 12 und die
Urkunde aus dem 4. Jahrhundert, Brit. Mus. II, 319, die (Z. 7) auch das Verbum π]α[ρέ]θηκα (ergänzt von Kenyon) zu bieten scheint.

2) Realisirt finden wir das hypothetische ἑτοίμως ἔχειν Brit. Mus. II, 170, 9
ως] ἑτοίμως ἔχων ἀποδῶνα[ι, in einer διαστολή (Zustellung: so Z. 16 zu ergänzen) eines Pächters an seinen Processgegner.

ἀραβῶνος; die Ergänzung ist hier leider nicht möglich, da die Bestimmung in der Parallelurkunde fehlt und in der subscriptio ausgelassen ist; doch ist, wenn wir beide Papyri zusammenhalten, kein Zweifel, dass wie der Empfänger zur Strafe das Doppelte herausgeben soll, so der Geber zur Strafe das Gegebene verliert, wenn er seine Mitwirkung verweigert.

So ist die juristische Aufgabe des Papyrus eine doppelte: aufzunehmen, was nicht in Erz und Stein gehauen werden soll; überall hin zu verbreiten, was schon auf Erz und Stein steht. In der letzteren Hinsicht ergänzt er unsere Kenntniss, in der ersteren schafft er uns ganz neue: wir lernen durch die Papyri nicht bloss das Recht und seine Handhabung, wir lernen auch die Menschen kennen, die es handhaben, und die, welche danach lebten, und wir hören sie auch da, wo sie sich unbelauscht glaubten.

Mit Hülfe der Papyri hat Mitteis die donatio ante nuptias erforscht und Wilcken das Actenwesen der Beamten in der Provinz Ägypten; an Protocollen auf Papyri lehrt Mommsen die Gerichtsordnungen des kaiserlichen Ägypten.

Zahllose Eingaben, Verfügungen, Briefe, Anzeigen gestatten uns Einblicke in das häusliche und das Verkehrsleben der Einwohner des Landes.

Das letzte Jahrzehnt hat den Bestand an juristischen Papyri in einer solchen Weise vermehrt, dass die Papyruskunde einen neuen Zweig der Sprach- und Rechtswissenschaft zu bilden anfängt. Die drei grossen Institute, denen hauptsächlich die Urkunden als Eigenthum anvertraut sind, haben sich der Aufgabe zugewendet, ihre Schätze dem gelehrten Publikum zugänglich zu machen. Verschiedene Wege wurden dabei eingeschlagen: während das British Museum die Hauptaufgabe darin erblickte, möglichst bald einen Überblick über den Inhalt der wichtigsten Urkunden zu geben, war das Berliner Museum darauf bedacht, durch möglichst schleunige Herausgabe der Urkunden den Fachkreisen die Texte selbst zu bieten; die Erzherzog-Rainer-Sammlung ging auf eine abschliessende Publikation aus.

Vom Berliner Museum sind bis jetzt etwa 800 Urkunden in Autographie publicirt, mit textkritischen Anmerkungen und einigen litterarischen Nachweisungen, sowie je einem Index (von Krebs) zu Band I und Band II [1]). Vom Corpus Papyrorum Raineri ist Band I

---

1) Aegyptische Urkunden aus den Koeniglichen Museen zu Berlin. Herausgegeben von der Generalverwaltung. Griechische Urkunden. Bd. I 1895. Bd. II 1897. — Herausgeber: Ulrich Wilcken, Friedrich Krebs, Paul Viereck.

'Rechtsurkunden' im Druck mit Commentaren erschienen[1]). Das British Museum hat zwei Bände herausgegeben, die es allzu bescheiden Catalogue with texts nennt[2]). Sie enthalten einen Catalog und Transscriptionen mit Einleitungen (der zweite Band zahlreiche Rechtsurkunden, für die die Berliner und die Wiener Publikation oft von Werth sein konnten), und Indices, und dazu ausgewählte Photographieen. — Hierzu kommt der erste Band der Oxforder Publication aus dem Egypt Exploration fund: The Oxyrhynchos Papyri[3]), Texte mit Übersetzung und Inhaltsangabe, sowie reichhaltigem Index. Gelehrte verschiedener Nationen sind beschäftigt, eine Zeitschrift für Papyruskunde herauszugeben.

Die folgenden Blätter sind im wesentlichen auf Grund von Studien an den Berliner Papyri und zwar an den Originalen entständen. Der erste Theil sucht dem Benutzer der Publikationen zu zeigen, in welcher Art über die erste Edition textlich noch hinauszukommen ist; der zweite und der dritte beschäftigen sich mit den Urkunden über Rechtsgeschäfte und zwar giebt der zweite einige Paradigmata, an denen der Gegensatz römischer und griechischer Verträge in starken Strichen herausgearbeitet wird, der dritte Theil sucht in die Einzelheiten der Urkunden einzudringen. Die englischen Papyri sind zur Ergänzung, wo es nützlich schien, herangezogen[4]).

---

1) Corpus Papyrorum Raineri. Bd. I, (II) 1895. — Herausgeber: Wessely. — Ein juristischer Commentar zu No. XIX. XX von Ludwig Mitteis.

2) Greek Papyri in the British Museum. Vol. I 1893. Vol. II 1898. Edited by F. G. Kenyon.

3) The Oxyrhynchos Papyri. From the Egypt Exploration fund. Part. I. 1898. Edited by B. P. Grenfell and A. S. Hunt.

4) Eine verdienstliche Übersicht über die ältere Papyrusliteratur giebt Viereck in den Jahresberichten über die Fortschritte der classischen Alterthumswissenschaft, 1893, III, S. 135 ff.

I. Zur Theorie der Entzifferung.

§ 1. Behandlung verstümmelter Papyri (UBeM No. 613).

UBeM 613. Papyrus UBeM No. 613 wird von Mitteis[1]) als desolat bezeichnet. Doch ist er in seinem jetzigen Zustand (in dem er bei S. 8
abgedruckt ist) geeignet, die Technik der Restitution klarzulegen.

Es sind folgende Stücke zu unterscheiden: 1. die Ueber-
schrift, 2. die Adresse (Z. 2—3), 3. die Eingabe an den Adressaten (Z. 3—41), 4. die Unterschrift (Z. 41), 5. was auf diese folgt
(Z. 41—42).

Inhalt. Ein Veteran Namens Tiberius Tiberinus richtet eine Eingabe
($\dot{\alpha}\nu\alpha\varphi\acute{o}\varrho\iota o\nu$[2]) an Fabricius Fabricianus, und die Abschrift dieser Eingabe liegt hier vor. Begründet wird sie mit der subscriptio des
Statthalters, an welchen der Bittsteller sich zuvörderst gewandt
hatte, diese wird (Z. 4—6) im Wortlaut angeführt und ergiebt, dass
eben Fabricianus sich der Sache annehmen soll. Demnächst enthält
die Bittschrift noch zwei Anlagen, nämlich das ursprüngliche Gesuch
an den Statthalter (Z. 9—24) und da dieses Gesuch sich auf einen
Urtheilsspruch gestützt hatte, auch diesen Urtheilsspruch (Z. 26—36).
Die beiden letzteren Anlagen der Bittschrift werden durch gleich-
mässige Formeln eingeführt und abgebracht, und wir sind daher
in der Lage, jedes Zweifels über deren Anfang und Ende über-
hoben zu sein. Ueberdies ist das Ende jeder der beiden Anlagen
schon in sich selbst klar, das der ersten durch die Unterschrift,
das der zweiten durch die Formel $\dot{\epsilon}\pi\iota\delta\acute{\epsilon}\delta\omega\varkappa\alpha$, von der noch zu
reden sein wird. An die zweite Anlage schliesst sich ein Begehren
(Z. 37—41), welches mit der in der subscriptio des Statthalters erwähnten und in dem Titel zum Ausdruck kommenden Kompetenz
des adressirten Offiziers ebensowenig zu thun hat, wie mit der

---

1) Hermes, 32, S. 649, vgl. S. 644.

2) $\dot{\alpha}\nu\tau\acute{\iota}\gamma\varrho\alpha\varphi o\nu$ $\dot{\alpha}\nu\alpha\varphi o\varrho\acute{\iota}o\nu$ noch No. 168,1. Sonst $\dot{\alpha}\nu\alpha\varphi\acute{o}\varrho\iota o\nu$ ($\dot{\epsilon}\pi\iota$) $\delta\iota\delta\acute{o}\nu\alpha\iota$:
5[II], 16. 17. 163, 7 250, 21. ($\delta\iota\alpha$)$\pi\acute{\epsilon}\mu\pi\epsilon\iota\nu$: 5[II], 19. 20. — Zweifelhaft Brit. Mus. II, 188, 1.

streitigen Sache. Danach zerfällt No. 3, die Eingabe, in folgende Theile: A. Bitte in Betreff der dem Statthalter übermittelt gewesenen Angelegenheit; dabei ist zu unterscheiden der eigentliche Text und die Beilagen. B. Neues Begehren. C. Schluss.

Wenn nun versucht werden soll, die Rechtsverhältnisse bis auf einen gewissen Grad zu entwirren, so wird es sich empfehlen, die zeitliche Reihenfolge auch hier massgebend sein zu lassen und also die zweite Anlage zuerst vorzunehmen, da sie allein über das „Verfahren bis zum Urtheil", also über den Streit und seinen Gegenstand uns Aufschluss geben kann.

Fassen wir dieses Urtheil rein grammatisch in's Auge, so ergiebt sich eine Zweitheilung: 1) Theodoros der Stratege hatte, nachdem er erwogen und gestern die Sache aufgenommen hatte, sie wieder vertagt in Folge der Verlesung eines Aktenstückes. 2) Da aber heute auch Tiberinus auf den Plan trat wegen der grossmütterlichen Güter (die dann im Relativsatz abgehandelt werden bis $\mu\eta\tau\varrho\acute{o}\varsigma$), — und nun fehlt der Nachsatz, denn: $\sigma\upsilon\nu\varepsilon\mu\pi\acute{\varepsilon}\pi\lambda\varepsilon\varkappa\tau\alpha\iota$ $\lambda\acute{\varepsilon}\gamma\omega\nu$ $\dot{\alpha}\nu\alpha\gamma\nu\omega\sigma\vartheta\acute{\varepsilon}\nu\tau\iota$ $\dot{\upsilon}\pi o\mu\nu\acute{\eta}\mu\alpha\tau\iota$ $\varkappa\alpha\grave{\iota}$ $\mu\alpha\mu\mu\tilde{\omega}\alpha$ $\dot{\upsilon}\pi\acute{\alpha}\varrho\chi o\nu\tau\alpha$ $\dot{\iota}\varkappa\alpha\nu\grave{o}\nu$ $\pi\alpha\varrho\acute{\varepsilon}\xi o\upsilon\sigma\iota$ fällt offenbar aus der Konstruktion. Um den richtigen Text zu gewinnen, muss man davon ausgehen, dass $\dot{\alpha}\nu\alpha\gamma\nu\omega\sigma\vartheta\acute{\varepsilon}\nu\tau\iota$ $\dot{\upsilon}\pi o\mu\nu\acute{\eta}\mu\alpha\tau\iota$ an sich ungenügend ist, da der Artikel durch das Sprachgesetz gefordert und überdies fünf Zeilen vorher auch gesetzt ist; $\tau\tilde{\omega}\iota$ brauchen wir vor $\dot{\alpha}\nu\alpha\gamma\nu\omega\sigma\vartheta\acute{\varepsilon}\nu\tau\iota$ und in der That passt die Stelle des Papyrus . ω . viel besser auf $\tau\omega\iota$ als auf $\gamma\omega\nu$. Das Übrigbleibende aber ist bei der biegsamen Feder des Schreibers eben sowohl $\tau\varepsilon$ wie $\lambda\varepsilon$, und wir gewinnen daher ein zweites, mit $\tau\varepsilon$ angegliedertes Verbum zu $\dot{\varepsilon}\pi\varepsilon\acute{\iota}$, während der Nachsatz, ungezwungen und sicher, mit $\dot{\iota}\varkappa\alpha\nu\grave{o}\nu$ $\pi\alpha\varrho\acute{\varepsilon}\xi o\upsilon\sigma\iota$ beginnt, und als Sinn des zweiten Satzes sich ergiebt: Da aber — als novum nach der simplen Vertagung — es sich begab, dass Tiberinus wegen der bona avita auf den Plan trat, und andererseits das verlesene Aktenstück auch die bona avita in sich begreift, so (ergeht Bescheid) werden Athenarion und die Ihrigen die cautio judicatum solvi stellen, zugleich wegen der Früchte von der Zeit seit dem Tode des Antistius Gemellus.

Diese satis datio oder vielmehr satis praestatio ist uns sprachlich bekannt aus dem Papyrus 388^{III},8 [1]); ihre Eigenschaft als cautio judicatum solvi in unserem Fall wird dadurch nicht minder un-

1) Das Urtheil.

---

1) ($\dot{\varepsilon}\varkappa\acute{\varepsilon}\lambda\varepsilon\upsilon\sigma\varepsilon\nu$) . . $\tau\grave{o}\nu$ . . $\nu o\mu\iota\varkappa\grave{o}\nu$ . . $\dot{\iota}\varkappa\alpha\nu\grave{o}\nu$ $\pi\alpha\varrho\alpha\sigma\chi\varepsilon\tilde{\iota}\nu$. Über diesen Papyrus hat Mommsen gehandelt. Zeitschr. d. Sav. Stiftung Bd. 16 S. 182 ff.

zweifelhaft, dass einige Buchstaben unlesbar sind. Mitteis'[1] Ergänzung $\pi\varrho o\sigma\acute{o}]\delta ov$ ist höchstwahrscheinlich die richtige.

Der Rechts-
fall.

Was den Rechtsfall betrifft, so nimmt Mitteis[2] an, dass es sich
„um den Erbschaftsstreit nach einem gewissen Antistius Gemellus"
handele. Allein dies trifft nicht das Wesentliche, nicht den Streitpunkt. Denn in dem Gesuch B erkennt Tiberinus die Qualität
seiner Gegner als der Erben des Gemellus insoweit an, dass er
von ihnen die Rechnungslegung fordert, welche, behördlicher Anweisung ungeachtet, ihr Erblasser unterlassen hatte. Streitig aber
ist, ob das Grossmuttergut des Tiberinus rechtmässig besessen
wird von den testamentarischen Erben des Gemellus, wie er genannt
wird $\pi\alpha\tau\varrho\omega\nu$ $\alpha\mathring{v}\tau$, was offenbar aufzulösen ist $\pi\acute{\alpha}\tau\varrho\omega\nu(o\varsigma)$ $\alpha\mathring{v}\tau(\tilde{\omega}\nu)$:[3]
d. h. es fragt sich, ob die testamentarischen Erben und Freigelassenen
des Gemellus das Grossmuttergut des Tiberinus mit demselben
Rechte weiter besitzen sollen, mit dem ihr Erblasser es allerdings
besessen hatte; denn dass dieser und sein Recht nicht in Frage
gezogen wird, ergiebt sich daraus, dass die Früchte erst vom Zeitpunkt des Todes des Gemellus an in cautionem und also doch wohl
auch von da an in litem deducirt werden. Es ist also die Streitfrage, ob das Grossmuttergut des Tiberinus mit dem übrigen Nachlass des Gemellus an dessen testamentarische Erben kommt oder
aus seinem Nachlass abgezweigt wird, um dem Tiberinus zu verfallen.

Sofort wird man erinnert an den Papyrus 19, den Mommsen
unter theilweiser Verbesserung der Wilcken'schen Edition in der
Zeitschrift der Savigny-Stiftung Bd. 14 S. 1 ff. besprochen hat. Auch
dort handelt es sich um die $\mu\alpha\mu\mu\tilde{\omega}\alpha$ $\mathring{v}\pi\acute{\alpha}\varrho\chi o\nu\tau\alpha$, und wir werden
eine Stelle unseres Papyrus wohl nach dem genannten ergänzen können.

Pap. 19[I], 15: $\pi\varepsilon\varrho\grave{\iota}$ $\mu\alpha\mu\mu\acute{\omega}\omega\nu$ $\mathring{v}\pi\alpha\varrho\chi\acute{o}\nu\tau\omega\nu$, $\mathring{\omega}\nu$ $\breve{\varepsilon}\lambda\varepsilon\gamma o\nu$ $\varepsilon\mathring{\iota}\varsigma$ $\tau\grave{o}\nu$
$\pi\alpha\tau\acute{\varepsilon}\varrho\alpha$ $\mathring{\varepsilon}[\alpha v]\tau\tilde{\eta}\varsigma$ $\mathring{\alpha}\pi\grave{o}$ $\tau\tilde{\eta}\varsigma$ $\mu\eta\tau\varrho\grave{o}\varsigma$ $\alpha\mathring{v}\tau o\tilde{v}$ $\mathring{\varepsilon}\lambda\eta\lambda v\vartheta\acute{\varepsilon}\nu\alpha\iota$.

Pap. 613, 31. 32: $(\mu\alpha\mu\mu\acute{\omega}\omega\nu)$ $\mathring{v}\pi\alpha\varrho\chi\acute{o}\nu\tau\omega\nu$ $\tau\tilde{\omega}\nu$ $\mu\acute{\eta}\pi\omega$ $\varphi\vartheta\alpha$-
$\sigma\acute{\alpha}[\nu\tau\omega\nu?]$[4] $\varepsilon[\mathring{\iota}]\varsigma$ $\alpha\mathring{v}\tau\grave{o}\nu$ $\varepsilon\mathring{\iota}\varsigma$[5] $\mathring{\varepsilon}\lambda\vartheta\widetilde{\iota}\nu$ $\mathring{\alpha}\pi\grave{o}$ $\tau\tilde{\eta}\varsigma$ $\mu\eta\tau\varrho\acute{o}\varsigma$.

Offenbar ist in No. 613,32: $\varepsilon[\mathring{\iota}]\varsigma$ statt $\alpha[.]\varsigma$ zu lesen, was schon
durch das durchstrichene $\varepsilon\mathring{\iota}\varsigma$ wahrscheinlich gemacht wird, denn es
muss der Sinn der nicht ganz leserlichen Zeilen 31/32 doch wohl
sein, dass die Güter erst ihm von seiner Mutter her hätten deferirt werden
müssen, ehe sie an die testamentarischen Erben des Gemellus kamen.

---

1) Hermes 32 S. 651.
2) Ebenda S. 650.
3) cf. No. 96, 10: $\mathring{v}\pi\grave{o}$ $\tau o\tilde{v}$ $\pi\varrho o\varkappa\varepsilon\iota\mu\acute{\varepsilon}\nu ov$ $\pi\acute{\alpha}\tau\varrho\omega\nu o\varsigma$.
4) [$\nu\tau\omega\nu$?] Viereck.
5) $\varepsilon\mathring{\iota}\varsigma$ auf dem Papyrus durchstrichen.

UBeM. No. 613 nach Vierecks Lesung. (Die Worte καί (Z. 1) und εἰς (Z. 12) sind auf dem Papyrus und in der Publikation durchstrichen; ebenso ουν (Z. 17) in παλινδικοῦντωες).

„Papyrus. H. 32 cm. Br. 25 cm. 1 Klebung. Faijûm. Grosse schräge Cursive einer ausgeschriebenen Hand. „Der Papyrus ist zweifach zusammengefaltet gewesen, infolge davon ist besonders die linke Seite des Papyrus „stark zerstört und durchlöchert, die Tinte, namentlich im Anfang der Zeilen verblasst oder mit der Oberfläche „des Papyrus abgerieben. Daher ist die Lesung an manchen Stellen zweifelhaft. Zeit des Antoninus Pius? „vgl. zu 35 und 38).

P. 7332.

[Ἐντίγρ(αφον) ἀναφ[ο]ρίου.
[. . . . . . .] Φαβρικιανῷ ἐπάρχωι εἴλης καὶ ἐπὶ τῶν κεκριμέν(ων)
[παρὰ Τιβε]ρίου Τιβερείνου οὐετρανοῦ. Ἀπέτεινα βιβλ[ίδι]α τῷ λαμπροτάτῳ
[ἡγεμόνι] καὶ ἀνεπέμφθην ἐπὶ σὲ καὶ (sic!) ἐπὶ ὑπογρ(αφ)ῆς] ο[ὕ]τως ἐχούσης· "Οἱ ταῦ-
5 [τα ἐπιδόντες τ]ὰ βιβλ[ίδια] ἀριθ(μῷ) ιβ ἐντύχετε Φαβρικιανῷ [ἐ]πάρχῳ εἴλ(ης) καὶ ἐπὶ τῶν
[κεκριμέν(ων) . .] . . . . . ᾧ τὰ ἴσα ἐδόθη. ὓς τὰ κεκριμένα . . . . . ι . ᾶσι." Τὸ ἀντίγρ(αφον)
[. . . .] . . . [. .] . καὶ ἀξιῶ ἀκουσθῆναι· ὑπέταξα δὲ καὶ τὸ ἀνῆκον μέρ[ο]ς(;) τῆς τοῦ
[ἐπι στρ(ατηγου) ἀπο]φάσεως τὸ ἀντίγρ(αφον), ἵν' ὧ εὐεργετη(μένος). Διευτύχ]ει. — Ἔστι δὲ τοῦ βιβλιδίου τὸ
ἀν[τ]ίγρ(αφον)· Οὐαλ[ουσ]ίῳ Μηκιανῷ ἐπάρχ(ῳ) Αἰγύπ το]υ — παρὰ Τιβερίο[υ](ν) Τιβερείν]ου
10 οὐ ετρα[νοῦ. Κ]ατὰ τὴν ἔμφυτόν σου εὐμένειαν προη . . ο . ι εἰς πάντα ἐπάξια
. . . . α . [. .] . . . καὶ πρὸς τὰ ἤδη κεκριμένα ὑπὲρ) τοῦ μὴ χρυφάδις(;) κατατρίβεσθαι
καὶ αὐτοῦ οὖν πρὸς τὰ ἤδη κεκριμένα μάτην παρ[ε]νοχλοῦντος, οὐ περὶ
τῶν ἀν[τ]ι[δ]ίκων ἐντυγχάνω κ[α]ὶ δέομ..., τῆς ἀπὸ σοῦ ἀντιλήμψεως
. [. .] . [ ] . [. .] . . . [.]ας περὶ κληρονομίας μοι ἐν[σ]τάσης κατέστημεν ἐπὶ Θεο-
15 [δώρου] . [.] . [. .] . ερας εἴληφεν καὶ προσκριθέν μο[ι] τῶν ὑπαρχόντων
[. . . .] . [.] . μένης τῆς κληρονομίας κατὰ τ[ὰ] κείμενά μοι δίκαια· ἐπεὶ
[. . . .] ε [. . .] α . . . . . περὶ τῶν αὐτῶν παλινδικοῦντωες καὶ μάτην
ἐπέδωκαν [.] . [.] . . [.] ἐμφαβοῦντές με διαστολικὸν ὑπόμνημα παρατυχόντες]
ἐπὶ τη . [. . . δ]ιάγνωσιν ἀξιῶ προσκύνων τὸ ἱερώτατον βῆμα τοῦ [.]υ . [. . .]
20 λι . . . [. . .]ον ἐκ τῆς ἀσυνκρίτ(ου) ἐπιστροφῆς εἰς τοῦτο μεῖναι αὐτοὺς
ᾶ . . . . [. . ']να νουθεσίας ἀκοῦσαί μου πρὸς αὐτούς. ἤδη ποτὲ ἀποβλε-
[. . τῇ]ς κα[τ'] ἐμο[ῦ] ἐπηρείας παρασυραντάς με εἰς τὰ κριτήρια, ἄνθρωπον
τ[ούτ]οις ὑπηρε[τ]ήσαντα ταῖς στρατιαῖς ἀμέμπτως· ἵν' ὧ ὑπὸ σοῦ εὐεργε-
τ[ημένος]. Δ[ι]ευτύχει. Τιβέριος Τιβερεῖνος οὐετραν[ὸς] ἐπιδέδωκα.
25 [___] . . . . Φαρμο]ῦθι ε ___ . Μέχρι τούτου τὸ [βι]βλείδιον. Ἔστιν δὲ
. [. . . . .]ας τὸ ἀνῆκον μέρος — Θεόδωρος στρατηγὸς σκεψάμεν[ος . . . . . .] . ν καὶ ἐχθὲς διαλαβὼν ὑπερέθηκεν τ[ὸ] πρᾶγμα ἐκ τοῦ ἀναγνωσθέν[το]ς ὑπομνήματος Μουνατίου· ἐπεὶ δὲ σήμερον καὶ ὁ Τιβερεῖνος
κ[. .] . . ην [ὑ]πὲρ μαμμῴων ὑπαρχόντων. ὧν οὐδὲ ὄντων ἐπικρατοῦ-
30 σι[ν αἱ] περ[ὶ] τὴν Ἀθηνάριον ὡς ἐκ διαθήκης κληρονόμοι γενόμεναι τοῦ
ι . [. . Ἀνθ[ε(σ)τ[ί]ου Γεμέλλου πατρῳ αὐτ(   ) ὑπαρχόντων τῶν μήπω φθασα . . . . . . α[.]ς αὐτὸν εἰς (sic!) ἐλθεν ἀπὸ τῆς μητρὸς συνεμπέπλεκται λέγων
ἀναγνωσθέντ[ι] ὑπομνήματι καὶ μαμμῷα ὑπάρχοντα αἱ περὶ τὴ[ν]
Ἀθ[η]ν[άριο]ν ἱκανὸν παρέξουσι τῶν ἐκ κρίσεως φανησομένων πα-
35 σι[. .] . . . . [. .] . δου, ἐξ οὗ τετελεύτηκεν ὁ Ἀνθέστιος Γέμελλος —
Ἀξ[ίοι] οὖν Δ[ιό]σ[κ]ορ[ος] Ἀρποκρατ(ίωνος) ὑπη[ρ]έτης. Μέχρι τούτου καὶ τὸ ἀνῆκον
μέρο[ς τ]οῦ ὑπ[ο]μνήματος. Τυγχάνει δέ, κύριε, καὶ ὃν λέγουσι πατέρα αὐτῶν . . . . ἔτι πάλαι ὑπὸ Ἀπ[ο]λλιναρίου στρατηγήσαντος κατὰ
κα[. . .] . . περὶ μου τάξασθαι, ὅστις οὐκ ἔταξεν καὶ τὰ τούτο[υ] ἀξιῶ καὶ νῦν
40 το[ύ]τους τοὺ[ς] κληρονόμους λόγους μοι τάξασθαι. — Τιβέρις Τιβερεῖνο[ς]
ἐπιδέδ[ο]ωκα. — Θέωναξι Τιβερῖνος τῇ ἀποφάσι τοῦ κρατίστου Λιβεραλίου
μὲν [συ]μφ[ωνε]ῖ. Φαρμοῦθι ζ ___ Ἐξῆλθεν ὁ αὐ[ό]ς [ὑ]πηρέτης.

„3 l. Ἀπέτεινα. 4 Mit Οἱ beginnt das Citat der ὑπογραφή (Wilcken). 6 l. ι . άσι als Futurum (Wilcken); man kann „. . βάσι oder . . . . ικάσι lesen: δικάσι scheint mir ausgeschlossen zu sein. 7 Anfang ist ἐπέταξα oder ein Synonym zu „ergänzen (Wilcken). 8 [ἐπιστρ(ατήγου) (vgl. Z. 41) ders. 9 Über ου von]ουείῳ ein schräg von oben herunterkommender „Strich, vielleicht ein ähnlicher Trennungsstrich, wie nach Αἰγύπ[το]υ Z. 9, vgl. 25, 35, 41). 13 δεδμενος? 14f. Vgl. zu dem „Namen Z. 26. Im Anfang von Z. 15 sind schwache Spuren von Tinte erhalten; ob sie zu δωρου stimmen, ist nicht zu sagen. „Den Genitiv schlug Wilcken vor. 17 παλινδικούντων ist sofort von dem Schreiber in παλινδικοῦντες verbessert. 19 Am Ende „erscheint του βο[oder του ξο[zu stehen. 21 f. Vgl. No. 340 20 und 21: ἀφίστασθαι und ἀπέχεσθαι τῆς ἐπηρείας. 25 L = ἔτους. „26 Im Anfang scheint τό zu stehen, sonst wäre vielleicht zu ergänzen τῆς τοῦ στρατηγοῦ ἀποφάσεως. 27 Vielleicht τὸ βι- „βλίδιον? ὑπερέθηκεν scheint aus ὑπερέθετο corrigirt zu sein. 28 Zu ἀναγνωσθέν[το]ς vgl. Z. 33. 29 Die Überreste der „Buchstaben passen zu κατέστην (l. κατέστη?). 28 και: das κ ist über einem ο nachgetragen. 31 πατρ(ικ)ῶν αὐτ(ῶν)? „31 f. φθασάντων? 34 κρίσεως ist corrigirt aus κρίσιων, φανησ. aus πανησ. 35 Zu Ἀνθέστιος Γέμελλος vgl. No. 256. „36 oder Ἀρποκράτ(ος). Vom οι vom Ἀξί[οι] sind Spuren erhalten. 38 Nach αὐτῶν erkennt man . . ναι oder . ας. Ἀπολλινάρις „war Stratege um 141 n. Chr., vgl. No. 363, 354, 356, 357. 39 καιρὸν? Vom ersten ν von τούτους ist der untere Theil er- „halten, ους und τοῖς ist sehr schwer zu erkennen, da die Tinte fast ganz verschwunden ist. Ebenso Z. 42 bei [συ]μφ[ωνε]ῖ. „41 Λιβεράλις ist der Z. 8 erwähnte Epistratege, vgl. zu Z. 8. Ein Praefectus Aegypti Sempronius Liberalis ist für das Jahr „154/155 n. Chr. durch No. 20, 22 bezeugt.

(ges.) Paul Viereck.

Wenn man zusammenfasst, dass aus dem Nachlass des Gemellus der Supplikant lediglich die bona[1] aviae beansprucht, die a matre sua ad eum venire oportet, auch diese bona aber nur eben aus dem Nachlass, so bleibt, wenn man eine streng juristische Entwicklung voraussetzt, wohl nur übrig anzunehmen, dass Gemellus etwa als zweiter Gatte von des Tiberinus Mutter auch nach deren Ableben den Niessbrauch an ihrem Muttergut hatte, seinerseits aber ihren Kindern die Substanz dieses Vermögens lassen musste. Es fragt sich, welche Beziehung das verlesene Aktenstück des Munatius zu diesem Rechtsfall hatte. Sehr wahrscheinlich ist Munatius nicht ein Intervenient im Process, sondern[2] der Statthalter Lucius Munatius, den unsere Papyri öfters erwähnen, und das Aktenstück ein Bescheid über ein Katholikon (generale, quaestio iuris), ähnlich wie in dem erwähnten Papyrus 19^{I},₅[3]); es mochte diesem Bescheide zunächst eine Vertagung entsprechen, etwa weil er ein Aufgebotsverfahren anordnete; allein das Auftreten des Tiberinus wegen seiner μαμμῷα nöthigte zur sofortigen Kaution, da auch dieser Fall in jenem Bescheide vorgesehen war. Während also in dem Papyrus 19 die Frage ist, ob die Beerbung der Grossmutter auch für die Ägypter gelten soll, wäre in unserem Papyrus vielmehr die Frage, ob der Enkel das Grossmuttergut aus der Erbschaft des Stiefvaters (und Schwiegersohnes) aussondern darf.

Indess bleibt es zweifelhaft, ob man diesen strengen Maassstab anlegen darf; andere Urkunden weisen auf die Möglichkeit, dass Tiberinus in Beziehung auf seine μαμμῷα ὑπάρχοντα Miterbe des Gemellus (seines ϑεῖος, wie im Pap. 19^{I},₁₄, oder seines ἀνεψιός, wie ebenda ₁₅) gewesen ist, dieser aber etwa nach Art der Öhme im Pap. 136,₁₁: πάντων ἀντιλαμβανομένους μήτε λόγους τετάχϑαι μήτε γραφὴν τῶν καταλειφϑέντων κατακεχωρικέναι verfahren ist, oder, wie es seinem Namensvetter im Pap. 256,₁₅ und ₂₅ begegnet zu sein scheint, während der Dienstzeit des Tiberinus diesem seinen Erbtheil vorbehalten hat; die Haftung der Erbinnen bloss auf die Früchte seit Gemellus' Tode würde dann eine mehr factische

---

1) Mitteis' Vermuthung οὐ δεόντως: iniuste possident trifft zu; auch Oxyrh., LXVIII,4 hat οὐ οὐ [δεόν]τως ἐτελείωσεν τῷ καταλογείῳ ὑπο[μνή]ματος (sicher ergänzt von Grenfell und Hunt nach Z. 32: ὃ οὐ δεόντως μετέδοκέ μοι διαστολικόν). — Die Herausgeber übersetzen: wrongfully executed in the record office; ich kann nur annehmen, dass der Beklagte in seiner ἀντίρησις (Z. 11) es als zu Unrecht eingetragen bezeichnet.

2) Wie auch Krebs im Index, zweifelnd, annimmt.

3) ὑπερεϑέμην τὸ νῦν πρ[ᾶγ]μα, ἐπὶ καϑολικὸν ἦν, ἄχρι οὗ γράψω τῷ κρατίστῳ ἡγεμόνι, dazu Mommsen Z. S. St. 14 S. 6.

Konnivenz des Richters bedeuten. Die Erscheinung, dass ein Sondergut aus einer Erbschaft herausverlangt wird, ist weder an sich befremdlich, noch in unseren Papyri einzig: so erklärt Nr. 114, 6 Lucia Macrina *ἀπαιτεῖν παρακαταθήκην ἐξ ὑπαρχόντων* Antonii

repetere se   depositum   ex   bonis   A.

Germani militis *τετελευκηκότος.* Lupus *εἶπεν· Νοοῦμεν ὅτι αἱ*

G.   m.   defuncti   L.   dixit   Intellegimus

παρακαταθῆκαι προῖκές εἰσιν. Ἐκ τῶν τοιούτων αἰτιῶν κριτὴν οὐ

deposita   dotes   esse. Ex huiusmodi causis   judicem

δίδωμι· οὐ γὰρ ἔξεστιν στρατιώτην γαμεῖν. Εἰ δὲ προῖκα ἀπαι-

non dabo neque enim licet   militi   nubere. Quod si   dotem repetis

τεῖς κριτὴν δίδωμ[ι] δόξω πεπεῖσθαι νόμιμον εἶναι τὸν γάμον.

iudicem   dabo videbor persuasum habere iustum esse matrimonium.

So liest am Schluss Wilcken, und Mitteis gründet darauf die geistvolle Vermuthung, der *ἀρχιδικαστής* (Delegat des Präfekten; Mitteis, Hermes 30 S. 580. 585) gebe eine Actio ficticia: er habe dem judex datus befohlen, sich an die Unerlaubtheit der Ehe nicht zu kehren. Dem kann ich mich nicht anschliessen. Zunächst ist die Konstruktion nicht einwandfrei, es müsste mindestens heissen *δόξων*, sodann kann ich nicht *δίδωμ[ι]* sehen, sondern *διδ* nebst Spuren, die auf *ω* gedeutet werden können, dann nichts; möglich, wenn auch unwahrscheinlich wäre *διδο[. .]*, also *διδο[ύς]*; dann würde der Erzrichter sagen, du bekommst keinen iudex, denn wenn du dotem zurückforderst und ich einen iudex gebe, so hält der für meine Ansicht, dass die Ehe gültig ist (und verurtheilt), wenn du aber depositum repetis, so ist es Schwindel. Ich möchte danach allerdings die Klage materiell als verweigert ansehen, und nicht bloss formell die actio depositi, wozu ex huiusmodi causis iudicem non dabo auch besser passt.

Aber räthselhaft bleibt nach der Lesung, wie wir sie überkommen haben, der Schlusssatz *ἀξιοῖ οὖν Διόσκορος Ἀ. ὑπηρέτης.* Die Ordonnanzen haben nicht die Aufgabe, etwas zu beantragen[1]) oder auch nur hineinzureden, wie dies in dem Papyrus 388 der *προσοδοποιός* wiederholt thut.[2]) Ihre einzige bisher bekannte Thätigkeit während der Verhandlung ist vielmehr das *ἐξελθεῖν*, welches am Schluss der Sitzungen dem Entscheide des Richters häufig folgt: „Der König sprach's, der Page lief.“ So Pap. 388[III], 7: *ἐκέλευσεν . . Σμάραγδον καὶ Εὔκαιρον εἰς τὴν τήρησιν παραδοθῆναι, τὸν δὲ νομικὸν Ἰούλιον τὸν καὶ Σαραπίωνα ἱκανὸν παρασχεῖν κτλ. Ἐξῆλθεν Ἀγαθοκλῆς ὑπηρέτης.*

----

1) Ein *ῥήτωρ* beantragt Oxyrh. XXXVII, 21; der Papyrus spricht in diesem Punkt für Wilckens Interpunktion von 15[I], in der Construction aber für die meinige.

2) 3SSI, 27. 3SSII, 5. 18 vgl. Mommsen, ZSSt. 16 S. 181. 188.

Pap. 592^II, 3..... ὁ κριτὴ[ς] σκεψάμεν[ο]ς ὑπηγόρευσεν ἀπόφασιν. ἢ καὶ ἀνε[γ]νώσθη, κατὰ [λέξ]ιν οὕτως ἔχουσα· "Χειρογραφήσει ἀμφό- τερα τὰ μέ[ρ]α ἐν ἡμέραις τριάκοντα γενέσθα[ι] ἐπὶ τοῦ στρατηγοῦ, ὅπως λυθῇ ἡ διαθήκη καὶ γνωσθῶσιν οἱ κληρονόμοι. Ἐὰν δὲ μὴ ἐν ταύταις ἡ λύσις γέν[ητ]αι, τὰ [γ]ενήμ[α]τα ἐν μεσυγγυήματι (sic!) ἔσται". Ἐξῆλθεν ['Α]πολλώ[νιος] ὁ [ἡγ]εμονικὸς ὑ[πη]ρέτης. Ὑπο- γρ(αφή)· ''Ἀνέγνων'' [1]).

Sachlich übereinstimmend, ohne ἐξῆλθεν, dafür aber mit der noch während der Sitzung erfolgenden Meldung: „der Befehl ist ausgeführt." Pap. Erzherzog Rainer 1892 (Mommsen, ZSSt. 12, S. 284 ff.) Z. 34 ff.: Βλαίσιος Μαριανός (ein delegirter Richter und Officier, wie in UBeM 136) ἐνέτειλα I. ἡγεμονικῷ ὑπηρέτῃ ποι- ήσασθαι αὐτὴν τὴν ἀναγραφὴν καὶ ἀναδοῦναι ἀντίγραφα τοῖς ἐμφερομένοις τῆς κλειδὸς τῆς οἰκίας μενούσης παρὰ τῷ Ἀμμω- νίῳ [ἐνεσ]φραγισμένης, καὶ μετ᾽ ὀλίγον τοῦ Ἰσιδώρου ἀπαγγείλαν- [τος γε]γονέναι τὸ κελευσθέν u. s. w.

Sieht man auf unserem Papyrus genauer zu, so ist ἐξῆλθεν mit genügender Deutlichkeit zu erkennen, und damit ist diese Schwierigkeit beseitigt. Ungewöhnlich ist bei unsrem Interlokut, dass die Verfügungen zweier Tage in einem einzigen Spruch zu- sammengefasst werden; dass der Entscheid abrupt hingestellt wird, ist ebenso technisch wie die verschiedenen Termini für die Thätig- keit des Strategen [2]).

----

1) Wie in N. 613 und 388, so auch im Pap. 592 entfernt sich der Bote im unmittelbaren Anschluss an das Interlokut des Richters, und die Verhandlung bricht damit ab. Man wird annehmen dürfen, dass solche Entsendungen zwar nicht am Schluss jeder Sitzung, wohl aber meist am Schluss der Sitzung vorkamen. Die Ausrichtung der Aufträge zeigt UBeM. 226,16: ἀξιῶ (u. s. w.) τοῦδε τοῦ ὑπομνήματο[ς] ἀντίγρα[φ]ον δι᾽ ἑνὸς τῶν περί σε ὑπηρ[ε]τῶν μεταδοθῆναι τῶι (Gegner), worauf zweite Hand Z. 24: Μετεδόθη διὰ Ἀμμω- νίου τοῦ Ἀμμωνίου ὑπηρέτου (Datum); also Zustellung der Klage (vgl. 578,20). Demnach ist auch UBeM. 135, 7 zu ergänzen: ἀξιῶ κελεῦσαι δι᾽ ἑνὸς τῶν περὶ σ[ὲ ὑπηρετῶ]ν τοῦτο λυθῆναι, was in der Länge zu Krebs' Ergänzung Z. 8 [πρὸς τὸ φανε]ρὸν γενέσθαι stimmt. Hiernach ist auch Brit. Mus. II 172, 17 für ἀξιων τουτ[. . .] . ο[.] δι᾽ ὑπηρετου μεταδοθηναι ἑκατερῳ αυτων vielmehr zu lesen: ἀξιῶ [τού]του τ[ὸ ἴσ]ο[ν] δι᾽ κτλ. — UBeM. 467, 12 sagt vom Strategen: ἐπέταξας ἕνα τῶν περί σε ὑπηρετῶν ἐπαναγκάσαι αὐτὸν ἀπ[ο]καταστῆσα[ι] μοι τοὺς καμήλους, ὃς μαθὼν [α]ὐτὸ τότε ἀφανὴς ἐγένετο, d. h. der Gegner ent- zog sich durch Verschwinden (wie 163, 6. 12) dem Gerichtsvollzieher. Um- gekehrt beschwert sich UBeM. 515, 11. 16 Einer darüber, wegen einer Rest-Artabe von den Sitologen „mit Schreiber und Vollzieher" gepfändet worden zu sein.

2) σκεψάμενος vor Entscheiden No. 168, 24. 592^II, 3, beidemal absolut. daher auch hier wohl kein Prädikat zu ergänzen. διαλαβεῖν 390, 3? 15^I, 12.

Das Urtheilsfragment in der Museumspublikation.	Das Urtheilsfragment berichtigt und gegliedert.

Θεόδωρος στρατηγὸς σκεψάμεν[ος ......].ν καὶ ἐχθὲς διαλαβὼν ὑπερέθηκεν τ[ὸ] πρᾶγμα ἐκ τοῦ ἀναγνωσθέν[το]ς ὑπομνήματος Μουνατίου· ἐπεὶ δὲ σήμερον καὶ ὁ Τιβερεῖνος κ[..]..ην [ὑ]πὲρ μαμμῴων ὑπαρχόντων, ὧν οὐδὲ ὄντων ἐπικρατοῦσι[ν αἱ] περ[ὶ] τὴν Ἀθηνάριον ὡς ἐκ διαθήκης κληρονόμοι γενόμεναι τοῦ ε.[.. Ἀνθ]ε[σ]τ[ί]ου Γεμέλλου πατρων αυτ(   ) ὑπαρχόντων τῶν μήπω φθασα [......][1] α[.]ς αὐτὸν εἰς[2] ἐλθῖν ἀπὸ τῆς μητρὸς συνεμπέπλεκται λέγων ἀναγνωσθέντ[ι] ὑπομνήματι καὶ μαμμῷα ὑπάρχοντα αἱ περὶ τὴ(ν) Ἀθ[η]ν[άριο]ν ἱκανὸν παρέξουσι τῶν ἐκ κρίσεως φανησομένων πᾶσι[..]....[..]. δον, ἐξ οὗ τετελεύτηκεν ὁ Ἀνθέστιος Γέμελλος. Ἀξι[οῖ]οὖν Δ[ιό]σ[κ]ορ[ος] Ἁρποκρατ(ίωνος) ὑπη[ρ]έτης.

A. Θεόδωρος στρατηγὸς 1) σκεψάμεν[ος......].ν 2) καὶ ἐχθὲς διαλαβὼν 3) ὑπερέθηκεν τ[ὸ] πρᾶγμα ἐκ τοῦ ἀναγνωσθέν[το]ς ὑπομνήματος Μουνατίου·

B. ἐπεὶ δὲ 1) σήμερον καὶ ὁ Τιβερεῖνος κ[....] ην [ὑ]πὲρ μαμμῴων ὑπαρχόντων,

a) ὧν οὐ δεόντως ἐπικρατοῦσι[ν[3] αἱ] περ[ὶ] τὴν Ἀθηνάριον ὡς ἐκ διαθήκης κληρονόμοι γενόμεναι τοῦ ἔ.[... Ἀνθ]ε[σ]τ[ί]ου Γεμέλλου πάτρων(ος) αὐτ(ῶν)

b) ὑπαρχόντων τῶν μήπω φθασά[ντων] ε[ἰ]ς αὐτὸν εἰς[2] ἐλθῖν ἀπὸ τῆς μητρός,

2) συνεμπέπλεκταί τε τῶν ἀναγνωσθέντ[ι] ὑπομνήματι καὶ μαμμῷα ὑπάρχοντα,

C. αἱ περὶ τὴν Ἀθηνάριον ἱκανὸν παρέξουσι τῶν ἐκ κρίσεως φανησομένων πάση[ς τε τῆς προσό]δου[4] ἐξ οὗ τετελεύτηκεν ὁ Ἀνθέστιος Γέμελλος.

Anhang: Ἐξῆ[λ]θεν Δ[ιό]σ[κ]ορ[ος] Ἁρποκρατ(ίωνος) ὑπη[ρ]έτης.

Theodorus strategus causam cognitam et heri susceptam distulit facta lectione commentarii Munatii; quia vero hodie etiam Tiberinus petit bona aviae, ut quae injuste possideant Athenarium et consortes ejus, quasi ex testamento heredes factae possessoris Antistii Gemelli patroni earum (quae bona prius ad eum a matre venire oportebat), lectoque commentario etiam aviae bona implicantur: Athenarium et cons. iudicatum solvi satis praestabunt et fructuum nomine ex tempore mortis Antistii Gemelli. — Abiit apparitor.

---

1) [ντων?] Viereck. 2) εἰς auf dem Papyrus durchstrichen. 3) So Mitteis. 4 προσό]δου Mitteis.

Im Interlocut in 592^{II},5 mögen noch kurz betrachtet werden
die Worte χειρογραφήσει ἀμφότερα τὰ μέ[ρ]α (l. μέρη, Wilcken). Χειρογραφεῖν.

Oxyrhynchos XXXVII^{II} ergeht der Bescheid: ὁ στρατηγός·
„ἐπεὶ ἐκ τῆς ὄψεως φαίνεται τῆς Σαραεῦτος εἶναι τὸ παιδίον, ἐὰν
χιρογραφήσηι αὐτήι τε καὶ ὁ ἀνὴρ αὐτῆς ἐκεῖνο τὸ ἐνχειρισθὲν
αὐτῆι σωμάτιον ὑπὸ τοῦ Πεσούριος τετελευτηκέναι, φαίνεταί
μοι κατὰ τὰ ὑπὸ τοῦ κυρίου ἡγεμόνος κριθέντα ἀποδοῦσαν αὐτὴν
ὃ εἴληφεν ἀργύριον ἔχειν τὸ [....] [1])ν τέκνον.“

Hier ist folgender Thatbestand: *Π.* hat der *Σ.* ein Findelkind
zur τροφεία gegeben und jene hat den Ammenlohn [2]) eingesteckt;
da er aber das Kind herausverlangt, so giebt sie an, das Findelkind sei gestorben und das allerdings vorhandene Kind sei ihr
eigenes. Hierüber hatte der Statthalter bereits judicirt, und in
welcher Art, geht aus UBeM 19 und 136 hervor: Im ersteren (II 14 ff.)
lautet das Rescript des Statthalters: „(Adresse) Εἰ μηδὲν ἐκρίθη,
προσήκει σὲ ἀκολούθως τοῖς τοῦ κυρίου γράμμ[ασιν] Χεναλεξᾷ
τῶν πατρῴων μέρος ὃ περιὼν ἂν ὁ πατὴρ αὐτῆς ἔλαβ[εν] [3]). Darauf
Urtheil des κριτής: Θεναλεξᾷ (sic!) τὸ πατρῷον μέρος ὃ περιὼν
ἂν ὁ πατὴρ αὐτ[ῆς ἔλαβεν] προσήκειν (durchstrichen) δοκεῖ ἀκολούθως τοῖς ὑπὸ τοῦ κρατίστου ἡγεμόνος γραφ[εῖσι]. —

UBeM 136,24: „Ὁ τοῦ νομοῦ στρατηγὸς ἐξετάσι [περὶ το]ύτου,
κἂν φανῶσι οἱ περὶ τὸν Φανομγέα κατὰ ταύτην [τὴν αἰ]τίαν ἀντειλημμένοι τῶν πατρῴων τῆς ἐκκαλούσης, [ἀποκα]τασταθῆναι αὐτῇ
ποιήσει τὰ προσήκοντα.“ Ἀνέγνων.

UBeM 19 bietet das Urtheil der angegangenen oberen Instanz,
und der delegirte Unterrichter kommandirte es einfach nach.
UBeM 136 [4]) giebt bloss den Spruch des Oberrichters, und wir können
nach Oxyrh. XXXVII uns vorstellen, dass der στρατηγός etwa judicirt
haben wird: Ἐπεὶ φαίνονται οἱ περὶ τὸν Φανομγέα διὰ τὸ τὸν
πατέρα τῆς Ταποντῶς μετέωρα πολλὰ καταλελοιπέναι ἀντειλημμένοι τῶν πατρῴων τῆς *I.*, δοκεῖ ἀπολαβόντας αὐτοὺς ἃς ὑπέστη-
σαν ζημίας ἀποκαθιστάναι αὐτῇ τὰ πατρῷα κατὰ τὰ ὑπὸ

---

1) [ἴδιο] ergänzen Grenfell und Hunt nach Z. 1.

2) Vgl. UBeM. 297, 7 ff.: ὁμολογεῖ (Frauenname) dem (Name) ἀπέχειν
παρ’ αὐτῆς τὰ τροφεῖα καὶ τὰ ἔλαια καὶ τὸν ἱματισμὸν καὶ τἆλλα ὅσα καθήκει δίδοσθαι τροφῷ τοῦ τῆς γαλακτοτροφίας διετοῦς χρόνου καὶ τιθη-
νήσεως μηνῶν ἓξ ὑπὲρ οὗ τετρόφευκεν καὶ τεθή[νευ]κεν αὐτοῦ δουλικοῦ
[ἐγ]γόνον θηλυκοῦ (Name) . . . . .

3) [προσκρίνειν] ergänzt Mommsen.

4) Sollte 136,4 etwa nach Oxyrh. XXXVII,4 zu ergänzen sein ἐπὶ τοῦ
βήματος?

τοῦ ἀρχιδικαστοῦ κριθέντα. Sehr merkwürdig ist das Urtheil in Oxyrh. XXXVII wegen der synallagmatischen Struktur: „Gegenüber der Klage des Gläubigers hat die Geltendmachung des Zurück-behaltungsrechtes nur die Wirkung, dass der Schuldner (zur Erfüllung Zug um Zug) zu verurtheilen ist". (B.G.B. § 274 I.). — Das Urtheil des ἔπαρχος mag gelautet haben: στρατηγὸς ἐξετάσει κἂν φανῇ τῆς Σαραεῦτος εἶναι τὸ παιδίον, ἀποδοῦσα ὃ εἴληφεν ἀργύριον ἕξεται τὸ ι [. . . .]ν τέκνον. Was aber den Berührungs-punkt mit UBeM 592 II l. c. abgiebt, ist das χειρογραφεῖν: in beiden Fällen legt der Richter der Partei eine Schrift auf, im Pap. Ox. eine assertorische, sowie bei uns der Erfüllungseid bestimmt ist, den unvollkommenen Beweis zu ergänzen, in UBeM 592 eine pro-missorische Schrift, zum Zwecke der Fortführung der Sache: bei uns würde Termin zur Eröffnung des Testamentes festgesetzt werden; in Aegypten lässt man die Parteien schriftlich versprechen, dass sie sich binnen der und der Zeit zur Eröffnung einfinden wollen, widrigenfalls „die Erzeugnisse [1]) sequestrirt werden sollen". Eben diese, an die stipulationes praetoriae mit ihrer künstlichen Her-stellung von processualen Verpflichtungen gemahnenden χειρόγραφα giebt UBeM 15 II, leider durchsichtig nur das erste Mal Z. 15: die Beklagten: κεχειρογραφηκέναι ἐν ἡμέραις (τριάκοντα) καταν-τήσειν εἰς Ἀλεξάνδρειαν καὶ ὅρκους δώσειν μὴ πεποιηκέναι.

Mitteis (Hermes 30, 581) schliesst aus No. 5, dass was in Rom vadimonium war, in den griechischen Provinzen schriftlich gesichert wurde; es ist auch zu beachten, dass diese schriftlichen Feststellungen keineswegs auf die Verpflichtung zum Erscheinen, auch nicht auf Verpflichtungen überhaupt beschränkt waren, sondern, wie Oxyrh. XXXVII zeigt, überhaupt den Parteien abverlangt wurden. Eine wirkliche cautio in jure sisti und zwar alium, römisch gesprochen

---

1) γένημα der technicus in den Berichten der σιτολόγοι für die Erzeug-nisse des betreffenden Jahres, Weizen und anderes, z. b. 336, 9. 621, 1. 8. — No. 592 handelt von der Erbschaft des Vaters: die Tochter soll verkürzt sein durch ein inofficiöses (παράνομος vgl. Pap. Erzh. Rainer 1492 und dazu Mommsen ZSSt. 12 S. 288) Testament, das sie natürlich als παράπλαστος (falsum) bezeichnet, obwohl es noch gar nicht eröffnet ist, sondern erst eröffnet werden soll, — eine Voreiligkeit, über die Z. 14 οὐ]δέπω λυθείσης πῶς δύνωται (sic!) offen-bar der κριτής selbst in Erstaunen gerät. (Übrigens ist der Vater schon über 12 Jahre tot und erst jetzt soll das Testament eröffnet werden!) Die Klägerin aber soll, als durch die Mitgift abgefunden (so: ἐπροικισθῇ nach Blass), keinen Antheil an jenen Gütern haben (οὐδεμία μετουσία ἐστὶν [αὐτ]ῇ τῶν ἐκείν[ου so Blass), vgl 19 II, 3 μετουσίαν ἔχειν τῆς τῶν μαμμῴων κληρονομίας.

ein vadimonium iurato factum enthält No. 581,5 ff.: ὀμνύω τὸν ἔϑιμον

                                        iuro   solitum

Ῥωμαίων ὅρχον ἑχουσίως χαὶ αὐϑαιρέτως ἐγγυᾶσϑαι Σωχράτην
Romanorum iusiurandum   mea sponte spopondisse   me S.

(Personalien), ὃν χαὶ παραστήσω, ὁπότε ἐ[ὰν ἐπ]ιζητῆται. Ἐὰν
              quem   sistam   quando   quaeretur.   Sin

δὲ μὴ παρασ[τῶ ἐγὼ ὁ αὐτὸ [1])]ς ἐχβιβάσω τὰ πρὸς [αὐτὸ]ν
vero non stetero   ipse   exigam   quae   ab eo

ἐπιζη[τούμ]ενα ἢ ἔνοχος [εἴην] τῷ ὅρχωι. Τὸν δὲ προγε-
  quaerentur   aut   obnoxius ero iuriiurando.   Supra

γρ(αμμένον) Γάιον Λογγῖνον Πρεῖσχο[ν] γνωρίζει Λούχιος Ὀχ-
scriptum   C.   L.   P.   recognoscit   L.   O.

τάυιος Λόγγος ἀπολύσιμος ἀπὸ στρατείας· Ἐγράφηι διὰ Ἡρα-
  L.   missus   ab   exercitu.   Scriptum ab   H.

χ(λείδου) νομογρ(άφου), ἐπαχολ(ουϑοῦντος) Πτολεμαίο(υ) ὑπηρέτ(ου).
   vici scriba   opem   ferente   P.   apparitore.

Hier handelt es sich um eine Processbürgschaft, die der Ladung
gefolgt zu sein scheint; der ausgesandte apparitor findet den Schuldner
nicht und begnügt sich damit, dass er, statt jenem die Ladung zu-
zustellen, seinen Bürgen schwören lässt, ihn zu gestellen oder für die
Verschreibung zu sorgen. Der Dorfschreiber vollzieht die Urkunde
und der Hyperetes assistirt. Merkwürdigerweise zeigt wiederum einen
Eid die ähnliche Assistenz (Ἡραχ. Ἡραχ. ὑπηρέτ. ἐπαχολου.). No. 647,
ein ἀντίγραφον προσφωνήσεως: Der Kreisphysikus und zwei Dorf-
älteste melden dem Strategen Protarchos (Z. 5): Παρηγγέλη ἡμεῖν ὑπὸ
Ἡραχλείδου τοῦ ὑπηρέτου ἐφιδεῖν τὴν ὑπὸ Μυσϑαρίωνα Καμείους
διάϑεσιν ἐπὶ παρόντι χαὶ τῶν τού[τ]ου ἀδελφῷ Πετεσούχῳ χαὶ
ἐντυχόντι σοι προσέφωσε οὕτως ὀμνύτες (u. s. w.). Der Arzt
hat den Zustand eines Verwundeten festgestellt im Beisein von
dessen Bruder (der jedenfalls über die Verwundung berichtet und
gerichtsärztlichen Augenschein verlangt hatte: ἐντυχόντι ist wohl
zu halten) und giebt sein eidliches Gutachten ab, dem die Dorf-
ältesten die eidliche Versicherung anfügen, ihrerseits die Wunde
besichtigt zu haben. Geschrieben und beglaubigt wie No. 581, indem νομογράφος und ὑπηρέτης fungiren wie bei uns Richter und
Schreiber.

Sehen wir nun, wie das Interlokut durch Tiberinus verwerthet 2) Die Ein-
wird, und wenden uns zunächst der Eingabe zu, welche der genannte gabe an den

                                                                                Präfecten.
Veteran auf Grund dieser richterlichen Verfügung an den Statt-
halter gerichtet hat: Sie trägt die übliche Form der Eingabe 2): dem

---

1) Ergänzt von Blass.

2) Erschlossen durch Wilcken Hermes 22, S. 4. 5.

Adressaten vom Bittsteller, und es mag hier diese Form an einigen
Beispielen verfolgt werden; sicherlich ist sie devoter als die Briefform: Schreiber dem Adressaten, und deswegen bei Eingaben ständig;
bei Verträgen findet sie sich zunächst wohl da, wo Soldaten dem
Gericht einen wichtigen Vertrag einreichen; so Papyrus 729 [1]), 741 [2])
und andere; aber sie kommt ausserdem auch bei den meisten Miethsverträgen vor, da bei diesen der Ausfüller des antragstellenden
Formulars eine Art Höriger des Verpächters ist oder wird [3]), und
endlich auch ausnahmsweise bei gewöhnlichen Kaufverträgen als
Ersatz der bei diesen üblichen homologiae. — Es fehlt nicht die
Unterschrift: Tiberis Tiberinus ἐπιδέδωκα. — Es ist ferner wichtig,
dass diese Eingabe, eben wie das besprochene Interlokut, uns
nicht einmal im Original vorliegt, da doch schon dieses keineswegs ein Muster des Stils gewesen zu sein braucht, sondern sie
bereits im Original unserer Eingabe an den Fabricius Fabricianus
aus den Akten abgeschrieben war; da nun unser Papyrus eine
Abschrift der Eingabe an den Fabricianus ist, so ist die Bittschrift
an den Statthalter wie das Interlokut in der Copie einer Copie überliefert und darum wohl besonders fehlerreich.

Im Allgemeinen ist der Sinn der Bittschrift klar: Tiberinus
sieht in dem Interlokut ein ihm günstiges Urtheil und glaubt sich
beschweren zu dürfen darüber, dass contra auctoritatem rei judicatae
nochmals eine ausführliche Gegenschrift von seinen Widersachern
eingereicht ist; aber in welchem Wortschwall er diese einfache
Sachlage verhüllt, wird eher erklärlich werden, wenn zur Vergleichung einige andere Eingaben von Veteranen an Beamte bei-
gezogen werden.

Papyrus No. 168 und 180 sind von Julius Apollinaris an einen
Strategen, bezw. an einen unbekannten Würdenträger gerichtet. In
dem ersten beschwert er sich gleichwie in unserem Papyrus darüber,
dass ein Strategenspruch: ἀποκαταστασθῆναί μοι τὴν ἐνδομενίαν
καὶ τ[ὤ]ν ὑπ[αρ]χόντ[ων] ἀντιλαβέσθαι με von der Beklagten nicht
befolgt worden sei, und also er genöthigt wurde, beim nächsten
Conventus sich an den Adressaten seiner Petition zu wenden; dieser
wies ihn an den kaiserlichen Strategieverweser, welcher freilich
nichts anderes zu thun wusste, als beider Parteien Vorträge zu den

---

1) Depositum einer Frau bei einem Soldaten; Gegenstand venditionis causa
aestimirte Frauengewänder und Goldsachen; also, wie auch Wilcken bei der
Edition hervorhebt, verkappte dos.

2) Darlehen mit Hypothek, diese mit römischen Anklängen.

3) Vgl. Mitteis, Hermes 30, S. 606.

Akten zu nehmen und die Sache unter Wahrung des Besitzstandes
an den Deleganten zurückzugeben [1]). Aus diesem Thatbestande
folgert der Veteran, und wie er es darstellt nicht mit Unrecht, er
müsse Gehör erlangen wider jene; aber Thatbestand und petitum
sind eingerahmt in beschwörende Formeln, die mit der Rechtspflege
nichts zu thun haben. No. 168,3: $Π\varrho έπ[ει]\ μὲν\ σ[ο]ί,\ ἐπιτρόπων$
$μ[έγι]στε,\ πᾶ[σιν]\ ἀνϑρώποις\ ἀπονῖμαι\ τὰ\ ἴδια$ [2]), $ἐξαιρέτως\ δὲ\ τοῖς$
$ἀτελέσι\ ἔχουσι\ τὴν\ ἡλικίαν.$ Ebenda Z. 27: $ὅϑεν\ ἀξιῶ,\ [ἐάν\ σου\ τ]ῇ$
$τύχῃ\ δόξ[η],\ διακοῦσαί\ μου\ πρὸς\ αὐτοὺς\ [ὅπως\ ἤδη]ποτὲ$ [2]) $ἐκ\ τῆ[ς\ σῆ]ς$
$εὐεργεσί[α]ς\ δυνηϑῶσι\ οἱ\ ἀφήλι[κες\ τῶ]ν\ ἰδίων\ ἀντιλαμβάνεσϑαι,$
$ἵν᾽\ ὢ]\ σὺν\ αὐτοῖς\ ὑπό\ σου\ εὐεργ(ετημένος).\ Διευτύχ(ει).$

In Nr. 180 tritt anscheinend derselbe Apollinaris mit der Bitte
auf, es möge das fünfjährige Intervall, welches zwischen der Ent-
lassung ($ἀπόλυσις$ missio) und der Uebernahme einer Liturgie liegen
soll, auch bei ihm gewahrt werden, da man ihn doch schon nach
2 Jahren „chikanire“ ($ἐπηρεάσϑην$) und zu einer Liturgie eingegeben
habe; er nun sieht sich genöthigt eben jenen kaiserlichen Beamten
anzugehen ($προσφεύγειν$) mit seiner gerechten Bitte $ἵνα\ δυνηϑῶ$
$κα\ ἀγὼ$ (sic!) $[τὴ]ν\ ἐπιμέλειαν\ τῶν\ ἰδίων\ ποιεῖσϑαι,\ ἄ[ν]ϑρ[ω]πος$
$πρεσβύτερος\ μόνος\ τυγχ[άν]ων.\ [ε]ἰ$ [3]) $τῇ\ τύχῃ\ σου\ εἰς\ ἀεὶ\ εὐ[χ]αριστῶ.$

Ebenderselbe Stil begegnet in Nr. 327, wo ein Veteran Gajus
Longinus Apollinaris an den juridicus, zugleich Statthaltereiverweser,
für eine Nichtrömerin eine Eingabe macht, es möge ihr ein testa-
mentarisches Legat ($καϑ᾽\ ἣν\ ἀπέλιπεν\ διαϑήκην\ Ῥωμαϊκήν$) aus-
gezahlt werden, bestehend aus 2000 Silberdrachmen und einem
$σουβρικοπάλλιον.$ Auch hier schliesst die Eingabe mit den Worten:
$ἀκο[ῦσαί\ μ]ου\ πρὸς\ αὐτ[ὸν,\ ὅπ]ως\ δυνηϑῶ\ τὸ\ ληγ[ᾶτον\ ἀπ]ολα-$
$β[ο]ῦσα\ τῇ\ τύ[χῃ\ σ]ου\ διὰ\ παντὸς\ εὐχαριστεῖν·\ Διευτύχει.$

Hiernach werden wir zunächst in unserem Biblidion in dem
was Zeile 19 beginnt, $παρατυχ[ὼν]$ (nicht $[ὄντες]$; es ist klar, dass
erst Tiberinus sich an den Statthalter wendet) $ἐπὶ\ τὴν\ [σὴν]\ διά-$
$γνωσιν$ (cfr. UBeM 428 $προελϑεῖν\ ἐπὶ\ τὴν\ σὴν\ διάγνωσιν$) ergänzen,
und einen weitschweifigen Antrag vermuthen, in welchem der Petent
seine Bitte um Gehör (Zeile 21: $ἀκοῦσαί\ μου\ πρὸς\ αὐτούς$) in gewohnter
Form entwickelt; der Schluss: „Sie die mich vor die Gerichte ge-

---

1) Mitteis folgert hieraus, mit Wahrscheinlichkeit, dass dem Strategen
durch die subscriptio nur die Instruction des Processes, das Recht zur Entscheidung nur durch eine „Formel“ zugewiesen wurde (Hermes 30, 581).

2) suum cuique tribuere. — $ἴδη]ποτέ$ Brinkmann.

3) $[κα]ί$?

schleppt haben, einen Mann, der soviel Feldzüge untadlig abgedient hat", erinnert zugleich an den Schluss von 180 und an den Anfang von 168; die letzten Worte: ἵν᾽ ὦ ὑπό σου εὐεργετημένος sind ständige Formeln am Schlusse der Eingaben; vgl. No. 462,25 (Eingabe von Gajus Julius Apollinaris miles alae primae Apamenorum centuriae Heraclidae) 648,22 (Eingabe einer Aegypterin). 46,20. 340,29.

Ebenso ist der Anfang Zeile 10 und 11 nur eine Tirade, vergleichbar der in No. 168 an den „Oberstvormund" gerichteten, gleichsam die propositio major zu der mit Zeile 12 καὶ αὐτὸς οὖν (nicht wie Viereck liest καὶ αὐτοῦ οὖν) beginnenden Subsumption des Streitfalles, die in dem petitum ihre conclusio zu finden hofft: nach seinem angeborenen Wohlwollen soll der Präfekt es nicht leiden, dass contra auctoritatem rei judicatae [1]) man belästigt werde. Der Petent selbst nun wendet sich an den Statthalter und bittet ihn um sein Eingreifen nicht um der Gegner willen, sondern καὶ αὐτὸς οὖν πρὸς τὰ ἤδη κεκριμένα μάτην παρενοχλοῦντας (nicht τος) οὐ περὶ τῶν ἀν[τ]ιδίκων ἐντυγχάνω καὶ δεόμεν[ος] τῆς ἀπὸ σοῦ ἀντιλήμψεως ..; (vgl. zu ἀπὸ σοῦ 515,25: τῶν ἀπό σου δικαίων und 226,22)[2]). Die Geschichtserzählung, die jetzt folgt, ist ebenfalls zweigliedrig, wie das schon behandelte Interlokut (Zeile 26ff.). „Zunächst", wird berichtet, „traten wir an (κατέστημεν ἐπὶ Θεο-[δώρου] (vgl. No. 168,11: πρὸς ἥν καὶ ἀντικατέστην ἐπὶ .. στρατηγήσαντος)] bei Theodoros wegen einer Erbschaft" (vielleicht ist προθεσμίας zu ergänzen, da ein Termin mir anstand); „und das Urtheil sprach mir die Erbschaft zu"; nun beginnt mit ἐπεί der zweite Satz, der in ἀξιῶ das Verbum des Nachsatzes findet: „da aber jene de eadem re iterum agere wollten und nutzlos ein zuzustellendes Aktenstück einreichten (διαστολικὸν ὑπόμνημα)", sei es

---

1) κρυφάδις, wie Viereck zweifelnd vorschlägt, kann nicht gestanden haben, aber vielleicht ..... δὶς „zweimal": ne bis in idem. Vgl. Brit. Mus. II, 165,17: δι᾽ ἐνκλήματος περὶ τῶν αὐτῶν, τῶν νόμων κωλυόντων δὶς περ[ὶ το]ῦ α[ὐτ]οῦ [κρίν]εσθαι: agendo de isdem, cum leges vetent bis de eadem re iudicari. —

2) ἀντιλαμβάνεσθαι vom Gegner: in malam partem UBeM 136,24: κἄν φανῶσι οἱ περὶ τὸν Φανομγέα ... ἀντειλημμένοι τῶν πατρῴων τῆς ἐκκαλούσης. Ebenso No. 592,4: τῶν αὐτοῦ ἀντελάβοντο πάντες οἱ υἱος und No. 648,4—10: τοῦ πατρός μου, κύριε, τελευτήσαντος καὶ καταλιπόντος μοι τὸ ἐπιβάλλον μέρος .... πατρικῶν αὐτοῦ ὄντων, ὁ τούτου ἀδελφὸς (Name) καὶ (Name) ἀνεψιά μου βιαίως ἀντιλαμβάνονται τοῦ πατρικοῦ μου μέρους; in bonam partem steht es: No. 18,14. No. 168,14. 30. — Eine ἀντίλημψις von Seiten des Petenten, No. 302III, 7/8 τῶν .. ἀναλωμάτων ἀντελαβόμην.

nun „mich fürchtend" [1]), oder, mit Ergänzung von $o\dot{v}x$, „ohne Furcht
vor mir", — „nahe ich mich Deiner Entscheidung ($\delta\iota\acute{\alpha}\gamma\nu\omega\sigma\iota\varsigma$), begrüsse
das verehrliche Tribunal und bitte um Gehör wider sie, die auf-
hören sollen mit der mir zugefügten Kränkung, da sie mich vor
die Gerichte geschleppt haben; mich einen Mann u. s. w." Wieviel
hierbei auch lückenhaft bleibt, so ist doch klar, dass Tiberinus die
Sache zu seinen Gunsten judicirt glaubt, und die zustellungsbedürftige
Eingabe der Anderen als mit den Grundsätzen von der res judicata
unvereinbar hinstellt. Denn nicht gegen den Inhalt der Eingabe
wendet er sich, sondern gegen die Thatsache. Nun ist der Tenor
der $\dot{\alpha}\pi\acute{o}\varphi\alpha\sigma\iota\varsigma$ des Theodorus offenbar nicht geeignet, res judicata
zu machen; denn nicht eine cautio quod judicatum est solvi wird
anbefohlen, sondern eine cautio quod judicatum erit solvi (vgl. das
Futurum $\varphi\alpha\nu\eta\sigma\omega\mu\acute{e}\nu\omega\nu$) [2]). Dagegen liegt wohl in dem Satze, der
mit $\ddot{\omega}\nu\ o\dot{v}\ \delta\varepsilon\acute{o}\nu\tau\omega\varsigma$ beginnt, eine mögliche Anerkennung des Rechtes
des Tiberinus, insofern wir das „nicht mit Recht", womit der Besitz
der Gegner getadelt wird, objektiv, und nicht subjektiv im Sinne
des Tiberinus fassen; es kann natürlich nach dem Papyrus nicht
entschieden werden, wie weit Tiberinus Recht hat.

Das zeitlich folgende Stück, die subscriptio des Statthalters,
ist darum von Interesse, weil es die Belästigung, welcher der Statthalter bei seinen Gerichtstagen ausgesetzt war, in einem neuen
Lichte zeigt. Mitteis [3]) meint, dass die ganze Art des Rechtssuchens
orientalisch und für den Kadi passend sei; in der That kann der
Europäer, der für Derartiges einen Vergleichspunkt finden will,
wohl nur etwa an den Zulauf denken, den der Stadtarzt findet,
wenn er einmal aufs Dorf, oder gar der ostdeutsche Arzt
von Reputation, wenn er über die russische Grenze fährt. Es ist
durchaus die Regel, dass der Petent hinuntergewiesen wird, wobei
die Formel $\ddot{\varepsilon}\nu\tau\upsilon\chi\varepsilon$ für die Subscriptionsfälle technisch ist. [4])

In No. 613 aber findet die Verweisung nicht statt auf die einzelnen Eingaben hin, sondern es erfolgt ein Generalbescheid, der
eine ganz eigenartige sachliche Zuständigkeit begründet oder viel-
mehr voraussetzt: wir kennen Beamte $\dot{\varepsilon}\pi\grave{\iota}\ \tau\tilde{\omega}\nu\ \varkappa\rho\iota\tau\eta\rho\acute{\iota}\omega\nu$; hier werden
19 Beschwerdeführer zusammengefasst und an einen Offizier ge-
wiesen, der $\dot{\varepsilon}\pi\grave{\iota}\ \tau\tilde{\omega}\nu\ \varkappa\varepsilon\varkappa\rho\iota\mu\acute{e}\nu\omega\nu$ genannt wird, also nicht Urtheile

1) Vgl. UBeM. 361^{II} 6: $\dot{o}\ \dot{\alpha}\nu\tau\acute{\iota}\delta\iota\varkappa o\varsigma\ \delta\varepsilon\delta o\iota\varkappa\acute{\omega}\varsigma$.
2) UBeM. 540, 8 $\varphi\alpha\nu\eta\sigma o\mu\acute{e}\nu\omega\nu\ \dot{\alpha}\pi$.
3) Hermes 30, 649.
4) Vgl. 5^{II}, 17 (indirecte Rede). 180, 28. 448. 29. 582, 3. 648, 26.

2 *

3) Die sub-
scriptio
des Statt-
halters.

fällen, sondern ergangene Urtheile prüfen soll; man kann nicht annehmen, dass es die Aufgabe des Offiziers sein soll, die Urtheile lediglich zu vollstrecken, und so wird wohl auch Tiberinus sich eine Nachprüfung mindestens der Rechtsgültigkeit der von ihm erstrittenen ἀπόφασις haben gefallen lassen müssen. Hiernach wird der Statthalter beim Gerichtstag die Eingaben haben sortiren lassen und die 19 auf Urtheile sich stützenden an einen Offizier aus seiner Suite abgegeben haben, andere an andere Adjutanten.

4) Bitte um Rechnungslegung. Lehrreich ist das von Tiberinus ohne Rücksicht auf das ergangene Urtheil beigefügte petitum: er lässt es dahingestellt, ob Gemellus wirklich Vater (gemeint ist Patron und Erblasser) seiner Gegnerinnen gewesen ist (ὃν λέγουσι πατέρα αὐτῶν εἶναι); da aber unicuique fides contra se habetur, so macht er sie als pro herede se gerentes verantwortlich dafür, ihm Rechenschaft zu legen, wozu ihr Vater schon von einem Strategen früherer Zeit[1] verurtheilt worden sei. Es ist dies freilich auch ein κεκριμένον, aber ohne Connex mit den βιβλίδια Z. 2, welche der Statthalter an Fabricianus gewiesen hat, und insofern ist des letzteren Zuständigkeit nicht begründet. Die Rechnungslegung selber kehrt wieder in dem Papyrus UBeM 136,12, wo es sich ebenfalls um einen Erbschaftsstreit handelt, und zwar ebenfalls um einen solchen, bei dem Miterben ab intestato zunächst die ganze Erbschaft an sich gerissen haben, ohne die für den Theil der unmündigen Miterbin nothwendige Rechnung gelegt zu haben; ganz analog mag hier Gemellus, wenn er das Grossmuttergut des Tiberinus als Nutzniesser bis zum Tode in seinem Vermögen behalten durfte, verurtheilt worden sein, rationes reddere, Rechnung zu legen, vgl. B.G.B. § 2121[1]: „Der Vorerbe hat dem Nacherben auf Verlangen ein Verzeichniss der zur Erbschaft gehörenden Gegenstände mitzutheilen." — B.G.B. § 2127: „. . . Auskunft über den Bestand der Erbschaft, wenn Grund zu der Annahme besteht, dass der Vorerbe durch seine Verwaltung die Rechte des Nacherben erheblich verletzt". — B.G.B. § 2130[2]: „Der Vorerbe hat auf Verlangen Rechenschaft abzulegen" (nach dem Eintritt der Nacherbfolge).

5) Sonstige Bemerkungen des Tiberinus. Was die eigenen Bemerkungen des Tiberinus in seiner Eingabe betrifft, so sind sie äusserst dürftig. Er berichtet nur 1) Z. 3—5,

---

1) στρατηγήσαντος = γενομένου στρατηγοῦ; über das letztere Mommsen, ZSSt. Bd. 14, S. 5; bes. Anmerkung 4. — vgl. ἡ]γεμονεύσαντος No. 447,22 und etwa Brit. Mus. II 172, 14: ἐνέτυχ[ον τῷ] ἡγεμονεύσαντι Ὀναράτ[ῳ], ὃς ὑπέγραψέ μοι ἐντυχεῖν κρατίστῳ τῷ ἐπιστρατ[ηγή]σαντι. — Kenyon liest ἐνέγραψε; allein das Facsimile sichert das übliche ὑπέγραψε.

dass er an den Präfekten eine Eingabe (codicillos) gerichtet hat und auf Grund dieser Eingabe an Fabricius delegirt sei. Er habe auch, und darin liegt die einzige Schwierigkeit, Abschrift des „betreffenden" Stückes der ἀπόφασις angefügt, und auf dieses betreffende Stück kommt er in Zeile 26 und 36 zurück. Denn in Zeile 26 ist allerdings zu ergänzen ἀποφάσε]ως, was Viereck abzulehnen scheint, mit den Worten: „im Anfang scheint δ zu stehen, sonst wäre vielleicht zu ergänzen τῆς τοῦ στρατηγοῦ ἀποφάσεως". Vergleicht man aber Zeile 36, so findet man μεχρὶ τούτου καὶ τὸ ἀ. μ. τ. α.; es müsste also vor jenen von Viereck erwähnten Worten noch καὶ gestanden haben, und in der That deuten die Ueberreste ebenso gut auf κ wie auf δ. Was zwischen καὶ und ἀποφάσεως gestanden, ist unerfindlich, aber auch sachlich unerheblich. Dagegen ist mit der Ergänzung am Anfang von Zeile 8 eine wichtige Schwierigkeit verbunden. Wilcken ergänzt ἐπιστρατήγου, und bringt damit Zeile 41 in Verbindung, in welcher von einer ἀπόφασις τοῦ κρατίστου Λιβεραλίου die Rede ist; sein Schluss ist dann: κράτιστος ist der Epistratege; die in der vorletzten Zeile genannte Entscheidung ist die nämliche, wie die in Zeile 8, folglich ist in Zeile 8 ἐπιστρατήγου zu ergänzen. Mitteis[1] hat, ohne Wilcken's Erklärung abzulehnen, auf die Schwierigkeit aufmerksam gemacht, dass thätsächlich das Erkenntniss von dem Strategen, nicht von dem Epistrategen emanirt sei, und löst diese Schwierigkeit folgendermassen: „Das Räthsel, wie der Bescheid des Strategen bezeichnet werden kann als solcher des Epistrategen, erklärt sich wohl daraus, dass jener von diesem zur Verhandlung delegirt worden war, und die Erledigung des Unterbeamten juristisch erscheint als die seines Chefs." Allein die Hauptschwierigkeit liegt nicht in jener ziemlich unerheblichen formellen Diskrepanz, sondern in dem unhaltbaren Zustande des Schlusses der Urkunde: Diese giebt sich als Abschrift einer Eingabe; die Eingabe ist mit der Unterschrift in Z. 41 erledigt. Darauf aber folgen noch einige Worte, die ganz räthselhaft sind, und endlich noch die Bemerkung: „es wird abgesendet der nämliche Gerichtsdiener". Letztere Formel[2] findet sich meist am Schlusse der Sitzung unmittelbar nach der Verkündung des Richterspruches. Dieser aber wird ausnahmslos eingeleitet durch Namen und Titel des Richters; von Fabricius Fabricianus ist jedoch hier nicht die Rede, und kann auch in dem ersten

---

1) Hermes 32, S. 650
2) Vgl. S. 10.

Wort nicht die Rede gewesen sein; nimmt man aber an, dass eine blosse subscriptio von Seiten des Kohortenpräfekten vorliegt, welche ohne Namennennung üblich ist, so ist für das Abmarschiren des Gerichtsdieners kein Raum; vollends ist die Bemerkung der „nämliche" Gerichtsdiener hier gar nicht am Platze, weil der Dioskoros von Zeile 36 ja in dem als Anlage beigefügten Urtheil, also beim Schauspiel im Schauspiel auftritt, und daher eine Beziehung auf diesen unnatürlich wäre, ganz abgesehen von der Unwahrscheinlichkeit einer Constellation, die es mit sich brächte, dass der nämliche Gerichtsdiener bei Theodoros dem Strategen und Fabricianus dem Kohortenpräfekten fungirt. Hierzu kommt, dass das erste Wort hinter $\dot{\epsilon}\pi\iota\delta\dot{\epsilon}\delta\omega\varkappa\alpha$ zweifellos $\vartheta\epsilon\omega\nu\alpha\xi\iota$ lautet, was keinen Sinn giebt.[1]) So möchte ich annehmen, dass in der Abschrift hinter dem räthselhaften Wort eine Lücke ist, und dass der ganze Verlauf der Verhandlung bis kurz vor dem Schluss uns in dieser Lücke fehlt. Unmöglich aber ist es, dass Tiberinus (Z. 8) den Epistrategen ohne das schmückende Beiwort $\varkappa\rho\alpha\tau\dot{\iota}\sigma\tau ov$ genannt hat, welches gewöhnlich für diesen oberen Beamten gebraucht wird, aber auch selbst in der offiziellen Sprache für den sonst $\lambda\alpha\mu\pi\rho\dot{o}\tau\alpha\tau o\varsigma$ genannten Statthalter selbst gebraucht wird.[2]) Der hohe Beamte kann wohl mit dem Namen allein genannt werden,[3]) der Titel fordert das epitheton ornans. Will man sich über die eben zusammengestellten Bedenken hinwegsetzen, so ist die $\dot{\alpha}\pi\dot{o}\varphi\alpha\sigma\iota\varsigma$ $\tau o\tilde{v}$ $\varkappa.$ $\varLambda.$ wohl eher ein simile, das hier angeführt wird, nach Art von UBeM 19[II,3] $\pi\rho o\sigma\dot{\eta}\nu\epsilon\gamma\varkappa\epsilon\nu$ $\dot{\alpha}\pi\dot{o}\varphi\alpha\sigma\iota\nu$ $\Gamma\epsilon\lambda\lambda\dot{\iota}ov$ $B\dot{\alpha}\sigma\sigma\dot{o}v$ $\tau o\tilde{v}$ $\varkappa\rho\alpha\tau\dot{\iota}\sigma\tau ov$ $\dot{\epsilon}\pi\iota\sigma\tau\rho\alpha$-$\tau\dot{\eta}\gamma ov$, als das Urtheil in diesem Process.

Ergebniss. Hiernach würde der Inhalt unseres Papyrus kurz folgender sein: Der Veteran Tiberius Tiberinus macht dem Kohortenpräfekten Fabricius Fabricianus Mittheilung davon, dass er vom Statthalter

---

1) Es wäre an sich möglich, $\vartheta\epsilon\tilde{\omega}\nu$ $\dot{\alpha}\xi\iota(o\dot{v}\nu\tau\omega\nu)$ zu vermuthen, da $\vartheta\epsilon\tilde{\omega}\nu$ $\beta ov\lambda o\mu\dot{\epsilon}\omega\nu$ in einem Briefe 248,11 vorkommt und $\vartheta\epsilon\tilde{\omega}\nu$ $\vartheta\epsilon\lambda\dot{o}\nu\tau\omega\nu$ 423,18, $\vartheta\epsilon\tilde{\omega}\nu$ $\dot{\epsilon}\pi\iota\tau\rho\epsilon\pi\dot{o}\nu\tau\omega\nu$ 451,10. Aber damit ist wenig gewonnen, da der Beginn eines Urtheilsspruches mit den Worten: „mit Gottes Hülfe" gar zu unnatürlich erscheint.

2) Wilcken zeigt, dass $\lambda\alpha\mu\pi\rho\dot{o}\tau\alpha\tau o\varsigma$ erst später als $\varkappa\rho\dot{\alpha}\tau\iota\sigma\tau o\varsigma$ aufkommt; verdrängt aber hat es $\varkappa\rho\dot{\alpha}\tau\iota\sigma\tau o\varsigma$ in besserer Zeit auch für den $\dot{\eta}\gamma\epsilon\mu\dot{\omega}\nu$ nicht. — Vgl. die Worte des Richters No. 19[I,8. 21]. —

3) Vgl. 114[I,14] $\dot{\epsilon}\xi$ $\dot{\alpha}\nu\alpha\pi o\mu\pi\tilde{\eta}\varsigma$ $M\alpha\mu\epsilon\rho\tau\epsilon\dot{\iota}\nu ov$ und unser Papyrus Z. 28 $\dot{\epsilon}\varkappa$ $\tau o\tilde{v}$ $\dot{\alpha}\nu\alpha\gamma\nu\omega\sigma\vartheta\dot{\epsilon}\nu\tau o\varsigma$ $\dot{v}\pi o\mu\nu\dot{\eta}\mu\alpha\tau o\varsigma$ $M ov\nu\nu\alpha\tau\dot{\iota}ov$, wo mit letzterem Namen wahrscheinlich keine Prozessperson, sondern der in den Papyri häufige Statthalter dieses Namens gemeint ist.

durch Generalbescheid zugleich mit 18 anderen Supplikanten wegen
Prüfung ergangener Urtheile an ihn gewiesen sei, und bittet um
Gehör unter abschriftlicher Beifügung des statthalterlichen Be-
scheides, sowie der Eingabe, auf welche jener Bescheid erfolgt ist,
und des sachdienlichen Theiles des Urtheils, auf Grund dessen die
Eingabe erging. Es beruft sich aber die Eingabe darauf, dass eine
Erbschaft dem Tiberinus bereits durch den Strategen Theodoros
zugesprochen worden und daher eine neuerliche Eingabe der Gegner
formell unzulässig sei. Das Urtheil gipfelt in der Auferlegung
einer cautio judicatum solvi, zu deren Begründung angeführt wird,
dass Tiberinus aus dem Nachlasse des Antistius Gemellus, Patrons
der Gegnerinnen und ihres Testators, für sich die grossmütter-
liche Habe erfordert habe, welche ihm von seiner Mutter her zukam.
Als Allgemeinerben des Antistius Gemellus erkennt Tiberinus die
Gegnerinnen soweit an, dass er aus ihrer Erbenqualität ihre Verpflichtung zur Rechnungslegung folgert. Dass er nicht etwa das
Recht des Gemellus bestreitet, bei Lebzeiten sein Grossmuttergut
zu besitzen, scheint daraus hervorzugehen, dass die Caution für die
Früchte von der Zeit des Todes des Gemellus an verlangt wird.
Es mag zum letzteren Punkt darauf Bezug genommen werden, dass
auch im Papyrus 19^{II},20, nachdem das Urtheil in der Hauptsache ergangen ist, der Anwalt der obsiegenden Partei sofort auf
die Früchte seine Hand legt, mit den Worten: $τὰς\ προσόδους$
$ταύτῃ\ τῶν\ χρόνων\ ὧν\ ἐπ[εκράτη]σαν\ οὗτοι\ ἀποδότωσαν$, und
dass, wie jene $πρόσοδοι$ für unseren Papyrus Mitteis' Vermuthung
zu bestätigen scheinen, so $ἐπ[εκράτη]σαν$ vom Pap. 19 durch unseren Papyrus Z. 29 $οὐ\ δεόντως\ ἐπικρατοῦσιν$ gesichert ist.

Es gelangt der Papyrus nunmehr noch einmal zum Abdruck, Gliederung.
wobei die Gliederung, die wir gewonnen haben, in folgender Weise
veranschaulicht wird:

1) Wenn ein neuer Theil der Urkunde beginnt, so wird zwar
nicht ein neuer Absatz gemacht, sondern, damit die Zeilen des
Papyrus gewahrt bleiben, in horizontaler Richtung fortgefahren;
aber es wird, was dem neuen Theil angehört, eine Zeile tiefer gesetzt [1]).

2) Die Theile der Urkunde, bei welcher der Petent sich unmittelbar an den Adressaten wendet, die also im mündlichen Verfahren eine Anrede an den Richter Fabricianus wären, sind als
Norm gedacht. Die Adresse ist ausgerückt, der Copievermerk zu
Anfang noch weiter, die in Abschrift beigefügten Actenstücke und

1) So hat Mommsen ZSSt. 16, 287 den Papyrus Rainer 1492 edirt.

die wiedergegebene Subscriptio des Statthalters sind halb ausgerückt.

3) Die halb ausgerückten Stücke sind durch ' gekennzeichnet;
die Eingabe des Petenten an den Statthalter selbst durch einfache;
die Subscriptio des Statthalters und der Richterspruch durch doppelte.

4) Die unsicheren Buchstaben sind unterpunktirt, wie in der
Berliner Publikation; dagegen sind diejenigen, die nur theilweise,
aber darum doch sicher erhalten sind, nicht, wie in jener Publikation, unterstrichen, sondern durch schattenhafte Typen wiedergegeben, wie dies von A. Bezzenberger in seiner Zeitschrift eingeführt ist.

5) Die S. 6 gegebene Eintheilung des ganzen Papyrus ist
durch grosse Buchstaben am rechten Rande wiedergegeben. Vgl.
S. 24/25.

§ 2. Ergänzung fehlender Worte und Buchstaben.

1 Ähnliche
Buchstaben.

I. Ähnliche Buchstaben. Es ist die Aufgabe des Herausgebers,
auch Buchstaben, die nicht sicher lesbar sind, als solche kenntlich
gemacht zu ediren: die Berliner Publikation unterpunktirt solche
zweifelhafte Fragmente und unterstreicht im Gegentheil solche, die
nur zum Theil, aber so erhalten sind, dass der erhaltene Theil den
Schluss auf den Rest sichert. Nun liegt die Möglichkeit, dass der
Papyrus nicht das enthält, was die Edition angiebt, nirgends näher
als bei solchen Buchstaben, namentlich wenn sie das Ende oder
den Anfang einer lesbaren Reihe ausmachen. Will man Lücken
ergänzen, so wird man sich dies stets klar zu halten haben, und
es ist daher gerathen, auf einige Buchstaben aufmerksam zu machen,
die leicht mit einander zu verwechseln sind.

α) Γ und T. So fand Blass im Pap. 326^{II},10. 21, dass statt des
verzweifelten $\eta\nu\acute{v}\tau\eta$ vielmehr $\eta\nu\acute{v}\gamma\eta$ (für $\eta\nu o\acute{\iota}\gamma\eta$) zu lesen sei; so
habe ich in Nr. 613,32 $\lambda\varepsilon\gamma\omega\nu$ in $\tau\varepsilon\tau\omega\iota$ verwandelt. Ebendies
führt zu

β) Λ und Γ, Λ und T. Wenn ein Schreiber die Buchstaben
verbindet, statt nach jedem einzelnen abzusetzen, so kommt öfters
eine Biegung in den Querstrich des τ, die es einem λ ähnlich macht.

γ) N und Π. Diese beiden sind sich oft so ähnlich, dass mitunter nur der Sinn entscheidet, welcher Buchstabe gemeint ist. In
No. 741,37 las Wilcken: ($\pi\alpha\varrho\acute{\varepsilon}\chi\varepsilon\sigma\vartheta\alpha\iota$ $\delta\grave{\varepsilon}$ $\alpha\grave{v}\tau\grave{o}\nu$ $\tau\grave{\eta}\nu$ [$\acute{v}\pi$]$o\vartheta\acute{\eta}\varkappa\eta\nu$
$\varkappa\alpha\vartheta\alpha\varrho\grave{\alpha}\nu$ $\varkappa\alpha\grave{\iota}$) $\grave{\alpha}\nu\upsilon\pi\alpha\nu\alpha\nu\varkappa\alpha\acute{\iota}\alpha\nu$ [$\grave{\alpha}$]$\delta\acute{\alpha}\nu\varepsilon\iota\sigma\tau o\nu$. Aber $\grave{\alpha}\nu\upsilon\pi\alpha\nu\acute{\alpha}\nu$-
$\varkappa\alpha\iota o\varsigma$ wäre ein Novum; ebenso müsste bei Wilckens Lesung

UBoM. No. 613 gegliedert und stellenweise berichtigt. (Die Worte καί (Z. 4) und [... (Z. 32) sind auf dem Papyrus und in der Publikation durchstrichen; ebenso ουν (Z. 17) in καλιτδικαῦντωνεχι.

P. 7322

[Ἀ]ντίγρ(αφον) ἀναγ[ο]ρίον.　1.

[. . . . . . .] Φαβρικιανῷ ἐπάρχωι εἴληχ καὶ ἐπὶ τῶν κεκριμέν(ων)　2.
[παρὰ Τιβ[ερίου Τιβερείνου οὐετρανοῦ.

Ἀπίτινα βι[β]λ[ί]δια τῷ λαμπροτάτῳ　3. A.
[ἡ]γεμόνι, καὶ ἀνεπέμφθ[η]ν ἐπὶ σὲ καὶ ἐπὶ ὑπο[γρ]αφ[ῆς] οὔ[τ]ως ἐχούσης·

Ὑπ ταῦ-
..[τα ἐπιδόντες τ]ὰ βιβλίδια) ἀριθ(μῷ) ιθ ἐντύχετε Φαβρικιανῷ [ἐπάρχῳ εἴλ(ηχ) καὶ ἐπὶ τῶν
[κεκριμένων] . .[. . . .] ᾧ τὰ ἴσα ἰδώθη. ὃς τὰ κεκριμένα . . . . . ι. ἀαι [1].

Τὸ ἀντίγρ(αφον)
[. . .] . . . . . . καὶ ἐξῆς ἀκουσθῆναι ὑπέταξα δὲ καὶ τὸ ἀνῆκον μέρο(ς) τῆς τοῦ
. . . . ἀπολύσεως· τὸ ἀντίγρ(αφον), ἵν' ᾖ εὐεργετημένος. Ἀπετύχ[η [2]. —

Ἔστι δὲ τοῦ βιβλ(ιδίου) τὸ
ἀν[τ]ίγ[ρ](αφον)·

Οὐολουσίῳ Μαικιανῷ ἐπάρχῳ Αἰγύ[π]τ[ο]υ παρὰ Τιβερίο(υ) Τιβ[ερίν]ου
οὐ[ετρ]α[ν]οῦ.

"Κ]ατὰ τὴν ἐμαυτοῦ σου εὐμένεια[ν [3] λυση . . . σ . ι εἰς πάντα ἐπάξια
. . . . . ι [. .] . . . καὶ πρὸς τὰ ἤδη κεκριμένα ὑπ(ὲρ) τοῦ μὴ . . . . . . ὅς κατετρίβεσθαι
καὶ αὐτὰς οὐκ πρὸς τὰ ἤδη κεκριμένα μάτην κα[τε]νυχλοῦντας. οὐ περὶ
τῶν ἀ[ν]τ[ι]δ[ί]κων [4] ἐντυγχάνω κ[α]ὶ δεόμε[ν]. [5] τῆς ἀπὸ σοῦ ἀντιλήμψεως
..[.] . [ ] . [. . .] . . . .]ας περὶ κληρονομίας μου ἐπ[σ]τάσεις κατέστημεν ἐπὶ [6] Φλο-
..[όθρον]. [ ] . [. .] . ερος εἴληχεν [3] καὶ προσκριθέν μο[ι] τῶν ὑπαρχόντων
.[. . . .] . [.] . μέρης τῆς κληρονομίας κατὰ τ[ὰ] κτίματά μου δίκαια ἐπεὶ
[δέ μοι δ]ιεκ[λ]ήτ[εσαν] περὶ τῶν αὐτῶν καλιτδικαῦντωντες καὶ μάτην
ἐπέδωκαν . . . . [. ἐμφοβοῦντές με διαστολικὸν ὑπόμνημα. παρατυχ[ὼν]
ἐπὶ τὴν [σὴν δ]ιάγνωσιν [8] ἀξιῶ προάχθῆναι τὸ ἱερώτατον βῆμα τοῦ. [ ]ω [ ] . . .] [7]
.δι. . . . . . .]ουν ἐκ τῆς ἀδυναμίτ(ου) ἐπιστροφῆς εἰς τοῦτο μῖναι αὐτοὺς
.α . . . . [. .]να τοισθεσία ἀκοῦσαι μου πρὸς αὐτούς. ἤδη κατὰ ἀποσπω-
. . . τῆς κα τ'] ἐμο[ῦ] ἐπηρείας [10] τεμαυτοράντά με εἰς τὰ κριτήρια, ἄνθρωπον
. τ[. . . . οις ὑπηρετ]ήσαντα ταῖς στρατιαῖς ἀμέμπτως. ἵν' ᾧ ὑπὸ σοῦ εὐεργε-
[τημένος]. Δ]ιευτύχει [11]. Τιβέριος Τιβερεῖνος οὐετρα[ν]ὸ[ς] ἐπιδέδωκα
..] .]. . . . . Φαρμοῦθι ε.

Μέχρι τούτου τὸ [βι]βλίδιον. Ἔστιν δὲ
καὶ τῆς ἀποφάσεως τὸ ἀνῆκον μέρος.

"Θεόδωρος στρατηγὸς σκεψά-
.μει[ος . . . . . .] . ν καὶ ἐχθὲς διαλαβὼν [10] ὑπερέθηκεν τ[ὸ] πρᾶγμα ἐκ τοῦ ἀνα-
.γνωσθέν[τος ὑπομνήματος Μουνατίου ἐπεὶ δὲ σήμερον καὶ ὁ Τιβερεῖνος
.κ[.] . . ην ὑπὲρ μαμμῴων ὑπαρχόντων, ὧν οὐ ἑῶντος ἐπικρατοῦ-
.σι[ν αἱ] περὶ] τὴν Ἀθηρᾶριον ὡς ἐκ διαθήκης κληρόμοι γενόμεναι τοῦ
.τ.[. .] [11] [. .]Θ[ε]ζ[ο]ρ Γεμέλλου πάτρωνος) αὐτιῶν) ὑπαρχόντων, τὸν μήτε φθα-
.σάντων εἰς αὐτὸν εἰς ἔλθιν ἀπὸ τῆς μητρός, συνεπιπέπλεκταί τι τῶι
.ἀναγνωσθέντι ὑπομνήματι καὶ μαμμῴα ὑπάρχοντα, αἱ περὶ τὴν
.Ἀθ[η]ρᾶριον ἱκανὸν παρέχουσα τῶν ἐκ κρίσεως γεινομένων πά-
.ντας τε τῆς κρονότδον. ἐς οὖ τετελεύτηκεν ὁ Ἀνθέστιος Γέμελλος
.Ἐξῆλθεν .Γ[ὐ]ο[κ]ορ[ος] Αὐτοκρατίωνος) ὑπη[ρ]έτ[ης].

Μέχρι τούτου καὶ τὰ ἀνῆκον
μέρος τ[οῦ ὑ]π[ο]μνήματος. Τυγχάνει δὲ κύριε, καὶ ὑπ λέγουσι πα-　3. B.
τέρα αὐτῶν εἶναι. ἔτι πάλαι ὑπὸ Ἀπ[ο]λλιναρίου στρατηγήσαντος κατα
κ . . . . .] . . . λόγους μου τάξασθαι, ὅστις οὐκ ἔπραξεν. καὶ τα τουτα ἀξιῶ καὶ τὸν
τ[α]μ[ίταρε τοὺς] κληρονόμους λόγους μου τάξασθαι.

Τιβέριος Τιβερῖνο(ς)　4.
ἐπιδέδ[ο]νκα.

Θ[εω]ναξ Τιβερῖνος τῇ ἀπογράω τοῦ κιριτίστου βιβερκλλον　5.
. . . [.]αρε . . .]ι. Φαρμοῦθι ε.

Ἐξῆλθεν ὁ αὐ[τ]ὸς [ὑ]πηρέτης.

---

1) Obwohl die Reste zu ἐξετάσει nicht recht passen, möchte ich doch auf Brit. Mus. II, 184, 34: ἔσχον τούτου ἴσον εἰς ἐξέτασιν und auf UBoM. 10, 2: πρὸς τὸ μεταδοῦν εἰς ἐξέτασιν εἶδος τῆς τοῦ ἰδίου λόγου ἐπιτροπῆς γ τόμου κολλήματος) γ (vgl. 220, 4, 5111, 2.) verweisen. Auch ἐκβιβάσει wäre nach 681, 11: ἐκβιβάσω τὰ πρὸς αὐτὸν ἐπιζη[. . . . μένα denkbar.

2) "Prof. Mahaffy has called attention to the rule, which is almost without exception in the Ptolemaic and Roman periods, that an inferior ends a letter or petition with εὐτύχει or διευτύχει, a superior with ἔρρωσο." Kenyon, Brit. Mus. II, 165, Note zu Z. 28.

3) Vgl. UBoM. 230, 6: ἐνχρηκαίσης τῆς τοῦ κρατίστου ἡγεμόνος (Name) μισοπονηρίας.

4) Vgl. Brit. Mus. II, 165, 17: δι' ἐγκλήματος περὶ τῶν αὐτῶν τῶν νόμων κωλευόντων δὶς περὶ τοῦ αὐτοῦ [κρίν]εσθαι (im Kriminalverfahren).

5) Man kann vergleichen Brit. II, 172, 17: τοῦ δὲ πράγματος δεομένου -so, nicht, wie Kenyon liest, δεκ[ο]μένου) τῆς τοῦ . . . ἡγεμόνος διαγνώσεως.

6) ἐπί c. Gen. ist ständiger Ausdruck für den Benuzten, 'vor' dem man erscheint, um Recht zu nehmen. Brit. Mus. II, 166, 18 ἐπὶ τοῦ Ὡρείωνος παρόντος καὶ διαδόχου τοῦ . . . ὑ των . . . . . γιγυ[μ]νασιαρχηκότων bringt den Beisitzer, über den Mommsen bei Gelegenheit von Pap. Erzh. Rainer 14122 Z.8.81. 12 S. 280 gesprochen hat.

7) Gegensatz Brit. Mus. II, 172, 16: μέχρι τοῦ δεῦρο πέρας οἱ ἄπω ἐπετέθη τῷ πράγματι. Danach [το πρᾶγμα][π]έρας εἴληχεν?

8) διάγνωσις vom Eparchen auch Brit. Mus. II, 172, 17, wo dann weiter zu ergänzen ist: ἀξιῶν τούτ[ου τὰ []σο[ν] δι' ὑπηρέτου μεταδοθῆναι.

9) ἡγεμόνος? Brit. II, 172, 10: τὸ ἱερώτατον τοῦ ἡγεμόνος βῆμα.

10) Viereck macht mit Recht auf UBeM. 340, 20. 27 aufmerksam. Hierzu kommt jetzt Brit. II, 104, 2: ἡμῶν ἐπηρείαν (in einer Klageschrift).

11) Brit. Mus. II, 172, 3: ἔχοντός μοι πρὸς Σωτᾶν.

ἀδάνειστος statt des üblichen ἀνεπιδάνειστος gestanden haben, und
noch dazu asyndetisch, während καθαράν mit καί anknüpft. Es
ist aber das angebliche zweite ν bei näherem Zusehen eher ein π,
woraus sich dann weiter ergiebt, dass das υ ein ε und das α ein ο
ist, und statt ἀνυπαναγκαιαν[α] zu lesen ist ἀνεπαπον|και|αν[επι]
d. h. die gewöhnliche Formel. Ebenso steht UBeM 172,5 οὐδέπωι
nicht οὐδένωι, 11 ἐποίκιον (so Wilcken), nicht ἐνοίκιον.

3) Σ und Ε. Pap. 473 liest Wilcken mit grosser Vorsicht

4 Ἀφίστασαι, τῶν ὑπαρχόντων ἐγκηδε
5 πινας ὑπομένις μετὰ τὸ ἐκστῆναί σε
6 νομοθετῆσαι, ὅτι οὐ χρὴ τοὺς τὴν σ[τρατηγίαν μεταχειριζομένους?]
7 ἐνέχεσθαι οὔτε πολιτικοῖς,

Allein die von Wilcken hervorgehobene Zweifelhaftigkeit des
σ in Z. 6 liess Mitteis auf ε schliessen und in der That richtig
also ergänzen: ἔ[κστασιν πεποιηκότας], eos qui bonis cesserunt.

4) Ist ein *M* nur theilweise erhalten, so kann sehr wohl ein
Λ vermuthet werden, und umgekehrt. So ist in UBeM 741,39 μηδένα αὐτῆς ἐά[σῃς .] ὑμενον paläographisch möglich, allein ebensowohl kann ἐμ[....]ὑμενον gelesen werden, was sich (S. 30) als
das richtige erweisen wird.

5) *ΟΣ* oder *ΑΣ* ist oft nur zu entscheiden durch die Feststellung,
ob das *ο* allein gestellt oder mit dem Folgenden verbunden wird.
UBeM 613,24 ist παρενοχλοῦντας ¹) für τος gesichert durch die Thatsache, dass der Schreiber ο ς immer getrennt lässt, und durch αὐτός
statt αὐτοῦ zu Anfang gestützt. Es wäre vielleicht gut, bei
wichtigen und grossen Dokumenten einige Bemerkungen über zweifelhafte Buchstaben beizufügen.

II. Accente, Spiritus, Wortende, Interpunktion. Es mag die II. Beiwerk
Bemerkung folgen, dass eine wirklich methodische Ergänzung der Edition.
abzusehen hat von allem Beiwerk, das der erste Editor in Gestalt
von Interpunktionen, ja selbst von Accenten und Wortschlüssen gegeben hat. So dürfte 1) Krebs' Accentuirung αὐτῇ No. 542, 14 den
Weg zur richtigen Lesung versperren; es heisst da Z. 13 ff.: ἐφ᾽ ἃς
καὶ μὴ ἐπιπορεύεσθαι μήτε αὐτὴν Ο[ὐαλερίαν] Σαβεῖναν τὴ[ν κα]ὶ
[Πτολλαροῦν μήτε ἄλλ]ον ὑπὲρ αὐτῆς μηδένα ἢ πάντα τὸν ἐπελευσόμενον αυτη .. τ[....] τον βεβαι [....]ν [13 Buchst. Ἀ]πολλι-

---

1) Zu dem Verbum παρενοχλέω vgl. No. 638,12: παρέξομαι δὲ σὲ ἀ[.]κυλ-
τον καὶ ἀπαρενόχλητον; die Ergänzung muss hier ἄσκυλτον sein. — Auch
No. 650, 21 ist wohl besser ἀπαρε]νόχλητον, statt (mit Wilcken) ἀνε]νόχλητον
zu ergänzen.

νάριον ἀφιστάνειν (sic!) und dann Z. 16 ff. *τῆς βεβαιώσεως ἐξα-[κολουθούση]ς αὐτοῖς* u. s. w. *αὐτοῖς* fordert zwei *βεβαιωταί*, und *ἐφ ἅς* zu Anfang lässt sich nicht auf ein *αὐτῇ*, wie Krebs accentuirt, beziehen; ergänzt man dagegen so, dass *βεβαι[. . . .]ν* uns in Apollinaris einen Bürgen bringt, so hat man zwei *βεβαιωταί* und *αυτη* wird frei für *αὐτή[ν] τ[ε καὶ] τὸν βεβαι[ωτὴ]ν [τῆς* oder ähnl. u. s. w. *Ἀπολλινάριον*. Auf die Ergänzung der Lücke vor *Ἀ]πολλινάριον* muss ich verzichten, und kann es ohne Nachtheil für den Zusammenhang. Wir gewinnen so ein den UBeM sonst fremdes Institut, einen wirklichen Bürgen. Z. 21 möchte ich, allerdings ohne den Papyrus gesehen zu haben, statt *ἐν]αν[τ]ιουμένου: μὴ* (oder *κατὰ μηδὲν) ἐλ]αττουμένου* vorschlagen, die salvatorische Klausel bei Darlehen (155, 10. 741, 40. 636, 21), Quittungen (62, 6. 68, 17) und, (wie ich es ergänze) im Protokoll (614, 28) [1]). — 2) 592[I], 7 ff. [2]) lautet: *'Π γὰρ ἀντίδι[κ]ος, ἐπισταμέ[νη] ὡς ἐπροικι[σ]θῇ* [3]) *καὶ οὐδεμία με[τ]ουσία ἐστὶν [αὐτ]ῇ τῶν ἐκείν[ου* [4]) *. . .] χι ἀνή[γ]αγεν.* Bedenkt man, dass der Papyrus doch nur hat *χιανη[.]αγεν*, so wird man der Möglichkeit, dass *χιαν* Wortende ist, Raum geben, und es wird, als Anfang vortrefflich passend, *ἡσυ]χίαν ἤ[γ]αγεν* sich empfehlen, vgl. No. 614, 21 *τὰς ἡσυχίας με ἄξοντα*.

Kenyons Art, Accente und Spiritus, sowie namentlich die Interpunktion wegzulassen, verdient m. E. für Urkunden den Vorzug; sie bildet eine, wie er selbst hervorhebt, inconsequente, aber auch eine praktische Vermittlung zwischen dem Princip [5]), den Papyrus, wie er sich giebt, also ohne durchgängige Worttrennung zur Darstellung zu bringen, und der Transcription in moderner Accentuirung und Interpunktirung, wie sie von Wilcken geübt und verfochten wird; ich kann nicht finden, dass die Urkunden dem einigermassen geübten Leser grössere Schwierigkeiten bereiten, wenn die Accente u. s. w. fehlen, dagegen erleichtert sich gewaltig die Verbesserung der Lesung, wenn das Auge nicht die Accente hinwegzudenken, sondern blos etwa getrennte Worte zusammenzuziehen, einheitlich geschriebene zu trennen hat. Wenn z. B. Brit. Mus. II, 215, 14 steht: *]. ης τ‌οων [. . .] της εκ[ει] βιβλιοθήκης*, so wird die m. E. nothwendige Ver-

---

1) *μὴ ἐλαττουμένου* ist in der subscriptio 636, 29 durch *χωρίς* wiedergegeben, das vielfach am Schluss der Urkunden die Conventionalstrafe zu einer mere poenalis macht; in Kaufverträgen wäre *μὴ ἐλ.* neu.

2) Vgl. S. 14, Anm.

3) *ἐπροικι[σ]θῇ*: so liest Blass.

4) *αὐτ]ῇ τῶν ἐκείν[ου]*: so ergänzt Blass.

5) Dies Princip habe ich Berl. Phil. Wochenschrift 1893 S. 722 vertreten.

besserung nahe gebracht, weil man nur zusammenzurücken und
].ηστων [. . .]τησεκ[. .] βιβλιοθηκης zu sehen braucht, um auf της
των [εγκ]τησεω[ν] (statt εκ[ει]) βιβλιοθήκης zu kommen; Accente
würden durch die Festlegung des zweiten τῆς dies erschweren. Auch
glaube ich, dass Brinkmanns glücklicher Gedanke Brit. II, 185, 35
Ταμ[υσθα u. s. w.] γεγωνεισμαι η ευδοκησις in γέγωνε ἴς μαι
(= εἰς ἐμέ, vgl. Z. 23/24 τε]τελεύτηκαι statt τετελεύτηκε) zu zerlegen,
eben durch die Zurückhaltung des Editors begünstigt wurde. Ebenso
ist die Verbesserung der Subscriptio von Brit. II, 220, 23: (Ε[Π]ΡΑΞΑ[1])
ΚΑΙ [ΥΠΕΡ ΤΗΣ] ΜΗΤΡΟΣ ΜΟΥ) ΗΓΓΥΗΜΜΑ ΤΟΥ ΠΑΝΕ-
ΦΡΕΜΜΙΣ[....]ΩΜΑ[....][ΩΣ Π]ΡΟΚ., in ΑΓΡΑΜΜΑΤΟΥ. ΠΑΝΕ-
ΦΡΕΜΜΙΣ [ΗΓΓΥ]ΩΜΑ[ΙΚΑΘ ΩΣ Π]ΡΟΚ. durch das Fehlen
einer die unrichtige Lesung festlegenden Accentuirung bei grossen
Buchstaben sehr erleichtert.

III. Durchpunktirte Lücken. Nutzen des Facsimile. — Ist auf
dem Papyrus ein Stück des Stoffes verloren, so wird dies durch
[. . . . .] angezeigt, wobei die Anzahl der Punkte die muthmaassliche
Zahl der in der Lücke verlorenen Buchstaben ebenso angiebt, wie
nicht eingeklammerte Punkte die unleserlichen Buchstaben auf er-
haltenem Stoff. Die Zahl der Punkte ist aber nicht blos an sich
approximativ, sondern sie ist auch um desswillen ein unsicheres
Kennzeichen, weil einmal derselbe Buchstabe im Schriftlichen bald
mehr bald weniger Platz wegnimmt, und sodann die verschiedenen
Buchstaben des Alphabets an sich selbst von verschiedener Breite
sind. Kann man ein Facsimile benutzen, so ist diese Schwierigkeit
behoben. So liest Kenyon Brit. Mus. II, 181, 16: ντων απο τω[ν
. . . . εμπρ]οσθεν χρονων, wobei die vier Buchstaben vor εμπρ auf
eigenartige Combinationen leiten würden. Misst man aber νεμπρ
am Facsimile, so findet man den Raum erschöpft, nur dass etwa
ein Buchstabe noch Platz hätte, und also ist ἀπὸ τῶν ἔμπροσθεν
χρόνων ohne Zwischenwort zu lesen. Trotzdem war insofern ganz
richtig gemessen, als eben auch neun Buchstaben Platz hätten, nur
nicht vier auser νεμπρ. In der folgenden Zeile vermeidet Kenyon
die Punkte, und giebt ποδειδιωτι[   ]ς εμπο,
was zur Ergänzung ἀ]πὸ δὲ ἰδιωτι[κῶν καὶ πάση]ς ἐμπο[ιήσεως
in der Breite bis auf den Buchstaben passt. Häufig ist das Facsimile für die Klarlegung zweifelhafter Buchstaben sofort maass-
gebend, so ist ευπ[ι]πτων in Brit. Mus. II., 176 in f. widerlegt durch

---

1) Wohl Ε[Γ]ΡΑΞΑ statt ΕΓΡΑΨΑ.

das Facsimile, welches statt ενπ auch ενγϱ gestattet, und so zu der durch den Inhalt geforderten Lesung ἐνγϱ[ά]πτων führt.

IV. Ortho-
graphie.

IV. Orthographie. Bei der Bestimmung der Grösse der Lücken wie bei deren Ausfüllung muss stets die Möglichkeit nicht bloss eines Verschreibens, die man zugeben, mit der man aber nicht rechnen kann, sondern namentlich auch die Schlechtschreibung ins Auge gefasst werden. So ist Wilckens: χειϱογϱαφήσι ἀμφότεϱα τὰ μέ[ϱ]α ἐν ἡμέϱαις τϱιάκοντα γενέσθαι ἐπὶ τοῦ στϱατηγοῦ No. 592[II],5 trotz der Fehlerhaftigkeit der Bildung unzweifelhaft und erklärt nicht bloss die Entscheidung des Richters, sondern giebt ein weiteres Beispiel für die UBeM 15[II] erwähnte Parteithätigkeit; natürlich kann so etwas nicht jedem Schreiber zugetraut werden; aber wer (I, 14) δύνωται und (II, 9) μεσυγγύημα schreibt, mag auch mit τὰ μέϱα für τὰ μέϱη belastet werden. [1])

Namentlich ist bei den ὑπογϱαφαί (subscriptiones) der Parteien auch das barbarischste sowohl in der Schreibung wie im Stil durchaus möglich: so darf man sich keineswegs verdriessen lassen, No. 446 (= 80 + neu gefundenem Theil) bei dem Sohn der Arrhaempfängerin, der als ὑπογϱαφεύς für die βϱαδέα γϱάφουσα ὁμολογοῦσα bezeichnet wird, zu sehen: (Z. 24) ἀπολαμμάνοντός μου τὸ λυπὸν τῆς τιμ[ῆς Zeile. Εἰϱηναῖ]ος ἄγϱαψα καὶ ὑπὲ τῆ
ἔγϱαψα ὑπὲϱ τῆς
μητϱώς μο[υ] βϱατὲ γαϱφούσης Σωτηϱία Εἰϱηναίο[υ], während der
μητϱός βϱαδέα γϱαφούσης Σωτηϱίας
Käufer gar unterschrieb: Στοτοῆτις Ἀγχώφ[ιος] εἰκονισμ[ὸ]ς ὁ ἀλαβὼν, καθὸς πϱόκιται, wobei zu erwägen sein wird, ob nicht εἰκον ις μ[ό]ς mit γέγωνε ῖς μαι = γέγονε εἶς με, wie Brinkmann γεγωνεισμαι Brit. II, 185, 27 auflöst (und Brit. II, 204, 26 γέγονε ε[ἶς] με ἡ ἀποχή jetzt bestätigt), zusammen zu halten ist; ἀλαβών ist statt ἀϱϱαβών.

V. Parallel-
stellen.

V. Parallelstellen. Die Vergleichung verwandter Urkunden wird öfter dazu dienen, die Lücken eines Papyrus auszufüllen, seltener auch die Lücken unseres Wissens; denn man findet meist nur wieder, was man kannte. Indess ist es sehr wohl möglich, dass das an sich werthlose Stück einer Zeile, das im Papyrus A erhalten, sich anschliesst an ein Stück des Papyrus B, und so beide Papyri zusammen uns die Zeile vollständig geben. Am einfachsten zeigt sich dies Verhältniss bei den ὑπογϱαφαί, die ein Resumé des Tenors der Urkunde geben und also eine gewisse Sicherheit ge-

---

1) Bezeichnend für das Vulgärgriechisch sind UBeM 521 und 261.

währen, dass was in ihnen steht, in der Urkunde nicht gefehlt hat. So würde man kaum die Kühnheit gehabt haben, in der No. 446 dem Protokollanten (Z. 15. 16) $\mathring{\alpha}\pi o\lambda\alpha\mu\beta\acute\alpha\nu o\nu]\tau o\varsigma$ $\alpha\mathring{v}\tau\tilde\eta\varsigma$ $\tau\grave{o}$ $\lambda o\iota\pi\grave{o}\nu$ $\tau\tilde\eta\varsigma$ $\tau\iota\mu\tilde\eta\varsigma$ zuzumuthen, wenn nicht in der $\mathring{v}\pi o\gamma\varrho\alpha\varphi\acute\eta$ Z. 24 $\mathring{\alpha}\pi o\lambda\alpha\mu\mu\acute\alpha$-$\nu o\nu\tau o\varsigma$ $\mu o\nu$ $\tau\grave{o}$ $\lambda\nu\pi\grave{o}\nu$ $\tau\tilde\eta\varsigma$ $\tau\iota\mu[\tilde\eta\varsigma$ erhalten wäre. (Vgl. S. 46 Anm.) Umgekehrt ergänzt sich Z. 5 $\mathring{\alpha}\varrho\alpha\beta\tilde\omega\nu\alpha$ $\mathring{\alpha}\nu\alpha\pi\acute o\varrho\iota\varphi o\nu$ $\mathring{\alpha}\pi\grave{o}$ $\tau\tilde\eta\varsigma[\tau\iota\mu\tilde\eta\varsigma$ mit subscriptio Z. 21/22 $\mathring{\alpha}\varrho\alpha\beta\tilde\omega\nu\alpha$ $\mathring{\alpha}\nu\alpha\pi\acute o\varrho\iota]\varphi o\nu$ $[\mathring{\alpha}\pi\grave{o}]\tau\tilde\eta\varsigma$ $\tau\iota\mu[\tilde\eta\varsigma,$ so dass hier das Ganze (Text + subscriptio) nicht bloss die Summe seiner Theile, sondern ein neues Erzeugniss ist. — Der Zusammenhang der Urkunde ist: Soteria bekennt dem Stotoetis von ihm als Anzahlung ($\mathring{\alpha}\varrho\varrho\alpha\beta\acute\omega\nu$; es sind 500 Drachmen auf 800 Kaufpreis, und daher unsere „Draufgabe" offenbar weit überschritten) erhalten zu haben, und wird die $\varkappa\alpha\tau\alpha\gamma\varrho\alpha\varphi\acute\eta$ (Umschreibung, Auflassung) vornehmen, wenn sie von ihm die Restsumme gezahlt bekommt. Eben dies wiederholt ihr für sie kalligraphirender und tachygraphirender Sohn in der subscriptio.

In ähnlicher Weise kann die Zeilenlänge festgestellt werden, wenn auch nur für eine Lücke die Ergänzung sicher ist, und dies kann mitunter so glücklich sich treffen, wie in UBeM 614,

2 $\pi\alpha\varrho\grave{\alpha}$ $M\acute\alpha\varrho\varkappa o\nu$ $A\mathring{v}\varrho\eta\lambda\acute\iota o\nu$ $['Io\nu\lambda\acute\iota o\nu$ $\Pi\tau o\lambda\epsilon\mu\alpha\acute\iota o\nu$ $\sigma\eta\sigma\varkappa o\nu\pi\lambda\iota$-
11 $\pi\alpha\varrho\grave{\alpha}$ $M\acute\alpha\varrho\varkappa o\nu$ $A\mathring{v}\varrho\eta\lambda\acute\iota o\nu$ $'Io\nu\lambda\acute\iota o\nu$ $\Pi\tau o\lambda\epsilon\mu\alpha\acute\iota o\nu$ $\sigma\eta\sigma\varkappa o\nu(\pi\lambda\iota$-
2 $\varkappa\alpha\varrho\acute\iota o\nu$ $\epsilon\acute\iota'$ — 3 $\lambda]\eta\varsigma$ $'A\nu\tau\omega\nu\iota\nu\iota\alpha\nu\tilde\eta\varsigma$ $\Gamma\alpha\lambda\iota\varkappa\tilde\eta\varsigma$ $\tau o\acute\nu\varrho\mu\eta\varsigma$ $'A\tau\iota\lambda\lambda\iota\alpha\nu o\tilde{v}.$
11 $\varkappa\alpha\varrho\acute\iota o\nu)$ $\epsilon\acute\iota'$ — 12 $[\lambda\eta\varsigma$ $'A\nu\tau\omega\nu\iota\nu\iota\alpha\nu\tilde\eta\varsigma$ $\Gamma\alpha\lambda\iota\varkappa\tilde\eta\varsigma$ $\tau o\acute\nu\varrho\mu\eta\varsigma$ $'A\tau\iota\lambda\lambda\iota\alpha\nu o\tilde{v}.$]
3 $\delta\iota\grave{\alpha}$ $A\mathring{v}\varrho\eta$-   (Das kleingedruckte ist nach der Parallele ergänzt.)
12 $\Pi\varrho o\varsigma$-

Hier ist die eine Zeile je die sichere Ergänzung für die andere, und beide vereint ergeben ein untrügliches Maass für die Lücke, die zwischen beiden Fragmenten des Papyrus durchgeht.

So kann Brit. Mus. II, 181 (Z. 11 ff.) nach UBeM 350 Z. 8 bis 18 und anderen Urkunden noch wesentlich ergänzt werden, wie die Gegenüberstellung beider Urkunden (zu S. 32) zeigt. Brit. II, 181 vgl. mit UBeM 350. (zu S. 32).

VI. Im weiteren Umfange für die Ergänzungen von Werth ist der Wort-Index; ich erlaube mir zu wiederholen, was ich früher [1]) darüber sagte: VI. Index

„Selbstverständlich ist die wiederholte Prüfung durch das in der Zwischenzeit geübte Auge häufig im Stande, Neues und Richtigeres zu ergeben; aber man liest nach Ablauf von Jahren nicht nur mit geübterem Auge, sondern auch mit vermehrter Kenntniss. Oft klingt aus verwandten Urkunden ein Wortgefüge nach,

---

1) Berliner Philologische Wochenschrift 1896. S. 1966. —

das uns auf die richtige Lesung lückenhaft erhaltener oder kaum
zu entziffernder Texte hinleitet; in diese Art des Lesens bringt der
Index ein System, er giebt uns die Urkunden mit gleichen Worten
sämmtlich an die Hand, und die Erwägung, die bisher vom Zufall
des Gedächtnisses abhängig war, kann nun auf Grund des vollständigen Materials angestellt werden. Natürlich liegt die Gefahr
nahe, dass man dann sieht, was man erwartet; dagegen muss man
sich mit Festigkeit wappnen.“

UBeM 665.   Ein Musterbeispiel für diese Art der Ergänzung ist No. 665
(Krebs und Wilcken), bei der ich nur zu bemerken habe: 1) be-
achtenswerth ist $\mu\varepsilon\tau\grave{\alpha}$ $\dot{\varepsilon}\pi\iota\tau\varrho\acute{o}\pi o\upsilon$ $\varkappa\alpha\tau\grave{\alpha}$ $\tauο\grave{\upsilon}\varsigma$ $\nu\acute{o}\mu o\upsilon\varsigma$ statt $\mu\varepsilon\tau\grave{\alpha}$
$\varkappa\upsilon\varrho\acute{\iota}o\upsilon$, weil sie $\dot{\alpha}\varphi\tilde{\eta}\lambda\iota\xi$. 2) $\pi\varepsilon\varrho\grave{\iota}$ $\delta\grave{\varepsilon}$ $\tau o\tilde{\upsilon}$ $\tau\alpha\tilde{\upsilon}\tau\alpha$ Z. 18 hätte nach
No. 96, 16 fortgeführt werden können: [$o\tilde{\upsilon}\tau\omega\varsigma$ $\dot{o}\varrho\vartheta\tilde{\omega}\varsigma$ $\varkappa\alpha\lambda\tilde{\omega}\varsigma$ $\gamma\varepsilon\gamma o$-
$\nu\acute{\varepsilon}\nu\alpha\iota$ $\dot{\varepsilon}\pi\varepsilon\varrho\omega\tau\eta\vartheta\varepsilon\grave{\iota}\varsigma$ $\dot{o}$ $\pi\alpha\tau\acute{\eta}]\varrho$ $\dot{H}\varrho\omega\nu\tilde{\alpha}\varsigma$ $\dot{\upsilon}\pi\grave{o}$ $\tau o\tilde{\upsilon}$ Σ. $\dot{\omega}\mu o\lambda\acute{o}\gamma\eta\sigma\varepsilon\nu$, wodurch die Formel $\dot{\varepsilon}\pi\varepsilon\varrho\omega\tau\eta\vartheta\varepsilon\grave{\iota}\varsigma$ $\dot{\omega}\mu o\lambda\acute{o}\gamma\eta\sigma\alpha$ für die Zeit des Cara-
calla nachgewiesen ist. — 3) Z. 18 ist wohl [$\dot{\varepsilon}\grave{\alpha}\nu$ $\delta\grave{\varepsilon}$ $\mu\grave{\eta}$ $\beta\varepsilon\beta\alpha\iota o\tilde{\iota}$ $\tilde{\eta}$]
zu ergänzen. — 4) Z. 12/13 ist nicht $\tilde{\eta}\nu$ $\varkappa\alpha\grave{\iota}$ $\pi\alpha\varrho\acute{\varepsilon}[\delta\omega\varkappa\varepsilon\nu]$ das wahr-
scheinliche, sondern $\tilde{\eta}\nu$ $\varkappa\alpha\grave{\iota}$ $\pi\alpha\varrho\acute{\varepsilon}[\xi\varepsilon\tau\alpha\iota$ $\alpha\dot{\upsilon}\tau\tilde{\omega}$ $\dot{\alpha}\nu\acute{\varepsilon}\pi\alpha\varphi o\nu$ $\varkappa\alpha\grave{\iota}$ $\dot{\alpha}\nu\varepsilon$-
$\pi\iota\delta\acute{\alpha}\nu\varepsilon\iota\sigma\tau o]\nu$; denn $\pi\alpha\varrho\alpha\delta\iota\delta\acute{o}\nu\alpha\iota$ für die Übergabe findet sich wohl
bei einem Kameelkauf (No. 13, 7) und bei einem Sklavenkauf a. 359
(No. 316, 19), also bei Mobilien, für Hauskäufe nie; dagegen tech-
nisch für die Rückgabe, zu der sich der Pächter verpflichtet ($\mu\varepsilon\tau\grave{\alpha}$
$\tau\grave{o}\nu$ $\chi\varrho\acute{o}\nu o\nu$) $\pi\alpha\varrho\alpha\delta\acute{\omega}\sigma\varepsilon\iota$ (vgl. No. 39, 20; 197, 27; 393, 14; 519, 18;
586, 25; 661, 20), und sprachlich ganz besonders interessant $\mu\varepsilon\tau\grave{\alpha}$
$\tau\grave{o}\nu$ $\chi\varrho\acute{o}\nu o\nu$ $\pi\alpha\varrho\alpha\delta\acute{\omega}\sigma\omega$ $\dot{\omega}\varsigma$ $\varkappa\alpha\grave{\iota}$ $\alpha\dot{\upsilon}\tau\grave{o}\varsigma$ $\pi\alpha\varrho\varepsilon\acute{\iota}\lambda\eta\varphi\alpha$ (wie 538, 21. 34;
606, 14; 633, 18; 644, 39). — 5) Z. 16 $\varkappa\alpha\grave{\iota}$ $\dot{\alpha}\lambda\lambda o\tau]\varrho\iota o\tilde{\upsilon}\nu\tau\alpha\varsigma$? — 6) Wenn,
wie kaum zu bezweifeln, Z. 18 (von Wilcken) $\varkappa\alpha\grave{\iota}$ $\varepsilon\grave{\iota}\varsigma$ $\tau\grave{o}$ $\delta\eta\mu\acute{o}\sigma\iota o\nu$
richtig ergänzt ist, so wird vorher gestanden haben $\varkappa\alpha\grave{\iota}$ $\dot{\varepsilon}\pi\acute{\iota}\tau\iota\mu o\nu$
und dann in Zeichen — für Worte ist kein Raum mehr — $\dot{\alpha}\varrho\gamma$.
$\delta\varrho\alpha\chi\mu$. so und so viel.

UBeM 741.   Einige weitere Beispiele mögen folgen: UBeM 741, 36 steht, wie
dies oben erörtert $\pi\alpha\varrho\acute{\varepsilon}\chi\varepsilon\sigma\vartheta\alpha\iota$ $\delta\grave{\varepsilon}$ $\alpha\dot{\upsilon}\tau\grave{o}\nu$ $\tau\grave{\eta}\nu$ $[\dot{\upsilon}\pi]o\vartheta\acute{\eta}\varkappa\eta\nu$ $\varkappa\alpha\vartheta\alpha\varrho\grave{\alpha}\nu$
$\varkappa\alpha\grave{\iota}$ $\dot{\alpha}\nu\acute{\varepsilon}\pi\alpha\varphi o\nu$ $\varkappa\alpha\grave{\iota}$ $\dot{\alpha}\nu[\varepsilon\pi\iota]\delta\acute{\alpha}\nu\varepsilon\iota\sigma\tau o\nu$, dann geht es weiter $\ddot{\alpha}\lambda[\lambda]o\upsilon$
$\delta\alpha\nu[\varepsilon\acute{\iota}o\upsilon]$ $\varkappa\alpha\grave{\iota}$ $\pi\acute{\alpha}\sigma[\eta]\varsigma$ $\dot{o}\varphi\varepsilon\iota\lambda[\tilde{\eta}\varsigma$ $\varkappa]\alpha\grave{\iota}$, darnach liest Wilcken $\mu\eta\delta\acute{\varepsilon}\nu\alpha$
$\alpha\dot{\upsilon}\tau\tilde{\eta}\varsigma$ $\dot{\varepsilon}\tilde{\alpha}[\sigma\alpha\iota$.]$\varrho\mu\varepsilon\nu o\nu$ $\tau\varrho\acute{o}\pi[\omega$ $\mu\eta]\delta\varepsilon\nu[\grave{\iota}]$ $\varkappa\tau\lambda$. Es ist aber schon
oben bemerkt, dass A oft ein Anfang von M ist. Nun ist $\varkappa\alpha\grave{\iota}$ $\mu\eta$-
$\delta\acute{\varepsilon}\nu\alpha$ offenbar die Fortsetzung der Gewährleistung: der Schuldner
praestirt die Hypothek rein und unberührt und unbeliehen um
anderes Darlehens oder um irgend einer Schuld willen (und so fort).
Will man erkennen, was folgt, so wird man sich fragen, was sonst nach
ähnlichen Formeln kommt. Der Index sagt aus: $\dot{\alpha}\nu\acute{\varepsilon}\pi\alpha\varphi o\varsigma$ (er-

gänzt No. 177,₁₂) No. 193, ₁₉ff. ¹): ἀνέπαφον καὶ ἀνεν(ε)χύρασ[το]ν καὶ ἀνεπι[δάνει]στον καὶ καθ[αρὸν ἀπὸ] πα[ν]τὸς ὀφιλήματ[ος] (dann wird dies specialisirt) κ[αὶ π]άσης ἐμπο[ι]ήσεως κτλ. Es ist unmöglich, dass in unserer Stelle δημόσια gestanden hat; aber zu ἐμ[ποιο]ύμενον passen die Reste vortrefflich. Finden wir nun noch 350, ₁₁ hinter ἀπό τε δημοσίων (Specialisirung) καὶ πάσης ἐμποιήσεως (κτλ.) (20 Buchst.) ποιούμενον (κτλ.) κατὰ μηδένα τρώπον (sic), so werden wir nach der selbstverständlichen Ergänzung ἐμ] auch in No. 350 einen Beleg für die Ergänzung ἐμ[ποιο]ύμενον in No. 741, ₃₉ finden. Und hinzu kommen Stellen mit ἐμποίησις aus beiden Bänden. Es soll dann eben auch Niemand sich der Hypothek bemächtigen dürfen. — Für solche Ergänzungen sind. auch einfachere Worte wichtig, und ich begrüsse es als einen Fortschritt, dass Index II auch τρόπος aufgenommen hat; so ergiebt sich, dass τρόπῳ μηδενί das Regelmässige bei Quittungen ist, wie (394, ₁₉. 415, ₁₉) μηδὲ ἐνκαλεῖν τρόπῳ μηδενί (Ausnahme 517,₂₂); was bedeutet „in keiner Weise anfeinden“, während wiederum κατὰ μηδένα τρόπον die häufige Formel bei der Pacht ist, wo der Pächter sein Gut nicht derelinquiren soll: οὐκ ἔξεστί μοι προλιπεῖν τὴν μίσθωσιν κατ᾽ οὐδένα τρόπον (519, ₂₀. 586, ₁₇. 606, ₉.).

Dà μηδένα αὐτῆς ἐμποιούμενον für diejenigen, die attische Syntax gewöhnt sind, peinlich sein dürfte, so sei hier bemerkt, dass der Acc. absolutus häufig ist, und in der Formel μηδένα κωλύοντα (nämlich den Käufer sich der gekauften Sache zu bemächtigen und sie zu besitzen) geradezu technisch (vgl. Nr. 193, ₂₂). Es handelt sich dabei wohl um ein Compromiss zwischen Acc. c. Inf. (μηδένα κωλύσειν) und Genetivus (c. Part.) absolutus (μηδενὸς κωλύοντος), gleichsam ein Acc. c. Participio. Da die Formeln tralaticisch sind, so sei darauf aufmerksam gemacht, dass die folgende Formel: μὴ ἐλ[α]ττουμένου τοῦ (Gläubigername) [π]ερὶ ²) ὧ[ν ἄ]λλ[ω]ν [ὀ]φ[ε]ί[λ]ι αὐτῷ ὁ αὐτός stets im Gen. abs. erscheint ³).

<hr>

1) Dazu kommt jetzt No. 709, ₁₄.

2) Oder ὑπὲρ.

3) μὴ ἐλαττουμένου: a) No. 68, ₁₇ (Quittung über Zinsen) ἀπέχω παρὰ σοῦ τόκον (u. s. w.) ὧν ὀφείλει μυ ἐπεὶ μεσειτίᾳ (Pfand; so auch Mitteis, Hermes 30,
ὀφείλει   μοι ἐπὶ μεσιτίᾳ
inf.) λυπᾶν δραχμῶν τετρακωσείων καὶ τόκων ἀργυρίου δραχμὰς τεσσερά-
λοιπῶν   τετρακουίων   τεσσαρά-
κοντα ὥτως μυ ἐλατ[τ]ουμένου μου ὑπὲρ τοῦ αὐτοῦ τ[οῦ] κεφαλαίου δραχμῶν
οὕτως μὴ
τετρακωσείων καὶ τῶν ἀπὸ μηνός κτλ.
τετρακουίων
Hier wird zunächst der bezahlte Rest als Zins von einem Capital be-

μὴ ἐλαττου-
μένου μου.

Sie bedeutet die Verwahrung dagegen, dass mit dieser Urkunde eine Novation der schon bestehenden Forderungen des Gläubigers dem Schuldner gegenüber beabsichtigt sei, und sagt, der Gläubiger solle nicht „behindert (gemindert) sein in Betreff des anderen". Für unsere Begriffe ist das überflüssig, aber an anderer Stelle ist darauf hinzuweisen, dass bei Quittungen umgekehrt zugleich mit dem Empfangsbekenntniss Generalquittung verbunden wird, in einer Weise, die uns gleichfalls überrascht. Man will bei Darlehen dem Einwand begegnen: das war früher, jetzt schulde ich nur aus der späteren Urkunde, und bei Quittungen dem Einwande: dies habe ich Dir quittirt, aber jenes schuldest Du mir noch: so wird beidemal das ganze Contocorrent ausgezogen und der Saldo berechnet.

Übrigens giebt die Formel Gelegenheit, an der Verbesserung der Lesung eines Eingabe-Papyrus die Wichtigkeit des Index und der übrigen Hilfsmittel bei der Entzifferung aufzuweisen.

Restitution von UBeM 614 in fine

Pap. 614 ist eine Eingabe, deren processuale Technik von Mitteis [1]) in einer Weise entwickelt ist, die nur in einem Punkte, den ich beiläufig berühren werde, einen Nachtrag zuzulassen scheint. Über das Rechtsverhältniss, das in diesem ὑπόμνημα zur Erscheinung kommt, spricht Mitteis nicht. Der Schluss der Eingabe lautet nach Viereck: (Kläger werde eventuell nachweisen, und) ἀρκ[ου]μένου [μο]υ τῇδε τῇ διαστολ[ῇ ....] ου μου, ἐν οἷς ἄλλοις ἔχει δικαίο[ι]ς. καὶ παριών μοι ἰδίως . [.]ειλι[2]) ὁ εἷς τῶν προγε[γρ]αμμένων Ἀσκληπιάδης καὶ κ.[. . . .] (Ende). —

zeichnet, dann nochmals hervorgehoben, dass diese Zinszahlung nicht etwa die Rückforderung des Capitals und der übrigen geschuldeten Zinsen behindern solle.

b) No. 155, 5: Ἀπέχω τοῦ αὐτοῦ ἐκκαιδεκάτου ἔτου[ς τὸ]ν τόκον μὴ ἐλατουμένης τοῦ κεφαλαίου καὶ τὸν ἐπερχόμενον τόκον καὶ τῆς ὑποθήκης ἀνὰ χῖραν τόκον καὶ τῶν ἐπερχόμενον; derselbe wie No. 68 mit einigen Schreibfehlern.

c) No. 612, 6: Ἀπέχω παρ' ὑμῶν τὸν φόρον τοῦ ἐλα[ι]ουργίου ὧν ἔχετέ [μο]υ ἐν μισθώσει τοῦ ἔτους Νέρωνος Κλαυδίου Καίσαρος Σεβαστοῦ Γερμανικοῦ Αὐτοκράτορος κ[ατ]ὰ μηδὲν ἐλαττουμένου μου ὑπὲρ ὧν ὀφείλουσιν ὑπολήμψεως ἑτέρου ἐλαιουργίου: Die Quittung über gezahlten Zins von einem gepachteten Ölgarten soll nicht für den andern gepachteten Ölgarten präjudiciren. ὑπὸ λήμψεως würde ich der Viereck'schen Schreibung vorziehen; ὑ soll corrigiert sein, vielleicht verschlimmbessert aus ἀπὸ.

d) Umgekehrt bekennt No. 636, 21 ein Pächter, nachdem er sich schuldig erklärt den Zins zu zahlen: κατὰ μηδὲν (vielleicht zum vorhergehenden zu ziehen) μὴ ἐλατουμένον σου περὶ ἑτέρων ὧν ὀφείλωι σοι.

1) Hermes 32 S. 645.

2) Wilcken vermuthet ἀπειλῖ = ἀπειλεῖ.

Die Ergänzungen, die ich (wenn nichts anders bemerkt aus UBeM 350) in Brit. 181 eingefügt habe, sind durch Tischendorfische Lettern gekennzeichnet; ebenso umgekehrt in der achten und in der fünftletzten Zeile die Ergänzung aus Brit. 181 in UBeM. 350; in Corpus-Schrift alles Übrige, einschliesslich der früheren Ergänzungen in beiden Publikationen.

Brit. καὶ ἀπέχ]ειν τὸν ὑ[μολογ]οῦντα [Μ]ῖσθαν παρ[ὰ] τῆς
Berl. καὶ ἀπέχειν τὸν ὁμολογοῦντα παρὰ τῆς

Τεσενούφιος τὴν τιμὴν ἐ]κ πλήρους ἀργυρίου δρ[αχ]μὰς δέκα ἓξ
Τανεφρόμμεως τὴν [σι]μπεφωνη[μ]ένην τιμὴν πᾶσαν ἐκ πλ]ήρους (κτλ.) ἀργυρίου κεφαλαίου δρ[αχ]μὰς πεντακοσίας

αἱ εἰσιμ λοιπαὶ ἀπὸ τῶμ τοῦ ἀργυρίου][1] δραχμῶν ἑκατὸν [εἴκ]οσι τισσάρων

διὰ χειρὸς ἐξ οἴκου παραχρῆμ . .]α[2] καὶ β[εβαιώ]σε[ι]ν τ[ὸ]ν ὁμολογο[ῦν]τα
καὶ βεβαιώσειν τὸν ὁμολογοῦντα

τὰ κατὰ τὴμ πρᾶσιμ ταύτημ πάσηι βε]βαιώσει ἀπ[ό τε δημοσ]ίων καὶ [εἴδι]-
[τὰ κατὰ τὴν πρᾶσιν ταύτην διὰ παντός] πάσῃ βεβαιώσι ἀπό τε δημοσίων καὶ εἰδι-

Brit. ωτικῶμ, ἀπὸ μὲμ δημοσίωμ τελεσμάτωμ πά]ρτων ἀπὸ τῶ[ν ἔμπρ]οσθεν χρ[όνων]
Berl. ωτικῶν πάντων, ἀπὸ μὲν λαογραφιῶν πασῶν ἀπὸ τῶν [ἔμπροσθεν χρόνων

μέχρι τῆς ἐρεστώσης ἡμέρας? ἀ]πὸ δὲ ἰδιωτι[κῶμ καὶ πάσηι]ς ἐμπο[ιήσεως]
30 Buchst.]ως[3] ἑτέρου ἰκονιυμοῦ κατ' οἰκίαν ὑπογραφῆς. ἀπὸ δὲ εἰδιοτικῶν καὶ πάσῃ ἐμπυιήσεω·

ἐπὶ τὸμ ἄπαμτα χρόμομ καὶ] μηδὲ ἐμπ[οισύμεμος μ]ηδὲ [αὑτοῦ μηδὲ
ἐπὶ τὸν ἄπαντα χρόνον [ε]υ καὶ μηδὲ ἐμ]ποιούμενος τοῦ πεπραμένου τρίτου μέρους οἰκίας μηδὲ

μέρους αὑτοῦ, μηδέμα κωλύομτα Τεσ]ενούριν μ[ηδὲ τοὺς παρ' αὑτῆς[4] κυ[ριευ-
μέρους αὑτοῦ (κ. τ. λ.) [μηδένα κωλύοντα Τανεφρέμμιν] μηδὲ τοὺς παρ' αὑτῆς κυριευ-

ουσαμ τῶμ πεπραμέμωμ αὐτῆι κ]αὶ οἰκοδ[ομοῦσαν καὶ πω]λοῦσαμ καὶ ὑποτι-
ουσα δὲ τῆς Τ. τοῦ (κτλ) καὶ ἐνοικοδομοῦσα καὶ ἐπισκευάζουσα καὶ πολοῦσα καὶ ὑποτι-

Brit. θεῖσαμ καὶ ἑτέροις μεταδιδοῦσαμ] καὶ χρωμέ[μην αὐτῷ ὡς ἐὰμ αἱρῆται.
Berl. θοῦσα καὶ ἑτέροις μεταδιδοῦσα καὶ χρω[μένη αὐτῷ ὡς ἐὰν αἱρῆ]ται.

Πρός τε ταῦτα μηδὲμ τὸμ ὁμολογοῦ]ντα Μύσθ[α]ν μηδὲ τ[οὺς παρ' αὐτοῦ
Πρός τε τὰ προκείμενα μηδὲν τὸν ὁμολογοῦντα μηδὲ τοὺς παρ' αὑτοῦ

ἐπικαλεῖμ μηδ' ἐγκαλεῖμ] μηδὲ διαμφισβη[τεῖν τρόπῳ μηδενί.
ἐπικαλεῖν μηδ' ἐνκαλεῖν [μηδὲ διαμφισβητεῖμ τρόπῳ μηδεμί.]

. . . . τιδαμ[5] τῶμ προγεγραμμέ]νων παρασυνγραφῇ[σι ὁ ὁμολο-
[ ] τιδαν[5] τῶν προγεγραμμένων παρασινγραφῆσι ὁ ὁμολο-

γῶμ ἀποτεισάτωι ἤμ τε εἴληφεμ τι-
γοῦν ἢ ὑπὲρ αὑτοῦ προυαποτεισάτωι τῆι [Τανεφρέμμι καὶ τὰ ἀνηλωμέ]ρα διπλᾶ καὶ ἤν τε εἴληφεν τι-

Brit. μὴμ καὶ τὸ ὡρισμέμομ πρό]στειμον [καθάπερ ἐκ δίκης[6])
Berl. μὴν διπλῆν καὶ ἐπίτιμον ἀργυρίου δραχμὰς διακοσίας πεντή[κοντα κτλ.

Ὑπογραφεῖς τῆς μὲμ Τεσενού[φιος[7]) καὶ τοῦ κυρίο[υ
Ὑπογραφεῖς τοῦ μὲν ὁμολογοῦντος κτλ., τῆς ἄλλης ὁ ἐπιγραψάμενος κύριος.

---

1) Vgl. Brit. II, 204, 10.
2) Vgl. Brit. II, 177, 5. 179, 12. 196, 23 u. a.; allerdings steht παραχρῆμα sonst stets voran.
3) Wilcken ergänzt: ἀπὸ τῶν [ἐν αὐτῷ φανησομένων ἀπογεγράφθαι ?].
4) Kenyon ergänzt ἄλλον παρ' αὐτῆς; aber ἄλλον steht meines Wissens stets mit ὑπέρ.
5) τιδαν (statt τιδαυ) erklärt Krebs für möglich; Brinkmann vermuthet εἴ τι δ' ἄν.
6) Nach UBeM. 282, 41. 542, 20.
7) Kenyon liest φις.

Behandelt man dies mit dem Index, so ergiebt sich, dass
παριών (παριέναι) in beiden Bänden fehlt (ausserhalb unserer
Stelle), und es wird schon von vornherein wahrscheinlich, dass
περὶ ὦν zu lesen, was der Papyrus auch zulässt. Wäre der Index
auch auf die Präpositionen ausgedehnt, so könnte man forschen,
welche Worte mit περί construirt vorkommen; die Unterschätzung
des Werthes der Präpositionen für den juristischen Sprachgebrauch[1]
hat dies verhindert; um so besser, dass uns aus UBeM. 741,41 περὶ
ὦν ἄλλων ὀφείλι noch in den Ohren klingt: in der That ist ὀ[φ]είλι
wohl verträglich mit den Überresten; bedenkt man nun weiter,
dass ἀρχουμένου μου als Gen. abs. vorhergeht, so wird man um so
mehr geneigt sein, auch im zweiten ου μου Reste participialer Natur
zu vermuthen, und μὴ ἐλαττουμέν]ου μου zu ergänzen. Der Kläger
behält sich seine Rechte vor wegen der ihm von einem der Beklagten
ἰδίως (privatim, nicht als einem der Consorten) geschuldeten Summe,
die also nicht in judicium deducirt werden soll: was aber soll
ἐν οἷς ἄλλοις ἔχει δικαίοις? Wir brauchen ἔχω und in der That
lässt der Papyrus dies zu, ἔχει aber kaum. Der Sinn ist also, dass
Kläger einen Vorbehalt macht, wie sonst in Geschäftsurkunden. —
Geht man einen Satz weiter zurück, so findet man Z. 25: ἐδήλωσα
σαφῆ εἶναι χ[ρ]ησ. μ . . . με πρὸς αὐτοὺς η . [8 + ἐπὶ τοῦ] ἱερέως καὶ
ἀρχιδι[κ]αστοῦ ἢ ἐφ' ὦν ἐὰν ἑτέρων δέῃ δικαστῶν ᾦ ἔχω δικαίῳ
χρῆ[ν] αὐτοὺς μὴ ὑπαν[τῆσαι πρὸς τὴν ἀ]πόδοσιν ἀφικ[έσ]θαι
ἐπὶ τὴν ἐχομένην μοι πρὸς αὐτοὺς κατάστασιν ἀρχ[ο]υμένου
[μο]ῦ τῇδε τῇ διαστολῇ u. s. w. Die Construktion ist hier nicht
ersichtlich. Mitteis liest (Z. 26) χρήσ[ασθαι] oder ähnlich, was der
Sinn fordere. Erinnern wir uns, dass in den Papyri Participia
pro Infinitivo häufig sind, so werden wir χρησόμενόν με vermuthen[2], was, mit allerdings üppigem ο, der Papyrus bestätigt; in
der ersten Lücke hat der titulirte ἀρχιδικαστής gestanden, wie
Viereck richtig vermuthet. Aber χρή oder ἐχρῆν fällt mit seinem
Anfang wieder aus der Construktion! Zunächst ist hinter ἔχω δικαίῳ,
mit dem Papyrus, καί einzuschalten, mit χρή beginnt ein neuer Satz,
sodann ist statt des ersten Infinitivs μὴ ὑπαντῆσαι, der sich mit
ἀφικέσθαι unmöglich verträgt, μὴ ὑπαντή[σαντας zu ergänzen, und

---

1) In meinem Aufsatz L'importanza delle preposizioni pel linguaggio giuri-
dico dimostrata dei papiri egittiaci Bull. dell' Ist. di dir. Rom. 1897, p. 94 ff.,
habe ich gegen diese Unterschätzung Front gemacht. Wie dort, so möchte ich
auch hier betonen, dass die Indices zu Bd. I und II als provisorische gedacht
sind, und der in Aussicht gestellte Generalindex hoffentlich nachholen wird.

2) Wie ebenda, Z. 24, τὰς ἡσυχίας με ἄξοντα.

der Sinn ist: ich, der Petent, habe hiermit kund und zu wissen
gethan (ἐδήλωσα σαφῆ εἶναι), ich werde Gebrauch machen vor (ἐπὶ)
dem zuständigen Richter von meinem Rechte (ᾧ ἔχω δικαίῳ), und
jene (die Gegner) müssen, wenn sie nicht zur Geldabgabe sich be-
quemen (μὴ ὑπαντήσαντας πρὸς τὴν ἀπόδοσιν) zu der von mir
gegen sie gehabten constitutio[1]) erscheinen. So ist durch die
lexikalische Restitution ein Punkt gewonnen, von dem aus die
Klagerzählung aufgerollt werden kann.

Schreiten wir weiter vor, bis Z. 21, so finden wir: Ἴν᾽ οὖν μὴ
ἀγνωσία ᾖ, εἰ αὐτοῖς . [.]. α προσῆλθον δι [12 Buchst.] καὶ ἀξιῶ
συντάξαι γράψαι τῷ τῆς Ἡρακλ(είδου) μερίδος τοῦ Ἀρσινοΐτου
στρ(ατηγῷ) μεταδοῦναι αὐτοῖς [το]ῦδε τοῦ ὑπομνήμ[ατος ἀν-
τίγραφ]ον, ἵν᾽ εἰδῶσι τὰ προκίμενα κω εν εὐγνωμονῶσι ὑπαντῶσι πρὸς τὴν ἀπόδοσιν ὦν [π]ροέχρησα εἰς τὴν [20 Buchst.] δραχμῶν τετρακισχειλίων τὰς ἡσυχίας με ἄξοντα, εἰ δὲ μὴ, κατὰ τὴν
δοθ[εῖσά]ν μοι ὑπὸ τοῦ λα[μπροτάτου ἡγεμό]νος ὑπογραφήν⟨ην⟩.
δι᾽ ῆς καὶ σύ μοι ἔδωκας ὑπογραφὴν, ἐδήλωσα (κτλ.). Damit
es nicht im Unklaren bleibt, ob jenen (ich halte für wohl möglich τα[ῦ]τα προσῆλθον für προσῆλθεν) dies (der Bescheid)
zukam, deshalb mache ich die Eingabe und beantrage (δι[ὰ τοῦτο
ἐπιδίδωμι] καὶ ἀξιῶ) es solle Auftrag geben werden, dem betr.
Strategen zu schreiben, er solle ihnen Abschrift dieser Urkunde
übergeben, damit sie die Sachlage kennen, und wenn sie (καὶ ἐὰν
hält Viereck für nicht unmöglich) wohlmeinend sind, schreiten zur

---

1) κατάστασις constitutio, vgl. UBeM. 37,16 Σατορνεῖνο[ς] ἐπο[ί]ησεν πρ[ός]
με κατά[σ]τα[σ]ιν. Er verklagt ihn wegen eines χειρόγραφον, an dem schier alle
Willensveränderungen studirt werden können: vis compulsiva, vis absoluta,
minor aetas, dolus Z. 20: ἀνάγκασέν με γράψαι βία ἄκοντα, τυγχάνω γὰρ ἄγραφως
　　　　　　　　coegit　　me scribere vi　nolentem　sum　enim scribendi
. . .] υτο ἔτι ἐντὸς ὦν τοῦ Λαιτωρίου νόμου, ausserdem (Z. 13) περιγραφείς:
expers　　　　　intra　　　　　Plaetoriam legem
circumscriptus. — Die περιγραφή auch Brit. II, 161, 8 ff.: ὅτι .ἂν καταλάβοι-
　　　　　　　　　　　　　　　　　　　　　　　　　　quod deprehendam
μεν ἐπὶ περιγραφῇ τοῦ ταμείου πραχθὲν τοῦτο κατὰ τοὺς τοῦ ταμείου νόμους
　　　dolo adversus　fiscum　factum　id　secundum　　　fisci　ius
εκ τε εκ των εων (man erwartet ἔκ τε αὐτοῦ καὶ) ὑπαρχόντων καὶ ὑπευ-
ex　　ipso　　　　　　　　　　　　　　　　　　　et bonis　　et nomi-
θύνων κελεύσω ἀποκατασταθῆναι, wogegen die vis compulsiva in der Ein-
nibus　iubebo　restitui.
gabe Brit. II, 172, 8: ἐπαναγκάσαι με μετὰ ὕβρεων καὶ πληγῶν ἐγδόσθαι
　　　　　　　　　cogere　me　iniuria　　　et verberibus　edere
γράμματα χειρογράφου πράσεως [καὶ ὑ]ποθήκης δ[αν]είου δρα[χμῶ]ν τετρα-
　　instrumentum　　　emptionis et　hypothecae fenoris
κοσίων ἐξ ὀνόματος τῆς ἀδελφῆς μου μὴ συνθ[εμέ]ν[η]ς αὐτῆς ἀλλὰ καὶ ἀπούσης.
　　　nomine　　sororis　meae non　pactae　sed　etiam　absentis.
Vgl. über den Schluss S. 37.

Rückgabe der von mir (für die Erbportion?) „in Vorschuss gegebenen" 4000 Drachmen, — da ich dann Ruhe halten werde.
Falls (sie) nicht (zurückgeben), werde ich gemäss der subscriptio
des Statthalters, auf die auch Du subscribirt hast, u. s. w.

Hiernach zeigt das letzte Stück der Urkunde, dass der Supplikant einen Vorschuss zurückfordert, und seinen Gegnern gleichsam
eine goldene Brücke baut, indem er sie auffordern lässt, zur Rückgabe heranzukommen, wo nicht, wolle er von seinem Recht Gebrauch
machen.

In No. 378 heisst die durch Krebs und Viereck entzifferte Eingabe an den ἔπαρχος Z. 16 ff. (cf. ἐντυγχάνω Z. 15): Σατορνεῖνος
ἐπο[ί]ησεν πρ[ός] με κατά[σ]τασ[ι]ν. Κλαυδίου [Ν]εοκύδους [τοῦ]
γε[ν]ομένου δικαιοδότου ἀπαιτῶν [.....][1]) ἔλεγεν δεδωκ[έν]αι τῷ
πατρί μου παραθήκην ἐπενέγκας μου χειρόγραφ[ο]ν [..] μ[.]ν χρ[υ]-
σίου μναϊαίω[ν] ὀκτὼ, [ὅ]περ ἀνάγκασέν με γράψαι βίᾳ ἄκοντα,
τυγχάνω γὰρ ἄγραφως [..] υτο ἔτι ἐντὸς ὢν τοῦ Λαιτωρίου
νόμου, ἔτι δὲ καὶ ἐξισχύσας [μ]εταξὺ ἐκ παραλογισμοῦ ἐπ[....][2])
το[ῦ] κρατίστου δικαι[ο]δότου Καλπουρνιανοῦ τῷ τοῦ Ἀρσινο[ίτο]υ
στρατηγῷ, ὅπως ἐν[β]ιβασθῇ [εἰ]ς τὰ ὑ[π]άρχο[ν]τά μοι ὄντα
[ἐν συ]ντιμήσει τα[λά]ντων δέκα καὶ πρὸς χάριν [τ]ῶν προκει-
μ[ένων τ]ο[ῦ] χρυσί]ου [μναϊ]αίων ὀκτώ, διαπεμψά[μ]ενος ὁ Σα-
τορ[νε]ῖνος τὴν ἐπ[ι]σ[τολ]ὴν διὰ δύο στρατιωτῶν. [....][3]) τοῦ
δικαι[οδότου]. ⌊ ι Φαρμοῦθι κ[.]

Also der Gegner, der „die κατάστασις gemacht hat", hat (pro-
cessualisch genommen, und von den materiellen Fragen des Zwanges,
der minor aetas etc. abgesehen) folgendes gethan: Er behauptet ein Depositum, bringt dafür ein χειρόγραφον über 8 Goldminen, und extrahirt
einen Brief des Juridicus an den arsinoitischen Strategen, in bona
mea pretio talentorum decem ingressio fiat idque minarum octo
illarum causa: epistolam mittendam curavit adversarius per duos
milites iuridici. Dagegen beschwert sich der Petent. Hier ist
ebenfalls eine κατάστασις und ohne Zweifel ein der Executivurkunde entspringendes Verfahren: τῆς πράξεως οὔσης ἐξ ὑπαρχόντων αὐτοῦ.

Was den Rechtsfall von UBeM. 614 angeht, so ist er bis zu einem
gewissen Punkte klar, von da ab kaum weiterzukommen. Der
Wittwer klagt gegen die Schwäger, ursprünglich (in der Eingabe an

κατάστασις
No. 378.

Der Rechts-
fall von
UBeM. 614.

---

1) Brinkmann vermuthet [τάδε] oder [ταῦτα] und zieht Κλαυδίου [Ν]εο-
κύδους [τοῦ] γε[ν]ομένου δικαιοδότου zu κατά[σ]τασ[ι]ν.

2) ἐπ[ιστολὴν] wie Z. 27, oder auch eine Abkürzung davon.

3) τ[οῦ κρατίσ]του? oder αὐτοῦ] τοῦ?

den Eparchen) wohl auch gegen die Schwiegermutter auf Rückzahlung eines Vorschusses (πρόχρεια) [1]), den er ἐκ τοῦ ἰδίου (vgl. 538, 14. 586, 19. 661, 14) geleistet hatte; Brit. Mus. II, 220, 16 sagt von den Bürgen, dass sie für den Fall der Mora der Hauptschuldnerin ἐκ τοῦ ἰδίου ἀποδώσιν (zurückzahlen wollen); nimmt man hinzu, dass in unserem Papyrus es heisst ἱκανῶς με παρακαλέσασα (πεποιῆσθαι?), so kann kaum ein Zweifel sein, dass es sich um eine Regressklage handelt, und die weitere Bemerkung, ἐπεὶ καὶ τὴν ἐπιβάλλουσαν αὐτῇ τῶν πατρῴων μερίδα αὐτοὶ εἰς ἑαυτοὺς μετήγαγον lässt annehmen, dass der Vorschuss im Hinblick auf die Erbportion der verstorbenen Gattin gegeben ist, wie auch εἰς ..... möglicherweise zu ergänzen ist. Jedenfalls aber

Der Titel nicht executivisch. Gegensatz UBeM 578. ist der Titel kein executivischer, und hierin kann der von Mitteis zur Vergleichung herangezogene Pap. 578 als Gegensatz dienen: In beiden soll die Insinuation durch Vermittlung des Strategen erfolgen

<table>
<tr><td>

UBeM. 614, 23:

ἵν' εἰδῶσι τὰ προκίμενα κανευγνωμονῶσι ὑπαντῶσι πρὸς τὴν ἀπόδοσιν ὦν προέχρησα εἰς τὴν [τῶν πατρῴων μερίδα?] [δ]ραχμῶν τετρακισχειλίων τὰς ἡσυχίας με ἄξοντα·

        εἰ δὲ μή, κ. τ. λ. χρὴ αὐτοὺς μὴ ὑπαν[τήσαντας πρὸς τὴν ἀ]πόδοσιν ἀφιχ[έσ]θαι ἐπὶ τὴν ἐχομένην μοι πρὸς αὐτοὺς κατάστασιν.

</td><td>

UBeM. 578, 20:

ὅπως ποιήσηταί μοι τὴν ἀπόδοσιν τοῦ τε π[ροκειμένου κεφαλαίου] καὶ τῶν τόκων,

    [εἰ δὲ] μή, ἐσομένην μοι τὴν π[ρᾶξιν] ἐξ ὑπαρχόντω[ν αὐ]τοῦ κ. τ. λ. (kein leserlicher Sinn mehr).

</td></tr>
</table>

Während 614 in einen regulären Termin auszulaufen droht, tritt bei 578 die πρᾶξις in das Gesichtsfeld, und es ist dieser letztere Prozess nur dem Zweck gewidmet, die Vollstreckungsklausel für die Urkunde zu liefern, zu welchem Ende diese (τὸ αὐθεντικὸν δισσὸν χειρόγρ(αφον), (nicht ἀναλυτικόν) behufs Vergleichung der Schrift und Feststellung des Authentischen gehen soll εἰς ἀμφοτέρας τὰς βιβλιοθήκας (in die δημοσία und die ἐγκτήσεων?). —

und UBeM 717. Ein ganz anderer Fall ist in UBeM. 717 aufbewahrt, wo es sich um einen Ehevertrag (mit συνγραφοδιαθήκη?) handelt, der zur Collationirung ins δημόσιον kommen soll. Die Formeln für die Vergleichung sind in beiden Papyri identisch, doch ist die Lücke in beiden gleich, so dass einer dem andern wenig hilft:

---

1) πρόχρεια ist aufgehellt durch Viereck, Hermes 30, 107.

UBeM. 578,₁₂: βούλομαι ἐν δημοσίῳ γενέσθαι τὸ αὐθεντικὸν ¹) δισσὸν
UBeM. 717, ₂₆: ....] βουλομένη ἐν δημοσί[ῳ] γενέσθαι

578 χειρόγρ(αφον) καὶ ἀξιῶ [12 Buchst.] ..μ..υ [...... ιμω
717   ἀξιῶ .ἀναλαβόντα .παντο ὑπογεγραμμένον

578   περὶ τοῦ
717 ὑπ' ἐμοῦ περὶ τοῦ

578 εἶναι αὐτὸ ἰδιόγρ(αφον) σὺν τοῖς μετὰ τὸν χρόνον γράμμασι τοῦ
717 εἶναι αὐτὸ ἰδιόγρ(αφον)   τοῦ

578 Γαίου Ἰουλίου Μαρτιάλ[ιο]ς [σ]υνκαταχ[ωρί]σαι αὐτω [...] ω
717 Ἀμμωνίου

578. ὑπομνήματι εἰς ἀμφοτέρας τὰς βιβλιοθήκας

In beiden Fällen soll die Urkunde zur Handschriftenvergleichung
ins Archiv befördert werden; dann bricht UBeM. 717 ab mit den
Förmlichkeiten der ὑπογραφή; ist sie damit erledigt gewesen, so
dürfte es sich um eine Beglaubigung der Ächtheit ohne actuellen
Kampfeszweck gehandelt haben, während umgekehrt UBeM. 578, ₁₇
τῆς ἀναδόσεως μὴ γεγονυίης, wegen eingetretener Mora, die Vergleichung der Handschrift wünscht, und damit den Urkundenpro-
cess einleitet.

Der Schluss von 717, von ₂₇ an: κυρίου μου ἐπιγρα[ψαμέ]νου καὶ
γράφοντος ὑπὲρ ἐμοῦ μὴ εἰδυίης γράμματα Μάρκου . ωτ ..... νου
[....] νου ἔχον ἐξ [ὀ]νόματος τῆς μητρός μου ὑπογραφήν, ist zu
vergleichen mit Brit. II, 172, ₁₀ (Petent ist durch Schläge gezwungen
worden, eine Schuldurkunde auszustellen): ἐξ ὀνόματος τῆς ἀδελφῆς
μου μὴ συνθ[εμέ]ν[η]ς αὐτῆς ἀλλὰ καὶ ἀπούσης εἰς ὄνομα τῆς θυγα-
τρὸς Σώτου. Es handelt sich um die Vollmacht zur ὑπογραφή,
ein sehr wesentliches Requisit bei Urkunden, die für Analphabete
ausgestellt wurden, und die genannten Papyri gestatten uns, einmal
einen Blick hinter die Culissen zu werfen: in der That scheint es
nothwendig, irgend eine Gewähr dafür zu haben, dass, wenn A für
die Schreibunkundige B subscribirt, er nicht durch seine Unterschrift
deckt, was jene nicht gewollt hat, und dann ist es für unsere Begriffe kaum möglich, dass nicht, wenn jener Fall eintritt, die
Urkunde durch eine, öffentlichen Glauben geniessende, Instanz versichert wird: denn wenn ich auch lese: es erscheint die B (Personalbeschreibung) und erklärt (wie folgt); Unterschrift bietet für sie A
(Personalbeschreibung); darauf in der durch Schriftvergleichung

Beglaubi-
gung der
ὑπογραφή.
Brit. II,
172, ₁₀.

---

1) Krebs liest (zweifelnd) ἀναλυτικόν.

festgestellten Hand des A: ich, die B, habe dies und das erklärt, für die Schreibunkundige habe ich der A dies geschrieben: so ist wohl sicher, dass A dies geschrieben, aber dass er es im Sinne der B geschrieben, muss erst durch einen Dritten attestirt werden: eben hieraus scheint zu folgen, dass die gewerbsmässigen Schreiber der Homologiae öffentliche Vertrauenspersonen waren, die nicht aufnahmen, was sie nicht als durch die Personalbeschreibung und die Erklärungen der Comparenten erwiesen erachteten. Ganz anders beim χειρόγραφον (γράμματα χειρογράφου Brit. Mus. II, 172, 9); hier ist gar keine urkundliche Gewähr dafür, dass, wer den Brief privatim nomine alterius schreibt, auch mandatu alterius handelt, und darum die Anfechtung der Urkunde wegen Mangels der Vollmacht durchaus regulär: ob sie in concreto begründet, ist natürlich eine andere Frage. Ein Beispiel eines solchen χειρόγραφον von fremder Hand bietet UBeM. 187: (Weibername) μετὰ κυρίου (Männername) Διοδώρῃ Πεδέως χαίρειν. Ἀπέχω παρὰ σ[οῦ   ] [...] αγείσας μοι ὑπὸ τ[οῦ πατρὸς?] Dann nach einigen Zeilen: ῎Ε]γ]ραφ.]ι. ὑπὲρ αὐτῆς μὴ ἰδοίης γράμματα[   ]. (Datum). Μελανᾶς ὁ προκίμενος [...]ραχα τὸ σῶμα. — Leider ist bei νουεχον ἐξ [ὀ]νόματος τῆς μητρός μου ὑπογραφήν der Anfang nicht ganz so zweifellos, um habeo ius subscribendi zu sichern; aber für künftig auftauchende Stücke wird man es sich merken [1]).

Umseitig gebe ich UBeM. 614 in einer Form, die es als modernes Aktenstück auftreten lässt: die ganze sachliche Erzählung bildet dabei nur eine Anlage zu dem Gesuch an den Strategen um Zustellung. Was vom Bittsteller herrührt, ist in Petit gesetzt, die Verfügung der Beamten in Tischendorfischen Lettern, und die Vermerke der Subalternen in Corpusschrift. — Die Verfügung des Strategos fehlt auf unserm Papyrus; darum habe ich sie, die nach UBeM. 578, 1. 2 ergänzt ist, eingerahmt. Als Form ist vorausgesetzt der gebrochene Bogen, bei dem die Adresse und die Verfügungen auf die linke Seite kommen, die Eingabe selbst auf der rechten Seite ihren Platz findet.

---

1) Dass ein χειρόγραφον (Handschein) an sich ursprünglich als von der χείρ des Ausstellers herrührend gedacht werden muss, ist klar; sicher aber, dass der Begriff sich verschoben hat und eine urkundliche Form bezeichnet, welche in dem χειρόγραφον ἰδιόγραφον eine Unterart findet; desswegen finden wir a) UBeM. 71, 20: (τὸ χιρόγραπον) κ. τ. λ. ἰδόκραπον (= ἰδιόγραφον, von Krebs gelesen) „Der Handschein ist eigenhändig“; was den schreibenden Veteranen, der mitbetheiligt ist als einer der zwei Verkäufer, nicht hindert, nochmals zu versichern: τοῦ Ἀκύλα ὑπογράπουτος α[ὐ]τὸ (κύ)ριον ἔστω ἐν τημοσίου κατακεχω[ρ]ισμένον, indem er offenbar Protokoll und Handschein ver-

UBeM. 614 (mit Benutzung von Mitteis' Analyse) so wiedergegeben, wie wenn es einem modernen Aktenstück angehörte.

I. Haupteingabe an den Strategos.

Adresse.

Αὐρηλίῳ Διονυσίῳ σ[τρατηγῷ Ἀρσινοείτου Ἡρακλείδου μερίδος]

παρὰ

Μάκρου Αὐρηλίου [Ἰουλίου Πτολεμαίου σησκουπλικιαρίου εἴλ]ης
Ἀντωνινιανῆς Γαλικῆς τούρμης Ἀτιλ-
λιανοῦ

διὰ

Αὐρηλίου Λογγίνου τοῦ κ[αὶ Name
30 Buchstaben] ας προχρημ(ατίζοντος)
ἀπὸ κώμης Καρ[α]νίδος
φρ[ο]ντιστοῦ.·

Datum.

⌐ εκ Α[ὐτ]οκράτορος Καίσαρος
Μάρικου Αὐρηλίου [Σεουήρου Ἀντωνίνου Π]αρθικοῦ Μεγίστου Βρεταννι-
κοῦ Μεγίστου Γερμανικοῦ Μεγίστου
Εὐσεβοῦς Σεβαστοῦ Φαρμοῦθι ιβ.

Eingabe an den Strategos.

Οὗ παρεκόμισα ἀπὸ διαλογῆς
δ[ημοσιώσεως[1]) ὑπομνήματος τὸ ἀντί-
γρ(αφον) ὑπόκ]ειται καὶ ἀξιῶ ἐπιστεῖ-
λαί σε ἑνὶ τῶν περὶ σε ὑπηρετῶν
ὅπως μεταδοθῇ Αὐρηλίοι[ς Ἀσκληπιάδῃ καὶ Name κλη]ρονόμοις Λογγινίας τῆς καὶ Θερμουθαρίου τῆς διὰ
τοῦ διαστολ( ) ἐνγεγραμμένης. εν
[καταχωρισμῷ? 20 Buchst.].

Ἔστι δέ. (Anlage.)

Die Verfügung des Strategos hätte nach No. 578 zu lauten:

Αὐρήλιος Διονύσιος στρατηγὸς Ἀρσιμοείτου Ἡρακλείδου μερίδος (Name im Dativ) ὑπηρέτῃ. Μετά-δος ἐμ῵πι(ον) ὡς καθήκει τοῖς ῳροστεταγμέ(μοις) ἀκολούθως.

(Datum).

Registervermerk des ὑπηρέτης.

Σεσημείωμαι.

1) δημοσιώσεως Mitteis.

---

mengt. — b) UBeM. 465 I, 15 = II 16 τὸ δὲ χιρόγραφον τοῦτο ἰδιόγραφό(ν) μοι ὃν δισσὸν ὑμεῖν [ἐξ]εδόμην. — c) UBeM. 578, 14: τὸ δὲ χειρόγραφον τοῦτο ἰδιόγραφόν μου ὃν δισσόν σοι ἐξεδόμην; z. 18 (χειρόγραφον) ... περὶ τοῦ εἶναι αὐτὸ ἰδιόγρ(αφον); ebenso UBeM. 717, 27.

II. Anlage. (Die in Bezug genommene Eingabe an den Archidikastes nebst seinem Bescheid.)

Γρ(αφὴ) καταλο[γ]εί[ου? 20 Buchst.].

Adresse.

[Αὐρηλίῳ Ἀπολλωνί]ῳ τῷ πρὸς τῷ μέρει τοῦ τῆς πόλεως γυμνασίου ἱερεῖ ἀρχιδικαστῇ καὶ πρὸς τῇ ἐ[πι-μελείᾳ τῶν χρηματιστῶν καὶ τῶν ἄλλων] κριτηρίων

παρὰ

Μάρκου Αὐρηλίου Ἰουλίου Πτο-λεμαίου σησκουπλικιαρίου εἴ[λης Ἀντωνινιανῆς Γαλικῆς τούρμης Ἀτιλ-λιανοῦ.]

Datum.

⌐ κε̅ Μάρκο]υ Αὐρηλίου Σεουή-ρο[υ] Ἀντωνίνου Εὐσεβ[οῦ]ς Καίσαρος τοῦ κυρίου Μεχε[ὶρ κβ].

Verfügung des Archidikastes.

Αὐρήλιος Ἀπολλώ-ριος ὁ ἱερε[ὺς καὶ ἀρχι-δικαστὴς τοῦ Ἀρσιμοΐτ]ου Ἡρακλείδου μερίδος.

Τοῦ δεδομέμου ὑπο-μμήματος ἀμτίγρ(αφομ) μεταδοθήτω ὡς ὑπόκ[ειται.

⌐ κε̅ Μάρκου Αὐρ]η-λίου Σεουήρου Ἀμτωμί-μου Καίσαρος τοῦ κυρίου. Μεχε[ίρ κβ.]

Registervermerk.

Αὐρήλιος Ἡρά — [30 Buchst.] — ατίωνος σεση-μ(είωμαι). Μεχε[ί]ρ κβ.

Eingabe an den Archidikastes.

Προσελήλυθα διὰ βιβλιδίων τῷ λαμπροτάτῳ ἡγεμόνι Οὐαλερίῳ Δάτ[ῳ οὕτως ἐχόντων? 15 Buchst.].

25 Buchstaben τῆς σ]υμβιωσά-σης μοι γυναικὸς φωκαρίας Σεμ-πρωνίας Τασουχαρίου ἀναλωμά-των δημο[σίων 25 Buchst.] σθαι ὑπὸ τῆς μητρὸς αὐτῆς Λογγινίας Θερ-μουθαρίου· οὐ μετ' οὐ πολὺ δὲ[1]) τελευτησάσης τῆς παιδ[ὸς 30 Buchst.] ἱλατο ἡ μήτηρ, ἱκανῶς με παρακα-λέσασα πεποιῆσθαι, ἐκ τοῦ ἰδίου τὴν πρόχρ[ειαν] ποιήσ[ασθαι εἰς τὴν 20 Buchst.] παρά τε αὐτῆς τῆς μητρὸς καὶ τῶν ταύτης υἱῶν τῆς δὲ τελευτησάσης ἀδελφῶν [Ἀσ]κλη-πιάδ[ου καὶ Name ... ἀπέχειν τὸ προχρησθὲν?] ὑπ' ἐμοῦ ἀργύριον, ἐπεὶ καὶ τὴν ἐπιβάλλουσαν αὐτῇ τῶν πατρῴω[ν] μερίδα αὐτ[οὶ εἰ]ς ἑαυτο[ὺς μ]ετήγαγον·

καὶ ἔτυχ[ον ὑπογραφῆς] οὕτως ἐχούσης·

"⌐ κε̅ Χοιάκ λ̅.

"Εἴ τι δίκαιον ἔχεις [τ]ούτῳ χρῆ-"σ[θαι] δύνασα[ι]. Κόλ(λημα) φβ."

---

1) οὐ μετ' οὐ πολὺ δὲ hält Brinkmann unter Verweisung auf Wilhelm Schulze (Kuhns Zeitschrift 33, 239), dessen Stellen er hinzufügt: Mnemeia hagiol. hg. von Theophilos Joannu S. 133, 5. 147, 3. 230, 1. Z. 247, 28,

Referat über die frühere Eingabe an den Archidikastes.

Kopie von dessen Marginale.

Petitum: Bitte den Befehl zur Zustellung dieser motivirten Ladung zu ertheilen. (Gewährt durch die Verfügung.) —

"Ἅπερ [15 λα]βὼν ἑτέρῳ βιβλιδίῳ
ἐπέδωκά σοι τῷ ἱερεῖ καὶ ἀρχιδικαστῇ
διὰ τὴν στρατίαν μου δ[υ]νομενο[ ] εἰς
τοὺς τόπους ἀφ[ικέσθαι, ὅπως κλη-
θῶσιν?] οἱ προκείμενοι, ἵνα δυνη-
θῶσιν ἀπαντῆσαι ἐπὶ τὴν δίκην

καὶ ὑπέγραψάς μοι οὕτω.
"L κε̄ Τῦβι λ.
"[Ἀκολούθως τῇ] τοῦ λαμπρο-
"τάτου ἡγεμόνος ὑπογραφῇ ἀπόδος."

"Ἵν᾽ οὖν μὴ ἀγνωσία ᾖ, εἰ αὐτοῖς
τ[αῦ]τα προσῆλθον, δ[ιὰ τοῦδε ἐντυγ-
χάνω] καὶ ἀξιῶ συντάξαι γράψαι τῷ
τῆς Ἡρακλ(είδου) μερίδος τοῦ Ἀρσινοείτου στρ(ατηγῷ) μεταδοῦναι αὐτοῖς
[το]ῦδε τοῦ ὑπομνή[μ]ατος ἀντίγρα-
φ]ον, ἵν᾽ εἰδῶσι τὰ προκίμενα [καὶ ἐὰν]
εὐγνωμονῶσι[1]) ὑπαντῶσι πρὸς τὴν
ἀπόδωσιν, ὧν [π]ροέχρησα εἰς τὴν [τῶν
πατρῴων μερίδα?] δραχμῶν τετρακισχειλίων τὰς ἡσυχίας με ἄξοντα· εἰ δὲ μή,
κατὰ τὴν δοθ[εῖσά]ν μοι ὑπὸ τοῦ λα[μ-
προτάτου ἡγεμό]νος ὑπογραφ⟨ην⟩ἣν
δι᾽ ἧς καὶ σύ μοι ἔδωκας ὑπογραφήν,
ἐδήλωσα σαφῆ εἶναι χ[ρ]ησόμ[ενόν]
με πρὸς αὐτοὺς η.[... ἐπὶ σοῦ τοῦ
ἱερέ]ως καὶ ἀρχιδι[κ]αστοῦ ἢ ἐφ᾽ ὧν
ἐὰν ἑτέρων δέῃ δικαστῶν ᾧ ἔχω δικαίῳ, καὶ ἐχρῆν[2]) αὐτοὺς μὴ ὑπαν[τή-
σαντας πρὸς τὴν ἀ]πόδοσιν ἀφικ[έσ]θαι
ἐπὶ τὴν ἐχομένην μοι πρὸς αὐτοὺς
κατάστασιν, ἀρχ[ο]υμένου [μο]υ τῇδε
τῇ διαστολ[ῇ, μὴ ἐλαττουμέν]ου μου ἐν
οἷς ἄλλο[ι]ς ἔχω δικαίοις, καὶ περὶ
ὧν μοι ἰδίως [ὀφ]είλι ὁ εἷς τῶν προγε-
[γρ]αμμένων Ἀσκληπιάδης καὶ κ.[...

---

1) Pap. κωεν ευγνωμονωσι. Brinkmann vermuthet, dass εὐγνωμονῶσι unter dem Einfluss des folgenden ὑπαντῶσι verschrieben ist für εὐγνωμονοῦντες.

2) ε von ἐχρῆν auf dem Papyrus durchstrichen.

Es mag hier an die Klageschrift UBeM. 614 die Klagbeantwortung (ἀντίρησις) Oxyrh. LXVIII angeschlossen werden, deren Ausgang und Anfang derartige Verfahren weiter verfolgen lassen. Die beiden Stellen lauten: Anfang: ἐπεὶ [μετέδ]ωκέ μοι Θέων Παυσείρι[ος τῶν ἀπὸ τῆς α]ὐτῆς π[1]) Ὀξυρύγχων πόλεως διὰ [τοῦ τοῦ] νομ[οῦ] στρατηγοῦ ἀντίγραφον οὐ οὐ [δεόν]τως ἐτελείωσεν τῷ καταλογείῳ ὑπο[μνή]ματος, δ[ι᾽ ὁ]ῦ ἀπαίτησιν ἐποιεῖτο (folgt Gegenstand der Klage), ποιοῦμα[ι τὴν] δαίουσαν ἀντίρησιν δηλῶν (folgen die Einwände). Ende: ὅθεν ἀξιῶ συντάξαι γράψαι τῷ τοῦ Ὀξυρυγχείτου στρατηγῷ μεταδοῦναι τῷ Θέωνι τοῦδε τοῦ ὑπομνήματος ἀντίγραφον, ἵν᾽ ἰδῇ ἄκυρον καθεστὸς ὃ οὐ δεόντως μετέδοκέ μοι διαστολικόν, σὺν οἷς ἐὰν βιβλιομαχή[σ]ῃ προσμεταδοῖ μεν[2]), οὖσαν δ᾽ ἐμοὶ τὴν πρὸς αὐτὸν κρίσιν ἐφ᾽ ὧν δέον ἐστίν, ἀρχουμένου μου τῇδε τῇ διαστολῇ ὡς καθήκει.

Der Anfang zeigt uns den Fortgang des Verfahrens, von dem Punkte an, wo UBeM. 614 abschliesst: der Kläger hat nun διὰ τοῦ στρατηγοῦ — wie UBeM. 614 es angiebt, und unsere Processordnung es analog hat — dem Beklagten zugestellt, und dieser macht pflichtmässig seine ἀντίρησις, die eingereicht wird an den Richter und wieder ausläuft in die Bitte, dem Strategen den Auftrag zur Zustellung zu geben. Der Vorbehalt aller Rechte wider den Kläger μένουσαν δ᾽ ἐμοὶ[3]) τὴν πρὸς αὐτὸν κρίσιν ἐφ᾽ ὧν δέον ἐστίν, muthet in einer Klagbeantwortung noch sonderbarer an, scheint aber allgemeine Formel gewesen zu sein, da auch die Anklage Brit. Mus. II, 172, 20 schliesst: ἀρχουμένου μου τῇδε τῇ διαστολῇ[4]),

---

1) π 'erased in the original'.

2) In dem Satz σὺν—προσμεταδοῖμεν (ἵνα σοι μεταδοῖμεν auch UBeM. 742, 1) dürfte etwas verlesen sein. Jedenfalls muss man mit Brinkmann προσμεταδοῖ, μένουσαν abtheilen. Zum ἄκυρον σύν vgl. UBeM. 472, 14: (χ[ρ]εωστικὴν ἀσφάλειαν) ... ἣν καὶ ἄκ[υ]ρον εἶναι [σὺ]ν ταῖς δι᾽ αὐτῆς ἐνγεγρα[μμέν]αις δ[ια]στολαῖς, und eine ähnliche Verwendung von σύν = 'nebst' für Beilagen UBeM. 578, 10: Τοῦ προειμένου δισσοῦ χειρογράφου σὺν τοῖς μετὰ τὸν χρόνον γράμμασιν; ebenso Z. 18. — Es ist auffällig, dass der Entwerthung der Urkunde (und der Klageschrift) durch Erklärung des Gläubigers, gleichgestellt wird das Bestreiten durch den Schuldner, der sich (Ox. LXVIII) gleichsam das Richteramt anmasst (vgl. 613, 17: μάτην ἐπέδωκαν). Man kann dies rein stilistisch nehmen, kann es aber auch darauf beziehen, dass Beklagter etwaige Verschweigungsfolgen hiermit abgelehnt haben will.

3) Am Acc. c. Participio stossen sich die Herausgeber mit Unrecht.

4) So in beiden Urkunden: διαστολικὸν ὑπόμνημα findet sich No. 613, 18, wie διαστολικόν absolut Ox. LXVIII, 88. — Auf Weiteres soll Gegner nicht rechnen, das Recht ist gewahrt durch diese Urkunde.

μένοντός μου τοῦ λόγου περὶ ὧν ἔχω πρὸ[ς αὐτο]ὺς ἐνγρ[ά]πτων δικαίων πάντων¹).

Der sachliche Inhalt dieser Klagbeantwortung ist für die Geschichte der Klagverjährung wichtig, insofern er uns diejenigen Erwägungen, aus denen das genannte Rechtsinstitut entstanden, als rein factische Argumenta ad hominem vorführt. Er ὑπονοεῖ²) muthmasst, dass die cautio mutui, welche jene entstanden sein 'lassen will' θέλει γεγονέναι (vgl. UBeM. 613, 31: ὃν λέγουσι πατέρα αὐτῶν εἶναι) περιλελύσθαι (exsolutum esse), weil sie schon lange her ist (ἔτι ἀπὸ τῶν ἔμπροσθεν χρόνων (Z. 9) und πολυχρόνιον (Z. 13)), und insbesondere der ursprüngliche Schuldner (Schwiegervater des nomine filii impuberis verklagten Eingabeverfassers) noch zwei Jahre gelebt habe, darauf dessen Tochter noch elf Jahre, und nun noch fünf Jahre verstrichen seien, ohne dass der jetzige Kläger sich gerührt habe: m. a. W., die Präsumptionstheorie der Klagverjährung wird hier durch Zeitablauf und durch adminiculirendes Beiwerk begründet, offenbar sagt Schuldner nicht: a + b + c Jahre sind um; nach n Jahren ist verjährt; n ⋛ a + b + c, sondern er sagt, nach der Präsumptionstheorie, da jener solange geschwiegen, dürfte sein Recht aufgehoben sein, sich verflüchtigt haben oder durch Zahlung gelöst sein, das argumentum soll auf den Richter wirken. Ein zweites argumentum ad hominem zeigt noch deutlicher, dass auch das erste eben nur die richterliche Überzeugung beeinflussen soll: die verstorbene Gattin des Beklagten hat die Erbschaft ihres Vaters an dessen Bruder verkauft für eine Geldsumme und die Verpflichtung, der Ohm werde die Schulden bezahlen³), nun habe aber Kläger, der sonst noch Gläubiger des Schwiegervaters war, die anderen Schulden desselben eingezogen, wegen der jetzt in Frage stehenden aber μηθ᾽ ὅλως μεμνῆσθαι (noch nicht einmal leise angefragt); daraus kann doch nur gefolgert werden, es sei unwahrscheinlich, dass die besagte Forderung bestehe, nicht aber, sie sei untergegangen oder habe nie bestanden. Es sind beides Ein-

Klagver-
jährung.

Schuld-
übernahme.

---

1) Verwahrung gegen processualische Consumption.

2) UBeM. 361 II, 16: οὐκ ἐν ὀλίγῃ ὑπ [. . . .] γε[ί]ρομαι. Krebs ergänzt ὑπ[οψίᾳ]. — 388 I, 19: περὶ τῶν . . ταβ.[ε]λλῶν . . ἱ[πο]πτεύω.

3) Vgl. B.G.B. § 419: „Übernimmt jemand durch Vertrag das Vermögen eines Anderen, so können dessen Gläubiger, unbeschadet der Fortdauer der Haftung des bisherigen Schuldners, von dem Abschlusse des Vertrags an ihre zu dieser Zeit bestehenden Ansprüche auch gegen den Übernehmer geltend machen". Diese Fortdauer schliesst auch unser Papyrus keineswegs aus.

wendungen, die den vom Gegner beigebrachten Schuldschein etwa wie einen Zeugen unglaubwürdig machen sollen. — Man muss sagen, dass wegen der letzteren der Verdacht nahe liegt, der Gläubiger habe das Ableben der Wissenden abgewartet, um gegen das Kind (welches offenbar auch den Grossohm beerbt hat) auf Grund eines angeblichen Schuldscheines loszugehen; wenn auch ϑέλει die Entstehung der Schuld anzuzweifeln scheint, so dürfte doch ein Schuldschein vorliegen, da man auf Grund mündlicher Abrede schwerlich nach so langer Zeit geklagt haben wird: es wäre dann, als zurückgezahlt wurde, leichtsinniger Weise für jenes Interesse des Schuldners nicht gesorgt worden, welches B.G.B. § 371 also schützt: 'Behauptet der Gläubiger, zur Rückgabe (des Schuldscheins) ausser Stande zu sein, so kann der Schuldner das öffentlich beglaubigte Anerkenntniss verlangen, dass die Schuld erloschen sei'.

Conventus und Erzrichter.

Hier möchte ich noch die Frage aufwerfen, ob die wunderliche Staffelung, die uns UBeM. 578. 614 und Oxyrh. LXVIII zeigen, pathologisch, wie Mitteis will (vgl. S. 29) oder physiologisch, als natürliche Folge des ägyptischen Rechtsganges aufzufassen ist. Mit Recht weist Mitteis darauf hin, dass UBeM. 276, 22 eine directe Ladung für den Convent uns vor Augen führt; aber andrerseits ist der Umweg durch den Erzrichter nun schon dreimal bezeugt, und so wird wohl zu scheiden sein zwischen der Anmeldung für den Conventus, die, wie Mitteis zeigt, UBeM. 276 birgt[1]), und der regulären Anbringung der Klage beim ständigen Delegaten, um die es sich bei UBeM. 578. 614 und Oxyrh. LXVIII handelt. Bei letzterer ist der Stratege Zustellungsbeamter, und es hat die Partei den Zustellungsbefehl an ihn zu erwirken, und ihm zu übermitteln, worauf das Verfahren mit analoger Klagbeantwortung weiter geht. Denn in UBeM. 614 ist die Sache wie es scheint durch den Umstand verwickelt, dass Petent dient und διὰ τὴν στρατίαν μου δυνομενο[.] εἰς τοὺς τόπους ἀφικέσϑαι: deshalb dürfte er sich zuerst an den Gerichts- und Kriegsherrn gewendet und demnächst die Angelegenheit an den zuständigen Erzrichter gebracht, ebendeshalb sich auch eines φροντιστής bedient haben.

2) UBeM 472.   Zur Bezeichnung ἡ τοῦ δανείου ἀσφάλεια mag verglichen

---

1) Auch 19 I, 17: τῷ διεληλυϑότι διαλογισμῷ ἐδικάσατο ist: processirte im vergangenen Conventus, und Brit. Mus. II, 172, 16 sagt ausdrücklich: τοῦδε τοῦ πράγματος δεομένου τῆς τοῦ λαμπροτάτου ἡγεμόνος διαγνώσεως. — UBeM. 226, 9: (ἀμφισβητήσεως) .. ἐνχρῃζούσης τῆς τοῦ κρατίστου ἡγεμόνο(ς) (Name) μισοπονηρίας) beantragt Petent beim Strategos Ladung vor den Richter beim Conventus, in den nämlichen Wendungen wie Brit. Il, 172.

werden No. 472 [1]), wo col. I das Darlehen und col. II die Quittung dazu ist. Col. I ist eine gewöhnliche ὁμολογία, col. II eine διαγραφή, welche nach dem Empfangsbekenntniss von der Darlehensurkunde sagt: ἃς ὤφειλεν [αὐ]τῇ κατὰ χ[ρ]εωστικὴν ἀσφάλειαν τελειωθε[ῖσ]αν τῷ δευτ[έ]ρῳ ἔτει Ἀντωνείνου Καίσαρος τοῦ κυρίου μηνὶ Καισαρείῳ τριακάδι, ἣν καὶ ἄκ[υ]ρον εἶναι [σὺ]ν ταῖς δι᾽ αὐτῆς ἐνγεγρα[μμέν]αις δ[ια]στολαῖς. Also die ἀσφάλεια ist die persönliche Darlehensurkunde, und sie ist „vollzogen" am 13. Aug. 139, welches das Datum auch der col. I ist, und sie soll ungültig sein mit sammt den δι᾽ αὐτῆς ἐνγεγραμμέναις διαστολαῖς, wohl mit den aus ihrer Veranlassung eingetragenen Zustellungen; es war also der gerichtliche Vorgang schon geschehen, welcher in No. 614, 4 durch ἀρχουμένου μου τῇδε τῇ διαστολῇ, (und ebenso in LXVIII, 36) bezeichnet wird. Durch die Quittung soll das Verfahren, soweit es eingeleitet war, wieder annullirt werden, die Quittung also gegen jede Processfortführung schützen.

Die Worte δι᾽ αὐτῆς beziehen sich wohl auf die Urkunde und nicht auf die Gläubigerin; der Gebrauch findet sich auch 614, 25 τὴν (κ. τ. λ.) ὑπογραφὴν, δι᾽ ἧς καὶ σὺ ἔδωκας ὑπογραφήν, es ist der zweite Bescheid gegeben, „im Verfolge" des ersten. Umgekehrt ist 614, 5 nach μεταδοθῇ Αὐρηλίοι[ς nicht mit Viereck Λογγείνῳ zu ergänzen, der ja der Vertreter des Klägers ist, sondern Ἀσκληπιάδῃ καὶ (Name); κλη]ρονόμοις Λογγινίας (etc.) τῆς διὰ τοῦ διαστολ(έως) ἐγγεγραμμένης ἐν wird sich auf die Logginia beziehen, und bedeuten, dass sie eingetragen sei durch Vermittlung des διαστολ(εύς), sowie LXVIII, 3 [μετέδωκε u. s. w. διὰ [τοῦ τοῦ] νομ[οῦ] στρατηγοῦ in (das Register der Beklagten). Offenbar ist die Schwiegermutter in der Zeit zwischen der Petition an den Statthalter, die Ende December 216 beantwortet ist, und dem vorliegenden Dokument am Anfang April 217 gestorben, da sie Z. 15 u. 16 als Lebende noch eine Rolle spielt. Ja es scheint mir, dass die vorliegende Urkunde im Wesentlichen den Zweck hat, die Reassumption des Verfahrens durch die Söhne, Erben der Mutter, als Beklagte zu bewirken, und dass auch dies beiträgt zur Erklärung der Umständlichkeit des Verfahrens; die κατάστασις (Z. 28) möchte immerhin die gegen Mutter und Söhne sein (τοὺς περὶ τὴν Λογγινίαν), während diesen nach dem Tode der Mutter nun noch einmal in Güte zugeredet werden soll [2]).

Insbes.
δι᾽ αὐτῆς.

---

1) Brit. II, 221, 24: καθ᾽ ἃς ἔχει αὐτῶν ἐγγράπτους ἀ[σ]φαλ[εία]ς.

2) διὰ τὴν στρατίαν μο . — δ[υ]ρομενο[.] εἰς τοὺς τύπο[υς] ἀφι[κέσθαι]. — τόποι kommt öfters in juristischen Wendungen vor; so 462, 16: ὧν (des ge-

3) προχρη-
μ(ατίζοντος).

Προχρημ(ατίζοντος) könnte gehalten werden, auch wenn (was unwahrscheinlich ist) auf die verstorbene Thermutharion angespielt werden sollte. Vgl. Anmerkung [1]).

kauften Gemeinlandes) *τὴν τιμὴν ἐπὶ τῶν τόπων διέγραψα* (ich durch *διαγραφή* promittirt habe). — 245, 9: der Stratege (mit dem *λογοθέτης*) soll *ἐπὶ τοὺς τόπους πορεύεσθαι.* — 616, 6: dem Dorfnotar soll aufgegeben werden *γενέσθαι ἐπὶ τοὺς τόπους σὺν τῷ ὁριοδίκτῃ* (finium rectori). — 522, 1: Valerio Maximo *τῷ ἐπὶ τῶν τόπων ἑκατοντάρχῳ.* — Es mag wie unser „an Ort und Stelle“ gebraucht worden sein. — Für *μου δ[υ]νομενο[ ]* schlägt Brinkmann vor *μὴ δ[υ]νόμενο[ς]*, so dass *μου* verschrieben wäre für *μοι* oder *μυ = μή.* — Zu der ganzen Excusation bietet eine Parallele UBeM. 195, 38: *κατα[φ]ρονηθεὶς ἐκ τῆς περὶ* [τὴ]*ν στρατίαν ἀπου[σί]α[ς] μου.*

1) „Über den Gebrauch der maskulinen Form des Participiums für die feminine vgl. Reiske Animadv. IV S. 390 ff., Lobeck Aglaoph. S. 216 ff., Bekker zu Zosim. S. 206, 14, Hatzidakis Einleitung in die neugriech. Gramm. S. 144, und besonders K. Dieterich Byzantin. Archiv I S. 207 f., dessen Material freilich sowohl aus der Litteratur (s. z. B. Philon mech. S. 60, 41 *καταζυγίδας* — *ἔχοντας*, Galen instit. log. S. 24, 22 Kalbfl. *ἰσοδυναμούντων προτάσεων*, Marci v. Porphyrii S. 79, 1 Bonn. *ἐπενεχθέντων — πληγῶν*) wie aus den Papyri (vgl. z. B. UBeM. 446, 15 f. [oben S. 29], und Grenfell and Hunt II 67 S. 101 *λαμβανόντων* [αὐ]*τῶν*) leicht zu vermehren ist.“ Brinkmann.

II. Römische und griechische Vertragstypen.

§ 3. Römischer Sklavenkauf.

Zur Vergleichung mit den griechischen Urkunden mag hier an die Disposition eines [1]) der römischen Kaufverträge erinnert werden, die uns in siebenbürgischen Bergwerken bewahrt wurden: Er zerfällt zunächst äusserlich in drei Theile: Inhalt, Datirung, Beurkundung durch die Siegel von 7 Zeugen. Der Siegel sind fünf von Fremden, und zwei, wie dies Regel, vom Kaufbürgen und dem Verkäufer. Die Datirung giebt zuerst den Ort und dann den Tag und das Consuljahr.

Der Inhalt aber besteht aus zwei Theilen, die zwei verschiedenen Handlungen zur Bekundung dienen: Z. 1—18 behandelt den Kaufakt, Z. 19. 20 den Akt der Preiszahlung. Es liegt auf der Hand, dass beide nicht nothwendig mit einander verknüpft zu sein brauchen; fehlte die zweite, so läge kein Baarkauf vor, und wiederum mahnt uns das accepisse et habere se dixit, im Gegensatz zu dem emit mancipioque accepit, an die Möglichkeit eines verschleierten Creditkaufes auch für unsere Urkunde. Disposition.

Der grösste Theil der Urkunde wird geliefert durch den Kaufvertrag, bei dem wir aber wieder zwei Theile zu unterscheiden haben: die nackte Thatsache des Kaufes um 600 sestertii und die Clauseln über Haftung und Gewähr. Die nackte Kauferklärung lautet: Dasius Breucus emit mancipioque accepit puerum Apalaustum, sive is quo alio nomine est, n(atione) Grecum, apocatum pro uncis duabus, (Sest.) DC de Bellico Alexandri, f(ide) r(ogato) M. Vibio Longo, und es ist beachtenswerth, dass hieran sich der Schlussabsatz vortrefflich anschliesst: proque eo puero qui s. s. est, pretium ejus (Sest.) DC accepisse et habere se dixit Bellicus Alexandri ab Dasio Breuco. Beide Sätze zusammen ergeben die Uebertragung der alten, vollen und gesprochenen Mancipation ins Urkundliche: Hunc ego Ursprung.

---

1) Bruns, fontes⁶ No. 105.

hominum meum esse ajo isque mihi emptus esto hoc aere aeneaque libra. Wie diese als Kauf gedacht ist, in der Form von Eigenthumsbehauptung und Zahlung, so haben wir hier: emit mancipioque accepit und dann das Zahlungsbekenntniss. Wie in der alten nuncupatio der Käufer sein Herrenrecht behauptet und dem bislang berechtigten dessen veto abkauft, so heisst es hier vom Käufer: emit mancipioque accepit und dann pro eo puero pretium ejus accepisse et habere se dixit (is qui vendidit).

Und diese Umwandlung der alten nuncupatio [1]) in die Urkunde lässt sich noch an einem anderen Stück unseres Exemplars nachweisen: der bis jetzt noch nicht erläuterte Satz Z. 5—15 zerfällt in zwei Gedanken, deren zweiter in sich geschlossen ist: si quis eum puerum qua evicerit, tunc quantum id erit, ... t. p. duplam .. f. r. Dasius Breucus, d. f. p. Bellicus Alexandri (etc.). „Wenn evincirt werden sollte, für diesen Fall verspricht Verkäufer doppelten Schadenersatz." Aber das vorausgehende: Eum puerum sanum traditum esse, furtis noxaque solutum, erronem, fugitivum, caducum non esse prestari schwebt in der Luft; andere Urkunden gleicher Art vermeiden auch das prestari, und lassen die Zusage einfach vom f. r. f. p. abhängen; aber auch mit prestari kommt man nur so zu einem guten Sinn, dass man eine erste Stipulation hunc puerum sanum traditum esse ... prestari fide promittis? promitto voraussetzt. Dies ist aber nicht in Übung gewesen. Es ist vielmehr die pronuntiatio gemeint: D. 21, 1. 1, 1: Qui mancipia vendunt certiores faciant emptores, quid morbi vitiive cuique sit, quis fugitivus errove sit noxave solutus non sit: eademque omnia, cum ea mancipia venibunt, palam recte pronuntianto: quodsi mancipium adversus ea venisset, sive adversus quod dictum promissumve fuerit [2]), cum veniret, fuisset, quod ejus praestari oportere dicetur: emptori omnibusque ad quos ea res pertinet judicium dabimus, ut id mancipium redhibeatur. Wenn in diesem Edictum aedilium curulium de venditionibus auch vom dictum promissumve die Rede ist, so zeigt

---

1) Es ist streng genommen dreierlei zu scheiden: Die alte, ursprüngliche nuncupatio, bei der der Preis zugewogen wurde, die neue mancipatio, bei der verba, aes und libra Symbol waren, und eine mancipatio als Urkunde gedacht. Es ist naturgemäss, dass, wenn die Worte zu Symbolen sinken, sie durch die Schrift ersetzt werden: so ist an die Stelle des neueren Mancipationstestaments in der Praxis das prätorische Testament mit 7 Siegeln getreten. Aber während bei den testamenta die drei Perioden bei Gajus II, 103. 104. 119 vollkommen deutlich geschieden sind, und die dritte der civilen Wirkung entbehrt, giebt es beim Kauf nur eine mancipatio.

2) fuerit] del. Mommsen.

Bruns, fontes[6] 105 (scriptura interior).

I, 1 Dasius Breucus emit mancipioque accepit
   puerum Apalaustum, sive is quo alio nomine
   est, n(atione) Graecum, apocatum pro uncis duabus,
   ✶ DC de Bellico Alexandri, f(ide) r(ogato) M. Vibio Longo.
  5 Eum puerum sanum traditum esse, furtis noxaque
   solutum, erronem, fugiti(v)um, caducum non esse,
   prestari, et si quis eum puerum q(uo) d(e) a(gitur)
   partenve quam quis ex eo evicerit, q(uo) m(inus)
   emptorem s(upra) s(criptum), eunve ad q(uem) ea res pertinebit,
 10 uti frui habere possidereq(ue) recte liceat,
   tunc quantum id erit, quod ita ex eo evictum fuerit,

II, 1 t(antam) p(ecuniam) duplam pro(bam) r(ecte) d(ari) f(ide) r(ogavit)
     Dasius Breucos, d(ari) f(ide) p(romisit)
   Bellicus Alexandri, id[em] fide sua esse
   iussit Vibius Longus,
   proque eo puero, q(ui) s(upra) s(criptus) est, pretium
  5 eius ✶ DC accepisse et habere se dixit
   Bellicus Alexandri ab Dasio Breuco.
     Act(um) kanab(is) leg(ionis) XIII g(eminae), XVII kal. Iunias
   Rufino et Quadrato cos.
(a. 142 p. Chr.).

doch unsere Urkunde, namentlich in dem Satz mit Perfectum: traditum esse deutlich, dass das Übliche eben das dictum war, und die Stipulation hierfür nicht am Platze. Es sind dies eben dicta, die bei der mündlichen mancipatio in die Form assertorischer Aussagen gekleidet wurden. Anders die Eviktionsklausel: eine solche war bei der nuncupatio nicht üblich, weil die actio auctoritatis dem Käufer als Realobligation aus der Entgegennahme des Kaufpreises durch den Verkäufer erwuchs: weil er sich den Widerspruch gegen das rem meam esse ajo hat abkaufen lassen, verliert er, wenn sein Widerspruch ohne Grund war, zur Strafe das alterum tantum des ruchlos in Anspruch genommenen. Dafür bedurfte es keiner nuncupatio, folglich war keine alte Form zu überwinden, und die stipulatio duplae, welche bestimmt ist, jene alte ipso jure Haftung zu ersetzen, richtet sich zwanglos und formgemäss ein.

Dies zeigen alle ähnlichen Urkunden.

Wir gewinnen also, wenn wir auf die alte Nuncupation zurückblicken, folgendes Bild:

Urkunde:	Spruch:
D. B. emit mancipioque accepit puerum Apalaustum.. *DC de Bell.:.. proque eo puero ... pretium ejus *DC accepisse et habere se dixit Bell. ab D. B.	Hunc ego hominem meum esse ajo, isque mihi emptus esto hoc aere aeneaque libra.
Hierzu kommt Eviktionsstipulation.	(Hieraus folgt Haftung auf den doppelten Preis im Falle der Eviktion.)
Die Zusage der Fehlerlosigkeit wird an die Eviktionsstipulation als zweiter Theil angeknüpft.	Es erfolgt Zusage der Fehlerlosigkeit.
Der Bürge schliesst sich an die Eviktionsstipulation fide jubendo an.	Die Bürgen treten auf, um sich zu stellen secundum mancipium.

Also in beiden Fällen die Haupttheile: Erwerb durch den Käufer um Geld, das er zahlt: Garantie gegen Eviktion und heimliche Mängel auf Seiten des Verkäufers.

Disponirt ist der Vertrag folgendermassen:

I. (A.) Dasius Breucus emit mancipioque accepit puerum Apalaustum, sive is quo alio nomine est, n(atione) Grecum, apocatum pro uncis duabus, *DC de Bellico Alexandri

(B.) fide rogato M. Vibio Longo.

C. (1) ad A.)

(a) Eum puerum
    (α) sanum traditum esse,
    (β) furtis noxisque solutum,
    (γ) erronem, fugitium caducum non esse,
prestari et
(b) si quis
    (α) eum puerum quo de agitur
    (β) partemve quam quis ex eo
evicerit quominus
    (α) emptorem supra scriptum
    (β) eumve ad quem ea res pertinebit,
uti frui habere possidereque recte liceat,
tunc quantum id erit quod ita ex eo evictum fuerit, tantam pecuniam duplam probam recte dari fide promisit Bellicus Alexandri,

(2) ad B.) id[em] fide sua esse jussit Vibius Longus

II. Proque eo puero qui supra scriptus est, pretium ejus *DC accepisse et habere se dixit Bellicus Alexandri ab Dasio Breuco.

III. Actum kanabis legionis XIII geminae, XVII Kal. Iunias Rufino et Quadrato cos.

Bei der Stipulation muss man sich die Hausmancipation (Bruns[6] No. 10S p. 291) und deren Einwirkung auf unseren Vertrag vor Augen halten: An die Stelle der Mängelhaftung tritt hier der Satz: ita uti ... optima maximaque est, und er fügt sich in das habere recte liceat besser ein, als unser prestari in die Stipulation. Ja, einzelne Ausdrücke unserer Urkunde wie uti frui (v. 10) und vor Allem partemve quam quis ex eo evicerit scheinen vom Grundstückskauf übernommen. Sicherlich konnte ein Sklave dem uti frui im technischen Sinne unterliegen, aber ebenso sicher ist hier nicht an ususfructus, sondern neben dem Gebrauch an die Fruchtziehung gedacht, welche die ordnungsmässige Ausübung des Eigenthums am Grundstück bilden.[1]) Und ferner: partemve quam quis ex eo evicerit ist zwar auch vom Sklaven insofern nicht unmöglich, als es auch ideelle Theile giebt, und, wenn etwa der Verkäufer als Miterbe des Volleigners blosser Theileigner war, eine Eviktion pro parte indivisa erfolgen konnte, — die naturgemässe ist diese Beziehung nicht; es wird diese Clausel herübergenommen sein aus

---

1) D. 19, 5, 10 lässt Geld gegeben werden fruendi causa; obwohl es sich um usus fructus handelt, ist doch dieses Object als fructus bezeichnend: denn Zinsen sind Civilfrüchte.

dem Grundstücksverkauf, bei dem sie sich auch auf den Fall beziehen kann, dass reale Parcellen evincirt werden. Man kann diese ursprüngliche Beziehung der pars auch aus dem folgenden: tunc quantum id erit quod ita ex eo evictum fuerit, tantam pecuniam noch erkennen; hier ist an ein reales Objekt der Eviktion gedacht, das seinen bestimmten Werth hat, nicht an einen ideellen Theil des Sklaven.

Hiernach wäre mit einer im Recht nicht beispiellosen chiastischen Entwicklung zu rechnen, denn die mancipatio ging, wie der Name besagt, vom Sklaven aus, aber die schriftliche Formel, wie sie selbst zeigt, vom Grundstück.

§ 4. Griechischer Hausthierkauf.

Als erstes Muster eines griechischen Vertrages ähnlichen Inhaltes stehe hier ein Kameelkauf[1]), der weniger durch Vollständigkeit des Inhaltes als durch Einfachheit sich empfiehlt, und der in allem Wesentlichen wortgetreu überliefert ist; er zerfällt in drei Theile, von denen der erste, das Protokoll (Zeit- und Ortsangabe, Z. 1—4), und der letzte, die Beglaubigung (ὑπογραφεῖς Z. 20, der holographische Auszug, Z. 21—33, und der Registervermerk) erst bei der Einzeldarlegung besprochen werden sollen.

Papyrus No. 87. ‘H. 21 cm. Br. 12 cm. Faijûm.’ (Hg.: Viereck.)

᾿Ε[το]υς ἑβδόμου Αὐτοκράτ[ορος Καίσαρος]
Jahr: sieben des Imperator Caesar
Τί[του Αἰλ]ίου ᾿Αδριανοῦ ᾿Αντωνεί[νου Σεβαστ]οῦ
Titus Aelius Hadrianus Antoninus Augustus
Εὐσεβοῦς Τῦβι ιη ἐν τῇ Σοχνοπ(αίου) [Νήσῳ] τῆ[ς]
Pius (am 13. Januar 144). Auf der Soknopaios-Insel des
῾Η[ρα]κλείδ[ο]υ μερίδος τοῦ ᾿Αρσινοεί[του νομ]οῦ.
Herakleides-Distriktes des Arsinoitischen Gaues.

5 ῾Ομολογεῖ Ταουῆτις ᾿Αρπαγάθου τοῦ Σαταβοῦτο[ς]
Es erklärt Tavetis (Vater Harpagathes, Ahn Satabus,
[ἱ]έρια ἀπὸ τῆς αὐτῆς κώμης ὡς ⌞ κα ἄσημος
Priesterin(?), von dem genannten Dorf, alt 21 Jahr, narbenlos)
μετὰ κυρίου τοῦ συνγενοῦς Στοτο[ήτεως] Στοτοήτεως
mit ‘als Weiberherrn’ dem Verwandten Stotoetis (Vater: Stotoetis,

---

1) UBeM. 87. — Tischendorf = zweite, Petit = dritte, Gross = vierte Hand; dass Z. 21 (Στίχος) zweite Hand beginnt, ist befremdlich und nicht ganz sicher.

[το]ῦ Στοτοήτεως ὡς ⌊ λε οὐλὴ ἀντίχιρ[ι] ἀριστερ(ῷ)
Ahn Stotoetis,   alt 35 Jahr, benarbt am Daumen zur linken)

Σ[αταβο]ῦτι Σαταβοῦτος τοῦ Σαταβοῦτος [ἱ]ερεὺς (sic!)
dem Satabus (Vater: Satabus, Ahn Satabus, Priester

10 π[έμπ]της φυλῆς ὡς ⌊ ιη ἄση[μος]
der fünften Phyle, alt 18 Jahr, narbenlos)

πεπρακέναι
verkauft

αὐτῷ τ[ὴ]ν· ὁμολογοῦσαν τοὺς ὑπάρχοντας ¹) αὐτῇ
ihm zu haben sie, die Erklärende, die ihr gehörenden

κ[αμ]ήλους θηλείας δύο ἐσφρ(αγισμένας) ε[ἰ]ς τὸ[ν δεξιὸ]ν
Kameele (weiblich, zwei, gestempelt   auf die rechte

μηρὸν νῦ καὶ ἦτα τούτους τοιούτους [ἀ]ναπορ[ίφους]
Hüfte, ν und η) wie sie gehen und stehen unwiederbringlich

[καὶ ἀπέχει]ν τὴν ὁμολογοῦσαν τὴν συμπεφωνη(μένην)
uud weg habe die Erklärende   den vereinbarten

15 τειμὴν πᾶσαν ἐκ πλήρους παρὰ Σα[ταβοῦτος σ]εβα(σμίου)
Preis ganz   und völlig   vom Satabus,   kaiserlichen

ἀργυρίου δραχμὰς πεντακοσίας
Silbers der Drachmen fünfhundert,

καὶ βεβαιώσι(ν) τὴν
und stützen werde die

ὁμολογοῦσαν τὰ κατὰ τὴν πρᾶσιν ταύτην διὰ
Erklärende   diesen   Kauf   durch-

παντὸς πάσῃ βεβαιώσι,
aus   mit aller Stütze;

οὓς καὶ ἀπογρ(άψεται) ὁ ²) Σ[ατ]αβοὺς
auch wird die Kameele eintragen lassen der Käufer

[τῇ το]ῦ ἐνεστῶτος ἔτους ἀπογρ(αφῇ) καὶ πάντων
in des   laufenden   Jahres Steuererklärung und alle

20 [τῶν] δ[ημο]σίων πρὸ[ς] αὐτ[ὸ]ν ὄντων.
öffentlichen Lasten kommen auf ihn.

Ὑπογραφεῖς·
Unterzeichner:

Cῦκος ὁ καὶ Παωῆες Νείλου ὡς ⌊ μ οὐλ(ῇ) με .....
Sykos, genannt Papeus (Vater Neilos, alt 40 Jahr, benarbt .).

Ταονῆτις Ἁρπαγάθου μετ[ὰ κ]υ[ρ]ί[ο]υ
Ich, T. H.,   mit, als Weiberherrn,

τοῦ συνγενοῦς Στοτοήτεως τοῦ
dem Verwandten S.

---

1) ʽτους ὑπ’ durch Correktur’.
2) ʽScheint aus τ corrigirt’.

Στοτοήτεως
S.

  ὁμολογῶ πεπρα[κέ]ναι
  erkläre: habe verkauft
25 τῷ Σαταβοῦτι τοὺς ὑπάρχοντ[άς] μοι
 dem S. die mir gehörenden
[καμή]λους δύο θηλίας ἐσφραγισ-
Kameele (zwei, weiblich, gestem-
μένας κατὰ τοῦ δεξιοῦ μηροῦ νῦ καὶ
pelt auf der rechten Hüfte ν
καὶ ἦτα ταύτας τοιαύτας
und η) wie sie gehen und stehen,

      καὶ ἀπέχω
      und habe weg

τὴν τιμὴν ἀργυρίου δραχμὰς
den Preis, Silbers Drachmen
30 πεντακοσίας
fünfhundert,

   καὶ βεβαιώσω πά-
   und werde stützen mit
[σῃ βε]βαιώσι, καθὼς πρόκιτ[αι].
aller Stütze, wie es vorliegt.
[Σῦχος Νείλου] ἔγραψα ὑπὲρ αὐτῆς.
Ich, S. N., schrieb für sie.
ἐντέταχ(ται) διὰ γρ(αφείου) Σοκνοπ(αίου Νήσου).
Eingetragen durch das Archiv von S.   N.

Das Wesen der römischen Kaufurkunde wurde darin erkannt, dass 1) über den entgeltlichen Erwerb des Objekts durch den Käufer, 2) über die Zahlung des Entgeltes durch ebendenselben berichtet wird, wobei die Vortheile, die der Verkäufer dadurch, dass er die Ware kennt (und durch den Schutz von D. 46, 3, 78) geniesst, mit Hülfe der Stipulation für den Fall der Eviktion und der heimlichen Mängel ausgeglichen werden. — Wir finden diese Elemente in den griechischen Urkunden wieder, aber zunächst ist die Form des Berichtes über den Kauf eine andere. In der lateinischen wird die Thatsache des Kaufes berichtet, in der griechischen die Erklärung des Verkäufers über das Geschehene protokolliert; erst bei dem Empfangsbekenntniss fängt auch im römischen Kaufbrief die Form der Erzählung an: accepisse et habere se dixit. Hierin liegt, dass der Berichterstatter zwar Kauf und Mancipation aus eigener Wahrnehmung kennt, die Zahlung des Preises aber nicht, diese vielmehr nur durch die Erklärung seitens des Verkäufers; da nun gar kein Hinderniss vorläge, den Akt der Zahlung an die Mancipation anzuschliessen, und demnach auch ihn als geschehen, nicht bloss als bezeugt zu beurkunden, so tritt die bloss formelle

Natur dieser Clausel ans Licht, denn daran ist nicht zu denken, dass in der Erwähnung des Preises bei der Mancipation schon die Zahlung inbegriffen wäre; in diesem Fall stünde die Schlussklausel accepisse et habere se dixit wie zum Überflusse da.

Kein Herr-schaftsakt. Dagegen fehlt das in wenige Worte gekleidete Hauptstück der römischen Urkunde in der griechischen vollkommen: mancipioque accepit findet keinen Ersatz in der griechischen ὠνή. Zwar steht in einigen der Kaufverträge ἃς καὶ παρειλήφαμεν, und wiederum hat eine Anzahl Urkunden den Ausdruck παραχωρεῖν, dessen Compositum ἀντιπαραχωρεῖν die Glossen mit remancipare übersetzen, allein dies ist seltenes und daher unwesentliches Beiwerk; das Wesen des griechischen Kaufes beruht in der Erklärung des Verkäufers, verkauft zu haben, den Preis zu besitzen und Gewähr leisten zu wollen.

Schon hier kann man den tiefen Gegensatz beider Rechte erkennen: das römische Recht geht aus von dem Satze: hier bin ich, und darum bin ich der Herr; wer sich in der Sache behaupten kann, der mag auch sein Eigenthum an ihr behaupten (meum esse ajo), also Herrschaft über die Sache. Wer für die Duldung dieser Herrschaft Geld nimmt (den Kaufpreis), verpflichtet sich damit, die Herrschaft zu gewährleisten, und zahlt, wenn seine Gewähr an stärkerem Rechte zerbricht, das Empfangene zurück und ein alterum tantum zur Nachachtung.

Drei tem-pora; κατα-γραφή. Das griechische Recht weiss hiervon nichts: die Urkunde enthält drei Erklärungen des Verkäufers, eine über das, was er gethan hat (πεπρακέναι), eine über das, was er hat (ἀπέχειν), eine über das was er thun wird (βεβαιώσειν), alle drei sein persönliches Verhältniss zum Käufer anlangend, und nur in dem farblosen Wort ὑπάρχοντας (Z. 11)[1] kann man einen Abglanz der Rechtsfigur erblicken wollen, die wir dingliches Recht nennen. Nichtsdestoweniger ist es unzweifelhaft, dass diese drei Zusagen alles das enthalten, dessen der Käufer vom Verkäufer bedarf; sie sind der Inhalt der καταγραφή, der Verschreibung, zu der sich der Empfänger einer arrha für die Zeit der Zahlung des Restgeldes verpflichtet, und die, bezeichnend genug, von den Glossen mit perscriptio, mancipatio übersetzt wird[2]. In dieser Übersetzung liegt eine Lehre und eine Gefahr: eine Lehre, insofern wir aus ihr entnehmen, dass die perscriptio den Griechen

---

[1] S. 59.

[2] Mitteis Reichsr. und Volksr. S. 517 ff. weist auf die Nothwendigkeit der Schriftform im griechischen Recht hin.

das war, was den Römern die mancipatio, eine Gefahr, wenn wir, einem in neuester Zeit in die Rechtsgeschichte eingeführten Trugschluss nachgebend, καταγραφή = perscriptio = mancipatio setzen wollten.

In der That hatte der Römer als Verkäufer die Pflicht, den Sklaven zu mancipiren, d. h. dem Käufer zu stellen, damit dieser ihn sich aneigne, während der Grieche seiner Pflicht mit Ausstellung der Verschreibung genügte, der Käufer konnte sich in Besitz setzen, oder dem Besitze entsagen; wenn ihm dies nicht nach Wunsch gelang, so trat die βεβαίωσις in Kraft.

Wir sehen in dem ägyptischen Rechte nicht den französischen Zustand, bei dem der Verkauf das Eigenthum auch ohne Tradition übergehen lässt, aber auch nicht den römischen, der Eigenthumsübergang und Obligation sondert; vielmehr scheint den Ägyptern der Begriff des absoluten Eigenthums fremd gewesen zu sein, und dem Verkäufer die Pflicht der Vertretung schlechthin obgelegen zu haben. Man muss unterscheiden: Recht des Verkäufers, nochmals veräussernd zu übertragen, und Verhältniss des Käufers zu ganz unbetheiligten Drittbesitzern. Wenn die Sache vom Drittbesitzer nicht herausgegeben wird, weil er Rechte behauptet, so hat er sie entweder dem Verkäufer (oder τοῖς παρ' αὐτοῦ) gestohlen, dann muss er sie herausgeben, oder nicht: im letzteren Fall ist der Käufer ohne Schutz, und hält sich an den Verkäufer. Lässt dieser die Sache an einen zweiten Käufer ab, so ist allemal der erste der besser berechtigte, und der zweite mag sich an den Verkäufer halten. — Die Eviktion ist gegründet auf besseres Recht.

Wenn sich erster und zweiter Erwerber streiten, so konnte wohl das Datum der καταγραφή entscheidend sein. Dass neben oder statt der Kaufserklärung von παραχωρεῖν, παραχώρησις gesprochen wird, kommt in einigen Urkunden vor, die sich ausnahmslos auf Grundstücke beziehen. Der Schluss ist nicht sicher, aber die Annahme begründet, dass παραχωρεῖν lediglich von Grundstücken gesagt wurde. In diesem Fall würde es am schicklichsten von vacuae possessionis traditio verstanden werden, die allein den Grundstücken zukam. Allein es scheint, dass παραχωρεῖν vielmehr mancipare bedeutet, denn ἀντιπαραχωρεῖν ist den Glossaren = remancipare. Aber mag es nun das eine oder das andere gewesen sein, jedenfalls ist diese παραχώρησις ein dem römischen mancipare et tradere verwandtes, wenn nicht von ihm herstammendes Element; es findet sich im 2. Jahrhundert; das mir vorliegende Material bietet mir keinen Grund, die παραχωρήσεις für jünger als den reinen Kauf zu halten.

Summe.

Es ist also der Gegensatz so zu formuliren: römischer Contrakt, Herrschaftskündung, bei der die Sache von dem Verkäufer um nummi gelöst werden muss, hierauf übernimmt Verkäufer die Verpflichtung, ungestörten Besitz der tadellosen Sache zu garantiren. — Auch bekennt er, den Erlös empfangen zu haben.

Griechischer Contrakt: Bekenntniss seitens des Verkäufers, verkauft zu haben, den Preis zu besitzen, und demgemäss Gewähr leisten zu wollen.

§ 5. Griechischer Sklavenkauf.

Papyrus No. 193[1]). H. 22 cm. Br. 16 cm. Faîjûm.

[Ἀντίγ]ραφ.[2]) ὠνῆς. ⌊ κα Αὐτοκράτορος Καίσαρος Τραανοῦ[3]) [Ἀ]δρι[ανοῦ]
Exemplar emptionis. Anno XXI Imperatoris Caesaris Trajani   Hadriani
[Σεβ]αστοῦ Φαῶφι λ [ἐ]ν Πτολεμαίδι Εὐερ[γέ]τιδι τοῦ Ἀρσινοείτου νο-
Augusti (27. Octbr. 136). Zu Ptolemais Euergetis   im Arsinoitischen
[μ]οῦ.
Gau.

Ὁμολογεῖ [Σ]εγᾶθις Σαταβοῦτος τοῦ Στοτοήτι[ος] ὡς ἐ[τ]ῶ[ν εἴκο]σι
Es erklärt Segathis, (Vater Satabus, Ahn Stotoetis,   alt Jahre zwanzig
ἐννέα οὐλὴ ἀστραγάλῳ ποδὸς ἀριστεροῦ καὶ ἡ ταύτης [μήτη]ρ Θασῆς
und neun, Narbe am Knöchel des Fusses zur linken) und ihre Mutter Thases
5 [Σ]τοτοήτιος τοῦ Μεσονοέως ὡς ⌊ νγ ἄση. ἀμφότ.[4]) [μετὰ κ]υρίου τοῦ
(Vater Stotoetis; Ahn Mesonoeus, alt 53 J., narbenlos) beide mit (als Weiberherrn)
τῆς Θασῆτος υἱοῦ, ὁ[μοίω]ς δὲ κ[α]ὶ τῆς Σεγάθιος ὁμοπ[ατρί]ου ἀδελφοῦ
der Thases Sohn, zugleich auch der Segathis (auch vom Vater her) Bruder
Στοτοήτιος ὡς ⌊ λβ οὐλ. ὀφρ. ἀριστ.[5])
Stotoetis, alt 32 J., Narbe an der Augenbraue zur linken)
Θεανὼ Σαραπίωνος το[ῦ Δη]μ[η-]
der Theano (Vater: Sarapion, Ahn Deme-
τρίου ἀστῇ ὡς ⌊ λγ ἀσή.[6]) μετὰ κυρίου τοῦ συνγενο(ῦς) Πτολεμαίου[7])
trios, aus der Stadt, alt 33 J., narbenlos, mit (als Weiberherrn) dem Cognaten Pto-
Μαρί[ωνος]
lemaeos (Vater Marion,

---

1) Herausgeber: Viereck; Berichtigungen seiner Lesung von ihm selbst, Wilcken und mir.

2) = Ἀντίγραφ(ον).

3) = Τρα(ï)ανοῦ.

4) = ἄση(μος) ἀμφότ(εραι).

5) = οὐλ(ὴ) ὀφρ(ύι) ἀριστ(ερᾷ).

6) = ἀσήμῳ.

7) nachträglich hineincorrigiert.

τοῦ Πτολεμαίου[7]) Σωσικοσμείου τοῦ καὶ Ἀλθαιέως ὡς ⌊ μη ἀσήμ(ου),
·Ahn Ptolemaios, einem Sosikosmier, auch Althaieer), alt 48 J., narbenlos
ἡ μὲν
(also:)

10 Σεγᾶθις πεπρακέναι τῇ Θ[εα]νὼ κατ᾽ ὠνὴν διὰ τοῦ ἐν τῇ προ[γ]ε[γρ.[8])κ]ώ[μη]
Segathis, verkauft zu haben der Theano durch Kaufbrief durch das in obengen. Dorf
ἀγορανομείου ἀπὸ τοῦ νῦν ἐπὶ τὸν ἅπαντα χρόνον τὸ ὑπάρχον τῇ
bestehende Marktamt von jetzt für alle Zeit als da gehörend der
Σεγάθι οἰκογενὸς δουλικὸν[9]) ἔγγονον Σωτᾶν ὡς ⌊ η ἄσημον τοῦτο τοι-
Segathis ein hausgeborenes Sklavenkind Sotas alt 8 J., narbenlos wie es geht
οὗτο ἀναπόριφον πλὴν ἐπαφῆς καὶ ἱερᾶς νόσου
und steht, unwiderruflich ausser bei manus injectio oder morbus comitialis
καὶ ἀπέχειν τήν.
und weghabe die
Σεγᾶθιν παρὰ τῆς Θεανὼ τὴν συμπεφωνη[μ]ένην τοῦ πεπρα[μένο]υ δου-
Segathis von der Theano, vereinbart für das verkaufte Skla-
15 [λικο]ῦ ἐγγόνου Σωτᾶ τιμὴν πᾶσ[α]ν ἐκ [π]λήρους διὰ χειρ[ὸς[10]) ἀργυρίου]
venkind Sotas, — den Preis ganz und völlig Silbers
δ[ραχ]μὰς ἑπτακοσίας διὰ τῆς [. . . .]ου τραπέζης Φρέμει
Drachmen 700 · durch des (Name) Bankhaus zu Fremis,
κ[αὶ βε]
und
βα[ι]ώ[σειν] τὴν Σ[εγᾶ]θιν καὶ τοὺς παρ᾽ αὐ[τ]ῆς [τ]ὸ πεπραμένο[ν ὡς]
es werde vergewähren Segathis, und die nach. ihr, das verkaufte (wie
πρόκιται δουλικὸ[ν ἔγ]γονον [Σωτ]ᾶν [πάσ]ῃ βεβ[αι]ώσ[ι
vorliegt) Sklavenkind Sotas mit aller Gewähr
καὶ παρέξεσθαι
und es praestiren
ἀνέπαφον καὶ ἀνεν[ε]χύρα[στο]ν καὶ ἀνεπι[δάνει]στ[ο]ν κ[αὶ] καθ[αρὸν ἀπὸ]
unberührt und unverpfändet und unbeliehen und rein von
20 πα[ν]τὸς ὀφιλήματ[ος] δημο[σί]ου μέχρι τῆς [. . . . . ἀπὸ]
aller Schuldenlast, von öffentlicher bis (zum heutigen Tage?) von
[δὲ] εἰδιωτικῶν κ[αὶ π]άσης ἐμπο[ι]ήσεως διὰ [πα]ντὸ[ς] καὶ μηδ[έ-
privater und aller Pfändung durchaus, und Nie-
να κολύοντα Θεαν[ὼ] μηδὲ τοὺς [π]αρ᾽ αὐτῆς κυριεύοντ[ας τοῦ δο]υ-
mand dürfe hindern die Theano und die nach ihr als Herren des Skla-
λι[κοῦ ἐ]γγόνου Σω[τ]ᾶ καὶ οἰκονομοῦντας. καὶ [.] . . [χρωμένους ὡς]
venkindes Sotas und Haushalter und Nutzer nach
[ἐὰν αἱρῶνται][11]).
ihrem Willen;

---

8) = προγεγραμμένῃ.
9) οἰκογενὸς δουλικόν corrigirt aus οἰκογενοὺς δουλικοι.
10) διὰ χειρός (de manu) durchstrichen.
11) **Exempli** gratia additum.

ἐὰν δὲ [μ]ὴ βεβαιοῖ ἢ μὴ παρέχητ[αι] καθαρό[ν], ἀπο-
wenn sie nicht Gewähr leistet, oder nicht es praestirt als reines, so
25 τισάτω ἡ Σεγᾶθις [τ]ῇ Θεανὼ ἣν ἀπείληφεν τ[ιμ]ὴν μεθ' ἡ[μ]ιολ[ίας καὶ]
büsse Segathis der Theano den empfangenen Preis ein und einhalb mal und
[τὰ] βλάβη καὶ ἀ[ν]ηλωμένα δ[ι]πλᾶ καὶ ἐπίτιμ[ον] ἀργυρ[ίου δ]ραχ[μὰ]ς
den Schaden und die Aufwendungen doppelt und als Zubusse Silbers Drachmen
[ἑ]πτακοσί[ας καὶ] εἰς τὸ δ[ημό]σιον τὰς ἴσ[ας] χωρὶς [τοῦ μένειν]
700, und in den Gemeinsäckel die gleichen; unbeschadet dessen bleibe
κύρ[ι]α τὰ προγεγ[ρ.]·
in Kraft das obgefertigte.

ἡ δὲ Θασῆ[ς ε]ὐδοκῖ τῇδ[ε τῇ] πράσε[ι]·
Thases   genehmigt   diesen   Kauf.

ἔγρ. ὑ.
Ich schrieb für
τῶν ὁμολογούντων Σαραπίων Σεύθου ὡς ⌊ ογ οὐλὴ . [. .] ε [.]
die Erklärenden: Sarapion (Vater Seuthos) alt 73 J., Narbe (auf der Stirn?)
30 μέσῳ.
inmitten.

1. Wesen der Urkunde.

Wenn die römische Urkunde eine Handlung des Käufers er-
zählt, durch die er sich den Sklaven zu Eigen erworben, und daran
Versprechungen knüpft, die der Verkäufer — im Verfolg des am
Schluss erwähnten Empfanges des Kaufpreises — dem Käufer für
den Fall der Mangelhaftigkeit der Sache oder des an ihr ver-
schafften Rechtes giebt, so zeigt die complicirte griechische Urkunde
ein etwas anderes Bild:

ὁμολογεῖ. Sie zerfällt in mehrere Theile, welche abhängen von dem
regierenden ὁμολογεῖ, dem ersten Wort des Vertrages: es ist damit
der ganze Vertrag als Bekenntniss charakterisirt, als eine Urkunde,
die, auch äusserlich betrachtet, denjenigen reden lässt, der durch
sie Rechte aufgiebt und Pflichten übernimmt.

Und zwar richtet sich dieses Bekenntniss des Ausstellers (ὁμολογῶν) an den Gegencontrahenten (Destinatär): ὁμολογεῖ Σεγᾶθις ..
τῇ Θεανώ: „es bekennt Σεγᾶθις der Θεανώ, ihr verkauft zu haben"
(sonst auch „verkauft zu haben der Theano"), während die lateinischen Urkunden die Hauptsache einfach referiren, ohne sie als Erzählung jemand in den Mund zu legen, und am Schluss (dixit),
den Verkäufer eine objektive Mittheilung machen lassen.

Was erklärt Es bekennt nun die Σεγᾶθις: 1) für die Vergangenheit (V. 10
die ὁμολο- —13), πεπρακέναι 2) für die Gegenwart (V. 13—16), ἀπέχειν 3) für
γοῦσα? die Zukunft (V. 16—27) βεβαιώσειν ... μηδένα κωλύοντα ..., ἐὰν

δὲ μὴ βεβαιοῖ ... Man sieht, dass alles einheitlich konstruirt ist, eben darum aber auch verschieden von der römischen Anordnung. Erst kommt der Verkauf, und an diesen schliesst sich kein Bekenntniss der Uebergabe (blos fakultativ ist ἃ καὶ παρειλήφαμεν bei Lebewesen und πεπραμένας καὶ παρακεχωρημένας bei Grundstücken, singulär No. 13, 7 παραδεδώκαμέν σοι τὸν κάμηλον in einer Urkunde vom J. 289) und auf eine Vermögenszugehörigkeit deuten nur die Worte ὑπάρχον τῇ Σεγάθι (Z. 11). Dann kommt das Empfangsbekenntniss (welches den Schluss des römischen Vertrages bildet), bei dem hier (anders als bei der römischen Urkunde) zum ersten Mal der Kaufpreis genannt wird, und daran schliesst sich die Verpflichtung zur βεβαίωσις, zur Gewähr; während die römische Urkunde diese unmittelbar in die Form des bedingten Strafversprechens kleidet, giebt unsere Urkunde zunächst den Inhalt der Verpflichtung mit βεβαιώσειν (Z 16—24), und dann auch die Rechtsfolgen, welche für den Fall eintreten sollen, dass die βεβαίωσις nicht geleistet werde. Wir sehen diesen Theil besonders reich entwickelt; während die Römer erst aus der feststehenden Haftung bei Eviktion den Thatbestand der Eviktion in der Formel herleiteten, finden wir hier aufgezählt, was alles gewährt werden müsse, Freiheit von Pfand, von jeglicher Belastung und Steuer, und schliesslich wird hinzugefügt, dass Niemand die Käuferin noch ihre Rechtsnachfolger hindern werde, alle Herrschaftsrechte am Sklaven auszuüben. Es kann schon hier auf die Erscheinung hingewiesen werden, dass die Schlussklausel, welche die Strafe für den Fall mangelnder βεβαίωσις enthält, niemals auf den Werth des zu Unrecht verkauften Objectes geht, sondern stets den zu Unrecht erhaltenen Preis zurückholt, während die römischen Urkunden in dieser Hinsicht schwanken zwischen quantum id erit quod ita ex eo (ea) evictum erit (bez. quod ita licitum non erit), tantam pecuniam und quanti ea puella empta est, tantam pecuniam, d. h. sie theils das Recht geben, für den Fall der Eviktion den Werth der Sache (oder sein Doppeltes) zu beanspruchen, theils die Befugniss gewähren, den gezahlten Preis (oder sein Doppeltes) zurückzuverlangen. Es ist klar, dass das erste Recht sich gründet auf die Pflicht, sein Wort zu halten, d. h. hier auf das Versprechen, dass die Sache, die man verkauft, dem Käufer nicht ein besser berechtigter entreissen werde; das zweite auf die Treulosigkeit, die darin liegt, Geld zu nehmen, wenn man den Gegenwerth dem Geber nicht sichern kann. Das erste Recht hält den Kauf aufrecht, und verlangt Schadenersatz wegen Nichterfüllung, das zweite betrachtet ihn als durch Nichterfüllung gelöst, und beansprucht Rückgabe der Leistung (cum poena dupli) [1]). —

Insbes. heimliche Mängel. Es fehlt scheinbar noch in der griechischen Urkunde die Haftung wegen faktischer Mängel. Diese ist versteckt in den Worten (πεπρακέναι ... τὸ δουλικὸν ἔγγονον) τοῦτο τοιοῦτο ἀναπόριφον πλὴν ἐπαφῆς καὶ ἱερᾶς νόσου (vgl. Brit. II, 196, 17: τ. τ. ἀ. χωρὶς πηροῦ). Die Wendung τοῦτο τοιοῦτο ἀναπόριφον ist üblich bei jedem Verkauf von Sklaven oder Vieh, nicht gebräuchlich beim Grundstücksverkauf; sie bedeutet, 'so wie es geht und steht', ohne das Recht der redhibitio, der Rückgabe zum Zwecke der Auflösung des Kaufvertrags; ἀναπόριφος, von ἀπορίπτω correkt gebildet, ist auch das Epitheton des ἀρραβών (No. 80, 5) [2]), und bedeutet hier ebenfalls, dass das Draufgeld nicht zurückgewiesen werden kann, d. h., es der Verkäuferin nicht zusteht, sich durch Rückgabe des ἀρραβών der Leistung des Kaufobjektes ledig zu machen.

ἀναπόριφος. So heisst ἀναπόριφος hier der Sklave, weil die redhibitio, die Rückgabe wegen Mangelhaftigkeit, ausgeschlossen sein soll; ἀναπόριφος πλὴν ἐπαφῆς κτλ. ist juristisch zu übersetzen mit non redhibendum nisi ob manus injectionem vel (ob) morbum comitialem; das erste bezieht sich auf den Mangel im verkäuferischen Recht, der einem Dritten Gelegenheit zur ἐπαφή giebt, das zweite aber bedeutet den einzigen Mangel der Sache, dessen Vorhandensein zur Auflösung des Kaufes berechtigen soll: Epilepsie. So ist in diesem Satz die Haftung wegen heimlicher Mängel generell ausgeschlossen, für einen einzelnen Mangel zugebilligt, und es ergiebt sich auch als Inhalt der griechischen Urkunde Verkauf, Preisempfang, Haftung wegen Eviktion, und, eingeschränkt, wegen heimlicher Mängel. Ein wenig komplicirt wird unsere Urkunde noch durch die Thatsache, dass die Gesammterklärung der Σεγᾶθις durch die Mutter Θασῆς im Wege der εὐδοκία bestätigt wird (Z. 28). Wir gewinnen dadurch zwei Hauptabschnitte: Haupterklärung und εὐδοκία. Für das Schema des Kaufvertrages ist dies offenbar gleichgültig; wir können für die Disposition lediglich die Haupterklärung verwenden.

Ὁμολογεῖ Σεγᾶθις Θεανώ (Personalien).

Schéma. A. πεπρακέναι τῇ Θεανώ κατ' ὠνήν. διὰ τοῦ ἐν τῇ προγεγραμμένῃ κώμῃ ἀγορανομείου, ἀπὸ τοῦ νῦν ἐπὶ τὸν ἅπαντα χρόνον

---

1) BGB § 440 [1], vgl. § 326 [1], lässt dem Verkäufer die Wahl.

2) Cf. 249, 6 = arra non poenitentialis; diese Anwendung scheint die frühere.

τὸ ὑπάρχον τῇ Σεγάθι οἰκογενὸς δουλικὸν ἔγγονον Σωτᾶν,
ὡς (ἐτῶν) η, ἄσημον
τοῦτο τοιοῦτο ἀναπόριφον πλὴν ἐπαφῆς καὶ ἱερᾶς νόσου
καὶ

B. ἀπέχειν τὴν Σεγᾶθιν παρὰ τῆς Θεανὼ τὴν συμπεφωνημένην τοῦ πεπραμένου δουλικοῦ ἐγγόνου Σωτᾶ τιμὴν
πᾶσαν ἐκ πλήρους ἀργυρίου δραχμῶν ἑπτακοσίων διὰ τῆς
[Name]ου τραπέζης Φρέμει   καὶ

C. 1 a, βεβαιώσειν τὴν Σεγᾶθιν καὶ τοὺς παρ᾽ αὐτῆς τὸ
πεπραμένον ὡς πρόκιται δουλικὸν ἔγγονον Σωτᾶ
πάσῃ βεβαιώσει

b, [καὶ παρέξεσθαι] ἀνέπαφον καὶ ἀνενεχύραστον καὶ ἀνε-
πιδάνειστον καὶ
καθαρὸν ἀπὸ παντὸς ὀφιλήματος δημοσίου μέχρι τῆς
ἐνεστώσης ἡμέρας ἀπό τε εἰδιωτικῶν καὶ πάσης ἐμποιήσεως διὰ παντὸς [καὶ]

c, μηδένα κολύοντα Θεανὼ μηδὲ τοὺς παρ᾽ αὐτῆς κυριεύ-
οντας τοῦ δουλικοῦ ἐγγόνου Σωτᾶ καὶ οἰκονομοῦντας
κατ᾽ [α]ὐτ[οῦ ὡς ἐὰν αἱρῶνται.]

2) ἐὰν δὲ μὴ βεβαιοῖ ἢ μὴ παρέχηται καθαρόν, ἀποτισάτω
ἡ Σεγᾶθις τῇ Θεανὼ ἣν ἀπείληφεν τιμὴν μεθ᾽ ἡμιολίας
καὶ τὰ βλάβη καὶ ἀνηλωμένα διπλᾶ καὶ ἐπίτιμον ἀργυρίου δραχμὰς ἑπτακοσίας καὶ εἰς τὸ δημόσιον τὰς ἴσας
χωρὶς τοῦ [μένειν] κύρια τὰ προγεγραμμένα.

A. und B. referiren über Thatbestände, C. bestimmt die Rechtsfolgen, welche in einer Verpflichtung der Verkäuferin bestehen.

2. Beglaubigung.

Die Urkunde giebt sich nach der sicheren Ergänzung des Anfangs als ἀντίγ]ραφ(ον) ὠνῆς. Zum Verständniss ist der Schluss
der Erklärung der Segathis heranzuziehen: κύρια ἔστω τὰ προγεγραμμένα. Quae supra scripta sunt, rata sunto; ὡς ἐν δημοσίῳ
κατακεχωρισμένα ist hier nicht zu ergänzen. Die Urkunde ist
ferner eine ὠνή [1]), das ist ein Kaufinstrument, sodass πεπρακέναι
κατ᾽ ὠνήν (Z. 10), was sonst fehlt, etwa dem emptionem in scriptis
habitam gleichsteht.

---

1) Vgl. 13ᵛ.: ὠνή καμήλου ἐκ τοῦ φεκούλου (a. 289).

3. Personen.

Aussteller
und
Adressat.

Es sind bei der Urkunde drei Hauptpersonen zu unterscheiden, drei Frauen, welche, durch Erklärung, und als Adressatin der Erklärung, den Vertrag zu Stande bringen, und dann ihre *κύριοι*, die hier nicht einmal in der Unterschrift zur Geltung kommen, da diese für beide Frauen und deren Vormünder ein Schreibkundiger im Ganzen leistet (*ὑπὲρ τῶν ὁμολογούντων*). Von den Hauptpersonen sind Segathis und ihre Mutter Thases die verkaufende Partei, Theano die kaufende, *κύριοι* auf jener Seite der vollbürtige Bruder, resp. eheliche Sohn, auf dieser ein Cognate. Die Verkäuferin ist Segathis und ihre Erklärung, mit *μέν* (Z. 9) beginnend, füllt die Urkunde fast vollständig aus und bestimmt ausschliesslich den Inhalt des Kaufvertrages. Thases giebt erst ganz am Schluss, nach der Deklaration über die Authenticität (Z. 28), fast nur in der Form einer gesteigerten Unterschrift, „ihren Segen" zu diesem Verkauf, wie es im Gegensatz zur *ὠνή* hier heisst: sie billigt nicht das Instrument, sondern den Vertrag. Nun steht in der Personalbeschreibung [1]) bei Segathis die übliche, (auch bei dem Bruder mit 32 Jahren vermerkte) Altersangabe von 29 Jahren, also ist die Bestätigung, welche die Mutter dem Verkauf eines der Segathis gehörenden (Z. 11 *τὸ ὑπάρχον τῇ Σεγάθι*) Sklaven giebt, nicht durch vormundschaftliche Rechte einer minderjährigen Tochter gegenüber zu erklären, sondern durch folgendes:

εὐδοκεῖν.

Das Sklavenkind ist *οἰκογενός*. ein hausbürtiges; wenn es nun veräussert wird, so giebt dazu die Mutter der Verkäuferin ihren Segen; es ist eine Art Vollwort, das hier ertheilt wird, ähnlich dem in No. 96, 17. 21 (wonach Wilcken auch ebenda Z. 16, 19 restituirt): dort wird einer geschehenen Freilassung die Bestätigung von Seiten einer ganzen Familie ertheilt, und es wird dabei ebenfalls *εὐδοκῶ* von den zustimmenden Verwandten gebraucht; im Falle der Freilassung fügen sie dem *εὐδοκεῖν* noch *βεβαιοῦν* hinzu, dem consentire noch adfirmare, was um deswillen beachtenswerth ist, weil diese *βεβαίωσις* sonst als Gegenstand der Verheissung für die Zukunft erscheint, nicht als ein Thun, welches in der Urkunde gebucht wird. (Vgl. S. 54). Dort ist die ganze Urkunde eben die *εὐδόκησις*, die in unserem Kauf mit ein paar Schlussworten erwähnt wird, die Freilassung selbst wird mehrfach als *γενομένη*

---

1) Die von Mitteis hervorgehobene Ausführlichkeit hat hier wie sonst ihren Grund wohl darin, dass im Falle der Gleichheit der Namen dieser Gaugenossen die Nomenklatur ein genügendes Distinctivum nicht bietet.

bezeichnet, und, da die Unterschriften nur εὐδοκεῖν und βεβαιοῦν etc.
bieten, so ist auch nicht anzunehmen, dass etwa die Freilassung
durch Maro selbst den ersten, verloren gegangenen Theil der Urkunde ausgemacht habe, sondern der Sklave ist dem Maro überlassen (ἐκκεχωρηκέναι) von den Betheiligten (vielleicht cedirt fiduciae
causa), und nach geschehener Freilassung billigen sie diese und
geben ihrerseits sich als Gewährsleute an für den Fall einer Eviktion.
— Es ist nicht selten, dass bei solchen Urkunden Geschwister ihre
Erklärungen zuerst abgeben und dann die Mutter, eingeführt durch
παροῦσα δὲ καὶ ἡ τούτων μήτηρ noch mehreres vorbringt; so
knüpfen sich, in den Dotal- und Erbinstrumenten (No. 183. 250) die
Verfügungen von Todes wegen, welche die Mutter zu Gunsten ihrer
Kinder bei Gelegenheit von deren Ehevertrag trifft, in dieser Form
an die Dotalverträge an. Der Vorgang stellt sich augenscheinlich
so dar: Hauptbetheiligte: die Kinder; Sicherung oder Bekräftigung
durch die Mutter, deren Thätigkeit darum zum Schluss, gesondert
und hervorgehoben, uns vorgeführt wird.

Es ist also unsere Urkunde so zu disponiren: 1) Überschrift:
Ἀντίγραφον ὠνῆς, darum alles 1. Hand! 2) Datum und Comparenten (Z. 1—9 bis ἀσήμ[ου]). 3) Haupterklärung der Segathis mit
Registraturvermerk (— Z. 28 προγεγ[ρ(αμμένα)]. 4) Beitrittserklärung
der Thases (Z. 28: ἡ δὲ Θασῆ[ς ε]ὐδοκῖ τῇδ[ε τῇ] πράσε[ι]). 5) Unterschriften (— zu Ende).

In unserer Urkunde consentirt die Mutter mit einfachen Worten,
wie auch der antichretischen κάρπωσις des Φιλήμων mit εὐδοκῶ
sich Πρων anschliesst: 101, 23.

Ὁμολογεῖν wird die Erklärung ebensowohl der Segathis wie   ὁμολογεῖν.
der Thases genannt; es ist dies das technische Wort der Griechen
für das in einer verantwortlichen Erklärung liegende Zugeständniss,
angewandt keineswegs bloss bei Obligationen, wie ja auch der
folgende Infinitiv Perfecti πεπραχέναι den Begriff der Verpflichtung
ausschliesst, sondern auch bei Testamenten (No. 86, 3. 8) und sonst.
Hier giebt die Segathis mit der Thases eine Erklärung ab, und
folglich sind die Unterschriften der ὁμολογοῦντες nur die ihrigen,
nicht die „der Contrahenten". Die ganze Erklärung giebt der
Käuferin Theano nur Rechte, und deren Unterschrift hätte keinen
Werth. Bekanntlich sind bei solchen Instrumenten zwei Formen
zu unterscheiden: einmal die unsre, objektive, bei der die Homologie der Gegenpartei gegenüber stattfindet ὁμολογεῖ Z. 7 (scil. τῇ)
Θεανώ, sie bekennt der Theano, und dann Z. 10 πεπραχέναι τῇ
Θεανώ ihr verkauft zu haben, und sodann die Brieform (No. 13, 3.

Unter-
schrift,

71, 5, vgl. 228, 2), bei der die Gegenpartei angeredet wird. Verbietet sich die Unterschrift durch den Adressaten von selbst, so ist sie bei unserer Form überflüssig und darum wesentlich in solchen Fällen bezeugt, wo auch der Gegencontrahent ein Zugeständniss macht, während die Miethverträge von beiden Parteien ausgestellt zu werden pflegen und zwar so, dass der Miether demüthig entwirft, der Vermiether kurz genehmigt. —

In der Urkunde 153 (Kameelkauf), 25: καὶ ἐπάναγχον (folgen

selten auch
des
Adressaten.

die Namen der Käufer) ταύτην ἀπογράψασθαι ἐν τῇ τῶν καμήλων ἀπογραφῇ τοῦ ἰσιόντος ἐκκαιδεκάτου ⌊ ἐπ' ὀνόματος αὐτῶν ἐπὶ κώμης Σ. Ν. καὶ ἀποδώσειν αὐτοὺς τὰ ἀπὸ τοῦ αὐτοῦ ἐκκαιδεκάτου ⌊ [δημό]σια αὐτῆς. Z. 39 (Namen der Käufer) ἠγοράκαμεν κοινῶς τὴν προκειμένην κάμηλον ἣν καὶ ἀπογραψόμεθα ἐν (τ)ῇ τοῦ ἐκκαιδεκάτου ἔτου(ς) ἀπογραφῇ [καμήλ(ων)] καθὼς πρόκειται unterschreiben die Käufer zunächst schon, weil sie (Z. 17) bekannt haben: ἣν καὶ παρειλήφαμεν, besonders aber deshalb, weil sie die Verpflichtung übernommen haben, das Thier aus der Liste des Heimathsdorfs der Verkäuferin in die ihrige überschreiben zu lassen, und somit die Lasten zu tragen: zu dieser Verpflichtung müssen sie stehen; und darum unterschreiben sie. Dagegen fehlt ein Anerkenntniss — so richtiger statt Unterschrift — von Seiten des Käufers wie in unserer Urkunde, so auch im Kameelkauf UBeM. 87, 21, wo wir nach der Bemerkung des Notars: ὑπογραφεῖς sogar einen noch gar nicht genannten Σῦχος als Anerkennenden finden, aber namens der Verkäuferin, nicht als Käufer.

4. Der Inhalt der Verkaufserklärung.

Ὁμολογεῖ πεπρακέναι. Segathis bekennt, verkauft zu haben an Theano das ihr gehörige Sklavenkind Σωτᾶς, welches alt ist 8 Jahre und οἰκογενός; im Haus der Segathis geboren; durch letztere Bemerkung ist das Nationale des Sklaven einigermaassen ersetzt. — Im übrigen vgl. S. 62.

§ 6. Hybrider Sklavenkauf.

Papyrus Brit. Mus. 229 [1]) ist eins der merkwürdigsten Stücke, da er römische Grundform mit griechischen Ansätzen zeigt.

---

1) Besprochen von Scholten, Hermes 32, S. 273ff.

C. Fabullius Macer optio classis praetor. Misenatium III[1)
'Tigride' emit puerum natione Transfluminianum
nomine Abban quem Eutychen sive quo alio nomine
vocatur annorum circiter septem pretio denariorum
5 ducentorum et capitulario portitorio de Q. Julio
Prisco milite classis eiusdem et triere eadem. Eum puerum sanum esse ex edicto et si quis eum puerum
partemve quam eius evicerit simplam pecuniam
sine denuntiatione recte dare stipulatus est Fabul-
10 lius Macer, spopondit Q. Julius Priscus; id fide sua
et auctoritate esse iussit C. Julius Antiochus mani-
pularius III[1) 'Virtute'.

Eosque denarios ducentos qui s. s. sunt probos recte
numeratos accepisse et habere dixit Q. Julius Priscus
15 venditor a C. Fabullio Macro emptore et tradedisse ei
mancipium s. s. Eutychen bonis condicionibus.

Actum Seleuciae Pieriae in castris in hibernis vexilla-
tionis clas. pr. Misenatium VIIII Kal. Junias Q. Servilio
Pudente et A. Futidio Pollione cos.
20 Q. JULIUS PRISCUS MIL. III[1) 'TIGRIDE' VENDEDI C. FABULLIO
MACRO OPTIONI
III[1) EADEM PUERUM MEUM ABBAM QUEM ET EUTYCHEN ET RE-
CEPI PRETIUM DENARIOS DUCENTOS ITA UT S. S. EST.
C. Julius Titianus suboptio III[1) 'Libero Patre' et ipse rogatus pro C. Julio
Antihoco manipulario III[1) 'Virtute', qui negavit se literas
scire, eum spondere et fide suam et auctoritate esse Abban, cuen ed
Eutychen, puerum ed pretium eius denarios ducentos
25 ita ut ss. scr[i]ptum est.
C. Arruntius Valens suboptio III[1) 'Salute' signavi.
C. Julius Isidorus ⟍[2) III[1) 'Providentia' signavi.
C. Julius Demetrius bucinator pri[n]cipalis III[1) 'Virtute' signavi.
. . . .
30 Ἔτους δος Ἀ[ρτεμισ]ίου ὀκ Δομέτιος Γερμα[νὸς] [μ]ισθωτὴς κοιντα[ρὸ]ς
Μεισηρατῶν ἐκ . . . κα[3)
τῇ πρά[σει τοῦ παιδ]είου Ἄββα τοῦ καὶ Εὐτύχου.

Die Urkunde (vom J. 166) ist Übertragung des Mancipationsaktes
auf den Traditionskauf. In Folge dessen fehlt hinter emit (Z. 2)
das gewohnte mancipioque accepit, welches Z. 15 durch die Worte
et tradedisse ei mancipium (etc.) ersetzt wird. Dies ist kein Zufall,
es ist vielmehr, wie die Abwesenheit der Mancipation, so auch die

---

1) III — triere.
2) centurio.
3) εὐδοκῶ?

Versetzung des dinglichen Vermerkes an den Schluss, da, wo wir in griechischen Urkunden ἅς καὶ παρειλήφαμεν erwarten, eines der Zeichen dafür, dass hier eine Form der römischen Urkunde vorliegt, die von den griechischen angekränkelt ist. Die Veränderungen sind folgende:

Grae-
cismen.

1) Es liegt eine Tradition vor, und diese steht bei dem Empfangsbekenntniss, so dass wir statt des römischen Herrschaftsrufes nebst folgender Ablösung dessen, der enteignet ist, hier vielmehr einen obligatorischen Kauf mit folgender Realisirung erblicken.

2) Bei der Eviktionsstipulation, von der wir zahlreiche Beispiele in den siebenbürgischen Wachstafeln besitzen, ist es die Regel, dass die Strafe des nicht gewährleistenden Verkäufers in dem Einfachen oder Doppelten des entwehrten Gegenstandes besteht. Nur ausnahmsweise begegnet (z. B. Bruns 106, 12) quanti ea puella empta est, tantam pecuniam (et alterum tantum) dari, d. i. Versprechen der Rückgabe des Kaufpreises (mit dem alterum tantum) für diesen Fall. Es ist wohl nicht zufällig, dass unser Papyrus mit jenen die Ausnahme bildenden, ebenso aber mit den griechischen Urkunden übereinstimmt, die sämmtlich bei der Berechnung der Eviktionshaftungssumme von dem gezahlten Preis, nicht von dem Werth der Sache ausgehen.

3) Während die übliche Form der Bürgschaft ist: id(em) fide sua esse jussit, verstärkt unsere Urkunde diese Formel durch et auctoritate; als σεκόδος αὔκτωρ [1]) bezeichnet sich auch der Siebenbürgische fidejussor Alexander Antipatri, der nicht lateinisch schreiben kann, und die Beziehungen der Kaufbürgschaft bei den Griechen zur auctoritas sind durch Mitteis [2]) klargelegt worden: hier reiht sich ein griechischer Zug seltsam an die lateinische Form der fidejussio, und er wiederholt sich in der subscriptio. — Man kann allenfalls als Vorbild dieser Zusammenstellung an εὐδοκῶ καὶ βεβαιῶ denken, wie es uns UBeM. 94 öfters darbietet.

4) Auch die Formel ex edicto statt der üblichen, wenn auch nicht ausnahmslosen, Aufzählung der durch das Edictum geforderten Eigenschaften mag hier erwähnt werden, und im Anschluss daran einige stilistische Abweichungen von den Siebenbürger Wachstafeln: Die Beziehung der heimlichen Mängel zur Haftungsstipulation ist der schwache Punkt der Siebenbürger Urkunden; die heimlichen Mängel schliessen stilistisch unmittelbar auf f(ide) r(o-

---

1) Bruns No. 107 in fine.
2) Mitteis, Reichsrecht und Volksrecht S. 503.

gavit), ohne Vermittlung einer Summe: praestari ... f(ide) r(ogavit).
Auf dem Papyrus schliesst sich ebenso sanum esse an stipulatus est
an, welches hier statt fide rogavit gebraucht ist, und es fehlt selbst
das vermittelnde praestari wie Bruns 107, 6. Ebenso ist Z. 9 dare
stipulatus est eine kleine Ungenauigkeit für dari stipulatus est, und
Z. 14 fehlt hinter accepisse et habere vor dixit ein se.

5) Der hauptsächlichste Unterschied unseres Kaufs gegen die
Siebenbürgener liegt aber in der Beurkundung: die Wachstafeln
geben einfach die Siegel, die von den Sieglern eigenhändig als die
ihren beglaubigt werden, weswegen auch die Namen im Genitiv
stehen. Dagegen bringt der Papyrus eine eigenhändige Inhaltsangabe von Seiten des Verkäufers und des fide et auctoritate jussor,
und dann erst drei Zeugen, mit dem Beisatz signavi [1]). Keine andere Stelle zeigt so klar den hybriden Charakter der Urkunde,
wie diese Unterfertigungen: sie sind ganz vollkommen griechische
ὑπογραφαί: Während in der Urkunde selbst der Käufer der handelnde ist, tritt nun der Verkäufer als ὁμολογῶν ein; an die er-
werbende Thätigkeit in der Urkunde schliesst sich die gewährende,
promittirende, in der Unterschrift. Es ist subscriptio griechischer
Form, unter dem Akt römischer Form. Dies zeigt folgende Übersetzung:

L. Julius Priscus etc. vendedi C. Fabellio etc. puerum
        πέπρακα   παῖδα
meum Abbam quem et Eutychen et recepi pretium denarios
ὑπάρχοντά μοι τὸν καί   καὶ ἀπέχω τὴν τιμὴν
ducentos ita ut s. s. est.
 καθὼς πρόκειται.

       C. Julius etc. et ipse rogatus pro
       καὶ αὐτὸς ἀξιωθεὶς ὑπὲρ
C. Julio Antiocho etc. qui negavit se literas scire eum
    ὡς   γράμματα μὴ εἰδότος, αὐτὸν
spondere et fide suam et auctoritate esse Abban cuen ed Eutychen
ὁμολογεῖν καὶ πίστι ἑαυτοῦ εἶναι καὶ βεβαιώσει   τὸν καὶ
puerum ed [2]) pretium ejus denarios ducentos ita ut s. s. scriptum.
 καὶ τὴν τιμὴν αὐτοῦ δραχμὰς   καθὼς πρόκειται.

Es erübrigt noch, die einzelnen Abweichungen unserer Urkunde
vom Typus, die sich nicht auf Gräcisirung zurückführen lassen
wollen, hier ins Auge zu fassen.

A. sanum esse ex edicto, „gesund im Sinne des (Aedilen-)

Insbes.:
Subscriptio
statt
Siegelung.

Ab-
weichung,
die kein
Grae-
cismus.

---

1) σεγναι sagt (Bruns No. 107 in fine) der Grieche, und επεγνοι sagen zwei
der Zeugen bei dem Testamente UBcM. 326 zweimal; auch in γνοι kann
gnovi stecken, wie in γναι ein gnavi.

2) Erg. ἀπέχειν αὐτόν.

Ediktes"; nach dem Edikt (vgl. S. 48) würde man erwarten, dass hier auch für noxae, für furta, die dem Sklaven zur Last fallen, und die er abverdienen muss, vom Verkäufer gehaftet werde, ebenso auch für die psychischen Fehler, die im erro und fugitivus zur Erscheinung kommen, und in der That zählen die Wachstafeln die Fehler einzeln auf. Wir haben also nicht eine sachliche Verschiedenheit im Umfang der Haftung anzunehmen.

B. simplam pecuniam sine denuntiatione recte dare. Verkäufer verzichtet auf eine Anzeige von Seiten des Käufers an ihn für den Fall drohender Eviktion; er will haften, auch wenn diese Anzeige nicht geschehen. Die Lesung denuntiatio kann wohl als sicher gelten; sowie renuntiare technisch beim Kaufe ist für die Ansage (der Ackergrenzen und Ackermaasse), die der mensor[1]) oder der Verkäufer[2]) liefert, so ist denuntiare dagegen für den Fall der Eviktion gebräuchlich: non obesse ex empto agenti, quod denuntiatio pro evictione interposita non esset, si pacto ei remissa esset denuntiandi necessitas sagt D. 21, 2, 63.

Hieraus folgt die Thatsache, dass denuntiatio ein Recht des Verkäufers bildet, auf das er verzichtet haben musste, damit auch ohne denuntiatio der Käufer an ihn seinen Regress nehmen konnte: die denuntiatio war ein naturale der Eviktionshaftung, weil der Käufer nur dann Alles gethan hatte, um die Entwehrung abzuwenden, wenn er seinen Verkäufer informirt hatte, damit dieser sich auch seinerseits der Sache annehme. — Wenn sie hier aufgegeben wird, so mag dies in der Möglichkeit seinen Grund haben, dass durch Versetzung des Käufers oder Verkäufers Benachrichtigungen des zweiten durch den ersten recht schwierig gemacht werden konnten[3]).

C. et tradedisse ei mancipium bonis condicionibus. Dieser Satz ist unserem Papyrus allein eigen; er befremdet, sofern er Erklärung des Verkäufers ist; er schliesst sich an das übliche accepisse et habere an, eine Erklärung zu Gunsten des Käufers, die abzugeben dem Verkäufer zukommt, denn unicuique fides contra se habetur; unser Satz dagegen ist eine Behauptung zu Gunsten des Verkäufers und man hätte erwartet, dass sie der Käufer abgiebt, oder wenigstens die unvollkommene Genehmigung ihr er-

---

1) Lenel, Edictum § 89, S. 172.

2) Paulus D. 18, 1, 40.

3) In einem anderen Sinne kommt sine … dari in den griechischen Urkunden vor: ἀποδώσω ἄνευ ὑπερθεσίως καὶ εἰρησιλογίας; so z. B. UBeM. 272, 10. 11; „ohne Aufschub noch Ausflucht".

theilt, die in der Besiegelung der Urkunde liegt[1]); aber die Einseitigkeit der Urkunde, die Römer wie ägyptische Griechen uns zeigen, bringt solche Missbildungen hervor: schon in den griechischen Kaufverträgen ist ἅς (für die Waare) καὶ παρειλήφαμεν nicht elegant, weil der Käufer nicht ὁμολογῶν ist und nicht mitunterzeichnet: Aber da ist doch wenigstens die kaufende Partei als redend eingeführt, und sie giebt die Erklärung ab, dass Verkäufer seine Schuldigkeit durch Übergabe gethan; hier dagegen erklärt Verkäufer, und der Beweis der geschehenen Tradition ist nur etwa aus einer Verschweigung des Käufers herzuleiten.

Die Zusage betreffs dieser anderen Mängel steht hier nun an einem anderen Ort: et tradedisse ei mancipium s. s. Eutychen bonis condicionibus. Die beiden Schlussworte (griechisch καλῇ αἱρέσει UBeM. 316, 5a. 359. Bruns fontes⁶ 135) finden sich nur beim Sklavenkauf und werden genau erläutert durch Papinian D. 21, 1, 54: Actioni redhibitoriae non est locus, si mancipium bonis condicionibus emptum fugerit, quod antea non fugerat. — Bonis condicionibus ist auch hier eine Clausel des Vertrages, nicht eine objectiv hervorgehobene Eigenschaft des Sklaven; sonst wäre die Schlussbemerkung quod antea non fugerat überflüssig. Wenn durch das bei Grundstücken übliche: uti optimus maximusque est, Servituten ausgeschlossen, oder vielmehr die Haftung für das Nichtbestehen von Servituten zu Lasten des Kaufobjektes übernommen wurde, so liegt es bei Sklaven nahe, an diejenigen thatsächlichen Mängel zu denken, die den Menschen herabdrücken: das sind furtum, noxa und die Laster des erro und fugitivus.

§ 7. Trennung einer Gemeinschaft.

(Tafel S. 72.)

Im Gegensatz zu allen bisher betrachteten griechischen Urkunden bietet die vorliegende nicht die Erklärung einer Partei an die andere, sondern wechselseitige Bekenntnisse; ὁμολογοῦσιν ἀλλήλοις[3]): wie bei dem iudicium communi dividundo der Römer, jeder

---

1) D. 13, 7, 38.

2) Iust. Inst. 1, 8, 2 schiebt in seine Vorlage Gaj. I, 53 die cursiv gedruckten Worte ein: si intolerabilis videatur dominorum saevitia cogantur servos *bonis condicionibus* vendere.

3) ὁμολογοῦσι allein kann auch eine Mehrzahl auf Seiten einer Partei bedeuten; wie am klarsten hervortritt Brit. Mus. II, 211, 13: [ἔχειν] παρ’ αὐτῆς

der beiden Miteigner, die sich auseinander setzen, Kläger- und Beklagtenrolle hat, so ist hier jeder Aussteller und Destinatär zugleich. Und diese wechselseitige Beziehung kommt sehr anschaulich zur Erscheinung: Einander bekennen sie getheilt zu haben eine Arure (oder wieviel es ist [1]), die in drei Parcellen besteht, und zwar hat jeder „angesprochen“, eine Parcelle, ‘ein Loos’, für sich (er das dritte, sie das zweite); das erste wollen sie theilen, indem „zur Ergänzung“ er die westliche, sie die östliche Hälfte nimmt. Die Grenzen der beiden ganz anfallenden Vollloose werden nun in der üblichen Weise beschrieben (Z. 9—11; Z. 15. 16), und ebenso die Hälften des ersten (Z. 13. 14; Z. 17—19), indem die Nachbarn nach den vier Winden genannt werden, und so, was dem einen und dem andern zukommt, nach der Reihe kund wird. Der Papyrus hat also folgende Ökonomie: ein gemeinsamer Anfang, dann je ein Theil für Petesuchos, ein analoger für Thaësis, dann ein gemeinsamer Schluss.

Ὁμολογοῦσιν ἀλλήλοις

I. Π. καὶ Θ. διειρῆσθαι πρὸς ἑαυτοὺς (κτλ.)

II. καὶ ἐπανειρῆσθαι

Z. 9 ff.: τὸν μὲν Π. εἰς τὸ ἐπιβάλλον αὐτῶι ἥμισυ μέρ[ος]
[τήν τε] ὅλην τρίτην σφραγῖδα (folgt: Nachbarn).

Z. 11: καὶ τὸ λοιπὸν ([εἰς
συμπλή]ρωσιν [τοῦ] ἐπιβάλλοντος αὐτῶι ἡμίσ[ους μέρους]) ἐκ
τοῦ πρὸς λίβα μέρους τῆς πρώτης σφραγῖδος (folgt: Nachbarn).

Z. 14: τὴν δ[ὲ Θαῆ]σιν εἰς τὸ
καὶ αὐτῆι ἐπιβάλλον μέρος
τήν τε ὅλην δευτέραν σφραγῖδα (Nachbarn).

Z. 16: καὶ [τὸ] λ[ο]ιπὸν ([ε]ἰς
συμπ[λή]ρωσιν τοῦ ἐπιβάλλοντος α[ὐτ]ῆι ἡμίσους μέρους) ἐκ
τοῦ [πρὸς ἀπηλιώτην μέρους
τῆ]ς πρ[ώτη]ς σφραγῖδος (Nachbarn).

III. κα.[....] διαί[ρ]εσιν γεγ[ενῆ]σθαι κατὰ(?) ἐπιβολὴν τοῦ ἐνόντος παντὸς ἐδάφους [30 Buchst.] καὶ [15 Buchst.] ων καὶ ὁ τῶν αὐτῶν [2]) ἐν τοῖς κατὰ τήνδε . . . .

τὰς ὁμολογούσας, d. h. die beiden Ausstellerinnen von der Destinatärin; vgl. ebenda Z. 21.

1) ‘ἢ ὅσαι ἐὰν ὦσι, ἢ ὅση ἐαν ᾖ’, z. B. UBeM. 282, 23. 241, 25. 28. 444, 7. ὅσου ἂν ᾖ Brit. Mus. II, 211, 18. Zur Verhütung der actio de modo agri, und der analogen Klage wegen Mangels im intellektuellen Theil des Rechts.

2) Man würde vermuthen: ἐμμέν]ειν ἕκαστον αὐτῶν; aber das ist nicht herauszulesen.

Die der Theilung hinzugefügte Phrase ἐξ ἧς πεποίηνται πρὸς [1] Der Anfang.
ἑαυτοὺς ἐξ [ε]ὐδοκοῦν[τος συμφ]ώνου διαιρ[έσε]ως bedeutet: ‘nach
gutscheinender übereinstimmender Theilung’ und giebt den Rechts-
grund für die folgenden einseitigen Aussprüche der Parteien. σύμ-
φωνος, häufig formell übereinstimmend, ‘gleichlautend’ [1] ‘wie oben’ [2],
steht für den materiellen Consens der Parteien in dem Ausdruck
συμπεφωνημένη τιμή.

εὐδοκεῖν, an sich unpersönlich, kommt gewöhnlich, persönlich εὐδοκεῖν.
construirt, mit Dativ vor: ‘dem X scheint dies gut’ und, wenn man
von den späten Theilungsrecessen (anno 348 bez. 276) UBeM. 405, 21.
419, 21 absieht, in denen beiden der Aussteller sich für abgefunden
im Theilungsverfahren erklärt und die Unterschrift mit συνευδοκῶ
τοῖς προγεγραμμένοις leistet, bedeutet es stets die Mehrung der
Haupterklärung durch einen Nächstbetheiligten:

1) Oxyrh. LVI, 16 bittet eine Frau, es möge ihr nur für ein
Rechtsgeschäft ein κύριος bestellt [3] werden (für Darlehen mit
Pfand), und der erbetene ist einverstanden: er unterschreibt mit
ε[ὐδοκῶ], wie Grenfell und Hunt nach Z. 20 παρόντα καὶ εὐδοκοῦντα und XCVII, 25 mit Sicherheit ergänzen.

2) Oxyrh. XCVII, 25 thut das gleiche der zum Processvertreter
bestellte Bruder, d. h., er nimmt (vorbehaltlich höherer Genehmigung?) die Vertretung an.

3) Oxyrh. XCIV bestellt Marcus Antonius Ptolemaeus den Dionys
den Älteren in einer an ihn gerichteten Urkunde zum Vertreter [4]
für den Verkauf zweier Sklaven [5]); und (Z. 15) εὐδοκεῖ, doch wohl:
er ertheilt dem künftigen Kauf die ‘vorherige Zustimmung’, die
‘Einwilligung’ [6]).

Über andere Fälle wird unten gesprochen werden. Allen ent-
gegengesetzt ist die vorliegende ursprüngliche Construction, die
wohl in dem UBeM. 446, 13 und Brit. Mus. II, 211, 18. 19 (beides
Kauf mit Anzahlung, ἀρραβών) vorkommenden καθὼς ἐκ συμ-

---

1) UBeM. 326 II, 22 (τῇ αὐθεντικῇ διαθήκῃ). 361 III, 27. 562, 22.

2) UBeM. 52, 18. 192, 5. 620, 19. 20. 21; Brit. Mus. II, 73, 22. 74, 19.

3) ἐπιγραφῆναι Z. 16. Häufig ist ὁ ἐπιγραψάμενος κύριος in der Formel
Ὑπογραφεὺς τῆς Δ. ὁ Δ.

4) Vertretung ist σύστασις, wie auch der adstipulator cooptirt eintrat;
vgl. Brit. Mus. II, 118, 23. 24, wo sogar der πράκτωρ die συμπρακτορεία liefern soll.

5) Was uns selbstverständlich scheint, wird hervorgehoben: der Preis
soll an den Geschäftsherrn herausgegeben werden, wegen Eviction derselbe haften; der Vertreter ist nicht in rem suam.

6) B.G.B. § 185.

φώνου [1]) ὑπηγόρευσαν ihr Urbild findet. Doch ist das εὐδοκεῖν auch hier nicht das Gutdünken der Hauptpersonen, sondern man muss die allerdings künstliche Construction vorziehen, jede Partei heisse die ἐπαναίρεσις der anderen gut; desshalb fehlt εὐδοκοῦντος bei den Arrha-Urkunden, wo solche Gutheissung nicht möglich wäre; sie haben bloss καθὼς ἐκ συμφώνου ὑπηγόρευσαν.

Letztere Wendung bezieht sich in der Londoner Anzahlungs-urkunde sicher, in der Berliner wahrscheinlich auf die Grenzen der Grundstücke, über welche die Parteien gleichlautend ausgesagt haben, und bei unsrer Theilung wohl auch auf diese Grenzen oder Nach-barn; es ist auffallend, dass bei den Urkunden, welche die Sache gleichsam als zwischen den Parteien ansehen, die Mittheilung über gemeinsame Grenzangaben steht, bei der Theilung ist die Gemein-schaft eine bisher reelle, beim ἀῤῥαβών eine Theilung der Möglich-keit nach, insofern der Gegenstand bei mora in der Restzahlung auf Seiten des Erwerbers bei dem Veräusserer bleibt [2]). —

2) Die corre-
spondiren-
den An-
sprüche

Das einzige, was bei der überaus klaren Theilung Schwierig-keiten macht [3]), ist die Flurkarte: sie dürfte also herzustellen sein:

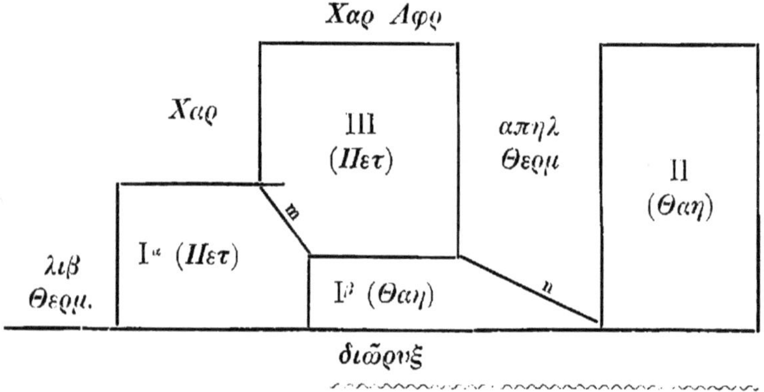

1) Brit. Mus. II, 1. c. hat ἐξυμφώνου, eine an die Ligaturen des Sanskrit erinnernde Seltsamkeit, die auf Dictat schliessen lässt; Kenyon führt II, 104, 7 ἐπὶ τὴν ἐξου δικα[.. statt ἐκ σοῦ als Simile an. — Umgekehrt steht II, 217, 6: ἐξ ζοίκου.

2) UBeM. 709, 9 hat ονως ὑπηγόρευσαν, ebenfalls bei der Nachbarnbe-zeugung; sie ist eine irreguläre παραχώρησις (Z. 20ff.), und zu lückenhaft, um sichere Schlüsse zu gestatten.

3) ἐκ τοῦ πρὸς λίβα (bez. ἀπηλιώτην) μέρους ist unser 'gen Westen' 'gen Osten', vgl. UBeM. 282, 17: ἥμισυ μέρος ἀρούρης μιᾶς ἐκ τοῦ πρὸς ἀπηλιώτην μέρους διατῖνον νότον ἐπὶ βοῤῥᾶν, von Nord nach Süd durch-schneidend; in unsrer Urkunde vielleicht auch von λοιπόν abhängend. — Vgl. 101, 9: τὸ ἥμισυ μέρος ἐξ οὗ ἐὰν αἱρῇ μέρους.

UBeM. No. 444.

'Papyrus. Aus zwei Fragmenten zusammengesetzt. 1. Frg. H. 14 cm. Br. 6 cm. 2. Frg. H. 13,5 cm. Br. 9 cm. Zeit des Trajan.'
Herausgeber: Viereck.

['Έτους .... Αὐτοκ]ράτορος Καίσαρο[ς Ν]έρουα Τραιανοῦ Σεβαστοῦ Γερμ[αν]ι(κοῦ μ]ηνὸς
   Jahr   des Imperator   Caesar   Nerva   Traianus   Augustus Germanicus.   Monat
[..................] ἐν Καρανίδι τῆς Ἡρακλε]ίδου μερίδος τοῦ Ἀρσινοείτου νομοῦ.   Ὁμολογοῦσιν
      iu Karanis   im   Heraklides-Distrikt   des Arsinoïtischen Ganes.   Es bekennen sich

[ἀλλήλοις Πετεσοῦχος .... Πικα]οντῶτος ὡς ἐτ[ῶν] τριάκοντα οὐλὴ ὑπὸ δάκτυλον πρῶτον —
  wechselseitig Potesuchos   (Vater Papontos, alt 30 Jahr,   benarbt unterm kleinen Finger
[χειρὸς ...... καὶ
  der ... Hand) und Θαῆ]σις Πασίωνος ὡς ἐτῶν τρ[ιάκο]ντα δύο ἡ ἄσημος ἀστό(ς)¹) μ[ετὰ] κυρίου τοῦ
                     Thaësis (Vater Pasion, alt 32 Jahre,   narbenlos) Städterin, mit, als Weiberherrn, dem
5 [....................]..... Φαήσιος ὡς ἐτῶν [.....] ντα πέντε οὐλὴ πήχει δεξιῶι
  (Ahn(?) Phaesis, alt Jahre   ? 5, benarbt am Ellbogen zur Rechten,) διειρῆσθαι —
                                                                                    getheilt zu haben

[πρὸς ἑαυτοὺς ἀπὸ τοῦ] νῦν ἐπὶ τὸν ἅπαντα χ[ρόνον] τὴν ὑπάρχου[σ]αν αὐτοῖς ἕκαστος καθὰ ἔχει²) —
  einander   von   jetzt für alle   Zeit   die ihnen gehörende (Jeder nach seinem Theil)
[... τ]οῦ ἐλαιῶνος ἐν κατοικικῆι τάξει [ἄρουραν] μίαν ἢ ὅσηι ἐὰν ἦι ἐν τρισὶ σφραγῖσι [πε]ρὶ Ψεναρψενῆ-
  als Oelbaumhain im Katoikenland befindliche Arure (eine oder wieviel sie ist), in drei Stücken Landes bei Psenarpsene-
[σιν.
  sis καὶ (ἐξ ἧς πεπ]οίηνται³) πρὸς ἑαυτοὺς ἐξ [ε ὑδοκοῦ[ντος συμφ]ώνου διαιρ[έσε]ως) ἐπανειρῆσθαι τὸν μὲν
  und (nach der   wechselseitig, wahlscheinend, vorgenommenen, übereinstimmenden Theilung) hat angesprochen,   und zwar

[Πετεσοῦχο]ν   εἰς τὸ ἐπιβάλλον αὐτῶι ἥμισυ μέρ[ος   τήν τε] ὅλην τρίτην σφραγῖδα, ἧς γείτονες νότου
  Petesuchos   auf die ihm zufallende Hälfte: 1) das ganze dritte Stück Land, dess Nachbarn südlich
10 [ὃ ἐπανείρη]ται ἡ Θα[ῆσ]ις ἐκ τῆς πρώτης σφραγῖδ[ος μέρος.] βορρᾶ Ἀφρο[δ]ισι[ά]ας τῆς Ἀπολλοδώρου καὶ Χαριδήμ(ου)
  der von   der Thaësis angesprochene Theil des ersten Stückes Land, n. der Aphr.   (Vater: Apollod.)   und des Charidemos
[τοῦ Ὀννώφρεως(?)] ἐλ[αιώ]ν, λιβὸς τοῦ αὐτοῦ Χαριδήμ[ου ἐλαιώ]ν, ἀπηλιώτου Θερμ[ο]ύθιος ἐλαιών.   καὶ τὸ λοιπόν —
  (Vater: Onnophr.) Ölbaumhain, westlich des nämlichen Ch.   Ölbaumhain, östlich der   Th.   Ölbaumh.,   und 2) den Rest
[εἰς συμπλή]ρωσιν τοῦ ἐπιβάλλοντος αὐτῶι ἡμίσ[ους μέρου]ς   ἐκ τοῦ πρὸς λίβα μέρους τῆς πρώτης σφραγῖδος,
  zur Ausfüllung der ihm zufallenden Hälfte   von der Westseite her, des ersten Stückes,
[οὗ γείτονες β]ότου διῶρυ]ξ, βορρᾶ Χαριδήμου τοῦ [Ὀννώ]φρεως(?) ἐλαιών, πρὸς λ[ι]βὸς τῆς Θερμούθιος ἐλαιών.
  dess Nachbarn z. der Graben, n. des Char. (Vater O.)   Ölb.,   w.   der Therm.   Ölb.
[πρὸς ἀπηλιώτου ὃ ἐπανείρηται⁴) ἡ Θαῆ[σι]ς μέρο]ς
  5.   der Theil,   den Thaësis auspricht;   τήν δ[ὲ Θαῆ]σιν   εἰς⁵) τὸ καὶ αὐτῆι ἐπιβάλλον μέρος   τήν τε ὅλην
                                              Thaësis aber   auf den auch ihr zufallenden Theil; 1) das ganze
15 [δευτέραν σφραγῖδα, ἧς γείτονες νότο]υ διῶρ[υ]ξ. βορρᾶ Ἀφροδ[ισί]ας τῆς προγεγραμμένης ἐλαιών, λιβὸς τῆς Θερμούθιος ἐλαιών.
   zweite Stück Land, dess Nachbarn s. der Graben, n. der Aphr.   (der vorbenannten)   Ölb.   w.   der Therm.   Ölb.
[ἀπηλιώτου ....]. ἐλαιώ]ν,   καὶ [τὸ] λ[ο]ιπὸν [ε]ἰς συμπ[λή]ρωσιν τοῦ ἐπιβάλλοντος α[ὐτ]ῆι ἡμίσους μέρους   ἐκ τοῦ
   ö.   Ölb.   und den Rest   zur Ausfüllung   der   ihr   zufallenden   Hälfte,   von
[πρὸς ἀπηλιώτην(?) μέρου]ς τῆ]ς πρ[ώτη]ς σφραγῖδος. οὗ [γείτ]ονες νότου διῶρυ[ξ], β[ο]ρρᾶ ἣν ἐπανείρηται ὁ —
   der Ostseite her,   des ersten Stückes Land, deren Nachbarn s. der Graben, n. das von Petesuchos
[Πετεσοῦχος τρίτην σφραγῖδα⁶) ..].. [.....]σους μέρους καὶ Χ[αριδήμου⁷) ἐλαιών, λιβὸς ὃ ἐπανείρηται ὁ Πετεσούχου;⁸) μέρ[ους),
   ausgesprochene dritte Stück Land.   Hälfte(?) und des Char. Ölb.,   w. die von Petesuchos angesprochene Seite,
[ἀπηλιώτου ....
   ö.   τὰ] κατ[ὰ τὴ]ν διαί[ρ]εσιν γεγ[ενῆ]σθαι κατὰ ἐπιβολὴν τοῦ ἐνόντος¹¹) παντὸς ἰδάφους
               und die Theilung sei geschehen zwecks Zutheilung des ganzen inbefindlichen Landes
20 [...................................] καὶ ..[........].·....]. ων καὶ ὁ τῶν αὐτῶν¹⁰) ἐν τοῖς κατὰ τήνδι
[τὴν¹¹) ....].. [...

'Hier bricht der Papyrus ab.'

1) 'Nach δύο wollte der Schreiber anfangs οὐλή schreiben, daher ο, liess dann aber eine Lücke, in die von 2. H. ἄσημος ἀστό(ς) gesetzt ist'.
2) Die Worte ἕκαστος καθ' ἃ ἔχει u. s. w. ersetzen die in der Urkunde Brit. Mus. II, 187, 10 vorkommende Aufzählung: ἀφ' ἧς ὑπάρχι τῇ μὲν Θαίσι μέρη πίντε καὶ τῇ Θερμίωι μέρος ἕν.
3) Ergänzt und berichtigt nach Brit. Mus. II, 188, 1. Kenyon liest και εξης πεποιηνται εξ [ε]νδο[κουντων. Viereck las δι[ο]ίκηται π. ἑ. ἐξ [ε]ίδο-κοῦ[ντος συμφ]ώνου διαιρέσεως. Ein schönes Beispiel für die wechselseitige Unterstützung lückenhafter Überlieferungen. Offenbar muss statt οικηται vielmehr οιηται gelesen werden, was jetzt auch auf dem Papyrus leicht sich ergab; und ebenso ist Brit. nach UBeM. weiterzuführen, was zugleich für die Zeilenlänge von Brit. entscheidend ist; und wiederum erleichterte Kenyous accentfreier Abdruck die Verwandlung von εξης in εξ ης.
4) Viereck ergänzt nur ἀπηλιώτου ....
5) Viereck las μέρ[ο]ς εἰς π[λήρω]σιν εἰς; die in der Darstellung (S. 70) aufgewiesene Ökonomie der Urkunde liess diese Lesung als unmöglich erscheinen, da Z. 14 die correspondirende Partie für Z. 4's liefern muss, und in der That ergab die nachträgliche Untersuchung des Papyrus, dass das angebliche εις π in der wunderlichen Hand des Schreibers τήν δ war, worauf das nothwendige Θαῆσιν keine Schwierigkeit hatte.
6) τρίτην σφραγῖδα von mir ergänzt.
7) Viereck: μέρους κεχ[ωρισ]μέν(ου)(?).
8) Viereck: Πετεσούχου.
9) ἐπιβολὴν μένοντος hatte Wilcken gelesen; dannach ist auch UBeM. 282, 8 κατ' ἐπιβ[ολὴν] τοῦ ἐνόντος παντὸς ἐδάφους zu lesen, und umgekehrt steht an unserer Stelle τοῦ ἐνόντος, nicht μένοντος.
10) και ο των ist mir zweifelhaft. Ἕκαστον αὐτῶν ist nicht wohl möglich.
11) 'Erg. διαίρεσιν oder ὁμολογίαν'.

Vorausgesetzt ist dabei, dass in den Lücken, die den westlichen
Nachbar von II und den östlichen von Iβ unserer Kenntniss ent-
ziehen, eben die $\Theta\varepsilon\varrho\mu o\tilde{v}\vartheta\iota\varsigma$ stand, die an III östlich angrenzt.
Die Abstumpfungen bei m und n sind willkürlich vorgenommen,
um eine unmittelbare Verbindung der von *II.* bez. *Θ.* gewählten
Parcellen herzustellen, sicher vorauszusetzen ist eine solche Ver-
bindung nicht (vgl. UBeM. 241 und dazu S. 79); — $\Theta\varepsilon\varrho\mu ov\vartheta\acute{a}\varrho\iota ov$
muss zwei $\dot\varepsilon\lambda\alpha\iota\tilde\omega\nu\varepsilon\varsigma$ gehabt haben, $X\alpha\varrho\iota\delta\acute\eta\mu\omega\nu$ wohl einen sich
vom Norden von Iα bis zum Norden von III erstreckenden.

3) Die Schlussklausel.

Ganz verstümmelt in unserer Urkunde ist, was nach der Theilung folgt. Vergegenwärtigen wir uns die Natur des Rechtsgeschäfts: *II.* und *Θ.* waren bisher Miteigner der drei Parcellen, hatten
Gemeinschaft an ihnen; jede Scholle gehörte jedem von ihnen zur
ideellen Hälfte: diese ideelle Hälfte lässt nun jeder dem Andern
ab an den Stücken Landes, die er aufgiebt, und erwirbt umgekehrt
für die Stücke, die er anspricht, die ideelle Hälfte des Andern. Es
ist also wechselseitig eine entgeltliche (tauschende, synallagmatische)
Rechtsnachfolge in die ideelle Hälfte des Andern, und folglich für
den Fall, dass in Folge eines Mangels im Rechte etwa den $\Pi\varepsilon\tau\varepsilon$-
$\sigma o\tilde v\chi o\varsigma$ ein Dritter aus Scholle III jagt, als Sinn des Vertrages eine
Entschädigung des $\Pi\varepsilon\tau\varepsilon\sigma o\tilde v\chi o\varsigma$ anzunehmen; diese Entschädigung
wird im Zweifel nicht im halben Werth der von ihm angesprochenen
Parcelle III bestehen, sondern, wenn sie taxirt worden, im Schätzungs-
werth, sonst aber wird nicht das Entzogene abzuschätzen, sondern
eine neue Theilung des Restes (Parcelle I und II) vorzunehmen sein,
gegen deren reelle Ausführung $\Theta\alpha\tilde\eta\sigma\iota\varsigma$ sich durch Abgabe des
halben Werthes des von ihr herauszugebenden schützen kann. —
Keineswegs können ohne weiteres die Grundsätze von der $\beta\varepsilon\beta\alpha\acute\iota\omega\sigma\iota\varsigma$
in Anwendung treten; es wäre unpassend, die Multiplicationen des
Preises, die auf Eviction beim Kauf gesetzt sind, auf ein Rechtsgeschäft zu übertragen, bei dem nicht der eine sein Recht vom
andern herleitet, sondern beide vom gemeinsamen auctor[1]).

---

1) BGB. § 757 sagt allerdings: 'Wird bei der Aufhebung der Gemeinschaft ein gemeinschaftlicher Gegenstand einem der Theilhaber zugetheilt,
so hat wegen eines Mangels im Rechte oder wegen eines Mangels in der
Sache jeder der übrigen Theilhaber zu seinem Antheil in gleicher Weise wie
ein Verkäufer Gewähr zu leisten'. — Aber BGB. § 323 ff. bestimmt die Folgen
der Unmöglichkeit der Leistung nach der Frage der Schuld des Verpflichteten
und wird daher in unserem Falle (vorausgesetzt, dass § 757 auch den Theilungsvertrag umfasst) regelmässig auf § 323 hinauskommen: der Andere verliert den Anspruch auf Gegenleistung, d. h. auf die ihm zugetheilte ideelle
Hälfte; d. h., er muss neu theilen.

Brit. Mus.
II, 187/8.

Sehen wir auf Parallelurkunden, deren Schluss erhalten ist, so beschränkt sich die Versicherung der Urkunde in Brit. Mus. II, 188, 20 ff. auf die Verpflichtung, beim Vertrage zu bleiben und ihn nicht zu übertreten, widrigenfalls die Übertreterin der treu bleibenden den üblichen vielfachen Ersatz leisten solle; von wechselseitiger βεβαίωσις ist nicht die Rede, nur vom ἐμμένειν, d. h. von der Verpflichtung, nicht muthwillig den Vertrag zu brechen, von der noch ein weiter Weg ist bis zur Verflichtung, den anderen im Besitz zu erhalten.

Brit. Mus. II, 188, 20 (Ergänzungen von Kenyon): καὶ ἐνμένειν
τ[οῖς προ]γεγραμμένοις

21 κ(αὶ) ἔχειν ἑκάστην τὴν περι.[...] ἐπανε[ιρῆσθαι   μὴ]-

22 δὲν τούτων παραβῆναι τὰς ὁμολογούσας [ἐὰν δὲ ἑκατέρα αὐτῶν παρα-

23 βῇ, ἀποτεισάτωι ἡ παραβαίνουσα τῇ ἐνμ[ενούσῃ τὰ βλάβη καὶ δαπανήμενα]

24 διπλᾶ κ(αὶ) ἐπίτιμον ἀργυρίου δραχμὰς δι[ακοσίας καὶ μηδὲν ἧσσον]

25 τὰ δ[ιω]μολογημένα μεῖναι ὡ[ς] πρό[κειται.

UBeM. 241.

Wenn die Londoner Urkunde die Pflichten aufzählt, die aus der Theilung erwachsen, so tönt ein Berliner Theilungsvertrag in der Aufzählung der Rechte am erworbenen Gute aus. Er ist ein ὑπόμνημα, beachtenswerth [1]), dass der eine Contrahent ein Soldat ist (Z. 3). Es handelt sich um Erbtheilung (familiae erciscundae Z. 8) und zwar hat wie üblich der eine zwei Drittel [2]). Die Theilung geschieht durch ἐπιβάλλειν, 'zuwerfen, zuschlagen', wie wir 'anfallen' von der Erbschaft sagen und auch UBeM. 444, 19: διαίρεσιν γεγ[ε-ν]ῆσθαι κατὰ ἐπιβολὴν τοῦ ἐνόντος παντὸς ἐδάφους hat.

UBeM. 241.

'H. 29 cm. Br. 9,5 cm. Faijûm.' Herausgeber: Viereck.

[.......... ἀρχι]δικαστῇ καὶ [π]ρὸς τῇ ἐπιμελείᾳ [τ]ῶν
[.......... χρη]ματιστῶν καὶ τῶν ἄλλων κριτηρίων
[παρὰ Ἀπολλωνίου τ]οῦ Ἀπολλωνίου προτομαφόρου σπείρης
[δευτέρας Οὐλπία]ς Ἀφρῶν χ/ρ Ἱέρακος καὶ παρὰ τούτου
5 [ἀδελφιδοῦ Κάστορο]ς Κάστορος τοῦ Ἀπολλωνίου μητρὸς
[.......... ἀπὸ] κώμης Καρ(ανίδος) τῆς Ἡρ[ακ. μ]ερίδος τοῦ Ἀροι.

'2 Anf. κατὰ τὴν χώραν(?) Wilcken.   4 χ/ρ = ἑκατονταρχίας.'

1) Vgl. S. 16 zu Anm. 1. 2.
2) Vgl. meine Aufzählung, Hermes 28, S. 327.

|νομοῦ. Ὁμολογοῦσι Ἀπολλώνιος καὶ Κάστ[ω]ρ διειρῆσθαι
[πρὸς αὐτοὺς τὰ ὑ]πάρχοντα αὐτοῖς καὶ ἐ[λ]ηλυθότα εἰς αὐ-
[τοὺς διὰ κληρονομί]ας τοῦ μὲν Ἀπολλων[ίο]υ πατρὸς Ἀπολ-
10 [λωνίου, τοῦ δὲ Κάστο]ρος μάμμης Τασο[υχα]ρίου, ὁ μὲν Ἀπολλώ(νιος)
[τοῦ ἐπιβάλλοντος δι]μοίρου, ὁ δὲ Κάστω[ρ.] ... [..] .... ον μέρους
[....... τὰ ὑπάρχοντ]α αὐ[τ]οῖς περὶ τὴν [πρ]ο[κι]μένην κώ-
[μην .... ἐλα]ιῶνος ἐν δυσὶ σφραγῖ[σ]ι ἀρουρ[ῶ]ν ἒξ μιᾶς
[........... κλ]ήρων περὶ [.] τη[.....] τερις τῆς λοιπῆς
15 [........... πρ]ο[τ]έρων ἐν [τό]πῳ Ψε[.]... λεγομένῳ καὶ πα-
[............]ην [..] Θεογέ[ν]ους ἀ[ρ]ούρας τρῖς ἐλαιῶνος
[............]το ἀ[ρ]ούρης [ ] ἐννέ[α] ἐπιβ[εβ]ληκέ[ν]αι τῷ
[.............] . τὸ ἐ[π]ιβά[λλον αὐ]τῷ δίμοιρον μέρους(sic!) ἀπὸ τῶν
[.............]ωντω.[....] Καρανίδα ἐν τῇ π[....].ηϋ
20 [........... ἀρουρῶ]ν πέντε [ἀρούρα]ς τρεῖς, ὧν γείτο[νε]ς νό-
[του ὑδραγωγός, με]θ' ὃν σειτ[ικὰ ἐδά]φη βορρᾶ ὑδραγωγ[ός ..].
[........... ἀπη]λιώτου Σ[εμπρ]ωνίου βενεφικι[αρίου] καὶ
[ἑτέρων ἐλαιὼν ....] γεγραμμέ[νοι]ς ἐπιβα[λλ]......[..].ς
[.............]αι περὶ τὴ[ν.]. οπατο[.]. τὴν καὶ σ[υν]γενοῦς
25 [........... ἢ ὅσαι] ἐὰν ὦσι ἐ[ν τ]ῇ σφραγῖδι, ὧν γείτον[ε]ς ἐκ νό-
[του ....]οι[..]...χ[....], τῷ δὲ Κάστορι ἐπι[βε]βλη-
[κέναι τὸ ἐκ τῆς] προκιμέν[ης] πρώτης σφραγεῖ[δος] λοι-
[.............] ἔμφυτοι [τρ]ιάκοντα ἒξ ἢ ὅσαι [ἐὰ]ν ὦσι.
[ὧν γείτονες νότου] ὑδραγωγὸ[ς, μ]εθ' ὃν σειτ[ι]κὰ ἐδάφη, [β]ορρᾶ
30 [ὑδραγωγὸς μεθ' ὃ]ν(?) σειτικ[ὰ ἐδά]φη, ἀπηλιώτου αἱ ὑπο[γ]εγραμ-
[μέναι ἐπιβεβλ]ηκυ[ῖ]αι τῷ [Ἀπο]λλωνίῳ ἄρουραι τρε[ῖς, λι]βὸς
[.............].του κελ[.... ὁ]μοίως τὴν προκι[μ]ένην
[........... ἐν] μιᾷ σφρα[γ]εῖδι ἄρουραν μίαν γείτ[ονες] νότῳ
[ὑδραγωγὸς, μεθ'] ὃν σειτικὰ ἐδ[άφ]η, ἀπηλιώτ(ου) Συριᾶτος σειτικὰ ἐδά-
35 [φη .... Σεμπρω]νίου βενεφικιαρίου καὶ ἑτέρων ἐλα[ι]ὼν καὶ
[.............].ινωι κυριεύειν ἕκαστον αὐτῶν τοῦ ἐπι-
[βάλλοντος αὐτῷ μέ]ρ[ο]υς καὶ τὰ ἐξ αὐτῶν περιγεινόμενα ἀποφέ-
[ρειν εἰς τὸ ἴδιον καὶ] ἐπιτελεῖν περὶ αὐτῶν, ὡ[ς ἐ]ὰν. αἱρῆται καὶ μὴ
[ἐπέρχεσθαι τὸν ἕτ]ερον ἐπὶ τὸν ἕτερον περὶ τοῦ ἐπιβεβλη-
40 [κότος αὐτῷ μέρους] κατὰ μηδένα τρόπον παρευρέσι μηδεμιᾷ
[.............]του αὐτῶν τὰ ὑπὲρ τοῦ ἰδί[ο]υ μέρους καθήκον-
[τα .... ἐ]πίσταλμα τῆς διαιρέσεως κατεβλήθη, τῇ δὲ
[.............].ο μηνός. Ἔτους ἑπτακαιδεκάτου Αὐτοκρατόρων
[Καισάρων Μάρκου Αὐ]ρηλίου Ἀντωνείνου καὶ Λουκίου Αὐρηλίου Κομμό-
45 [δου Σεβαστῶν Ἀρμε]νιακῶν Μηδικῶν Παρθικῶν Γερμανικῶν
[Σαρματικῶν Μεγίσ]των Ἐπεὶφ δ.

11 τοῦ λοιποῦ τρίτον μέρους?'

ἐπιβολή, und UBeM. 282.

Der Ausdruck *κατ᾽ ἐπιβολὴν τοῦ ἐνόντος παντὸς ἐδάφους* kommt beidemal in Urkunden vor, die mehrere Grundstücke in gemeinsamem Vertrage übergehen lassen: es soll damit gesagt sein, dass der Zuschlag des Ganzen erfolgt, unbekümmert, ob die Zahl der Aruren im Einzelnen zutrifft: 'alles Land, was drin ist', vielleicht einschliesslich der Stücke, die nicht Olivenhain sind, 'soll zugeschlagen sein' *ἢ ὅσοι ἐὰν ὦσι* findet sich 282, 28 wie 444, 7 und in ersterer Urkunde noch *ἐπὶ τὸ πλεῖον ἢ ἔλασσον*: plus minus, wobei vor *ἢ ὅσοι* die Zahl der Aruren ausgefallen ist.

Es ist vielleicht Zufall, dass UBeM. 282, von dessen mit 542 übereinstimmenden, von der Mehrzahl der Kaufverträge abweichenden Schlussbestimmungen UBeM. 241 ein bloss durch die Natur der *διαίρεσις* modificirtes Gegenstück abgiebt[1]), von allen Objecten, die es verkauft sein lässt, einen Theil, die Hälfte, abgiebt; es mag aber auch hier eine Gemeinschaft in der Form des Kaufes aufgelöst oder begründet worden sein; es würde dazu stimmen, dass für das (Z. 5—9), wie es scheint im Ganzen, verkaufte Haus ein besonderer Preis ausgemacht wird (Z. 32), für alle übrigen Theilstücke an Land ein Gesammtpreis. Indess sei dem wie ihm wolle, die Übereinstimmung von UBeM. 282, 32 ff. und 241, 35 ff. in der Formel ist wörtlich:

UBeM. 282, 32 ff.: *καὶ ἀπὸ τοῦ νῦν τὴν Θερμοῦδι κρατεῖν [καὶ*
UBeM. 241, 35 ff.: *καὶ [ἀπὸ τοῦ νῦν]   κρατε]ῖν καὶ*

282 *κ]υριεύειν   τῶν πεπραμένων καὶ παραχεχωρη-*
241 *κυριεύειν ἕκαστον αὐτῶν τοῦ ἐπιβεβλη[κότος αὐτῷ μέρους]*

282 *μένων αὐτῇ ὡς πρόκ[ιται] καὶ τὰ ἐξ αὐτῶν περιγεινόμενα*
241   *καὶ τὰ ἐξ αὐτῶν περιγεινόμενα*

282 *ἀποφέρεσθαι εἰς τὸ ἴδιον καὶ ἐξουσίαν ἔχειν ἑτέροις πολεῖν καὶ*
241 *ἀποφέρε[σθαι εἰς τὸ ἴδιον καὶ]*

282 *διοικεῖν καὶ ἐπιτελεῖν περὶ αὐτῶν ὡς ἐὰν αἱρῆται, τὴν δὲ*
241   *ἐπιτελεῖν περὶ αὐτῶν ὡς ἐὰν αἱρῆται. καὶ μὴ*

282 *[Δ]ιδιμάριον μὴ ἐπιπορεύεσθαι ἐπὶ ταῦτα μηδ᾽ ἄλλον ὑπὲρ*
241 *[ἐπιπορεύεσθαι τὸν ἕτε]ρον ἐπὶ τὸν ἕτερον περὶ τοῦ ἐπιβεβλη-*

282 *αὐτῆς μηδένα κατὰ μηδένα τρόπον,* Nun trennen sich beide
241 *κότος αὐτῷ μέρους κατὰ μηδένα τρόπον, παρευρέσι μηδεμιᾷ.*

---

1) Im Sprachgebrauch des B.G.B. würde es heissen: Die Regeln des Kaufes finden 'entsprechende Anwendung'.

282 Urkunden: τὸν δὲ καὶ ἐπελευσόμενον ἀπο[σ]τήσιν παραχρῆμα
241 [διαγράφοντος ¹) ἑκάσ]του αὐτῶν τὰ ὑπὲρ τοῦ ἰδί[ο]υ μέρους
282 τοῖς ἰδίοις δαπανήμασι, τῆς βεβαιώσεως κ. τ. λ.
241 καθήκον[τα καθὼς καὶ τὸ ἐ]πίσταλμα τῆς διαιρέσεως κατεβλήθη τῇ δε[? κάτῃ τοῦ διεληλυθότ?]ος μηνός.

Da bei den Erwägungen, zu denen die Textkritik dieses Papyrus Anlass giebt, principielle Fragen auftauchen, sei ausführlicher auf ihn eingegangen. Der Form nach ist er ein ὑπόμνημα, dem Erz-richter eingereicht von einem Soldaten Apollonios und dessen Verwandten Kastor. Sie bekennen (doppelseitig), mit einander aufgetheilt zu haben, Güter, die ihnen gehören und an sie gefallen sind von ²): nach der vorliegenden Lesung wären es zwei Erblasser Apollonios Vater und Kastors Grossmutter; allein, wenn dies an und für sich schon nur gezwungen erklärt werden kann aus einer früheren Gemeinschaft dieser beiden Erblasser, so entspricht ihm auch die Fassung nicht; denn mit τοῦ μὲν Ἀπ..., τοῦ (besser τῆς) δὲ *K.* werden nicht zwei verschiedene Personen bezeichnet ³), sondern die verschiedenen Beziehungen einer Person zu beiden Theilhabern: Tasutharion ist die Person, deren Verwandtschaft zu beiden gekennzeichnet wird, und sie ist vielleicht des Ap. Vaterswittwe, und daher etwa χήρης zu ergänzen. Die Erbtheile sind, nach Vierecks anmuthender Ergänzung: ὁ δὲ Κάστω[ρ τοῦ λοιποῦ τρίτ]ον μέρους, und ὁ μὲν Ἀπολλώ[νιος] [τοῦ ἐπιβάλλοντος διμοίρ]ου. Der grammatische Zusammenhang geht in der folgenden Lücke verloren, doch ist sicher, dass die Comparenten theilen: zunächst, ums Dorf Karanis liegende, sechs Aruren in zwei Sphragides. Arure ist das Maass, wie ʻder Morgen, die Desjatineʼ, Sphragis das zusammenhängende Grundstück, ʻdie Parcelleʼ, nach unserem Sprachgebrauch würde man sagen: zwei Grundstücke von zusammen sechs Morgen; der griechische Sprachgebrauch legt das Hauptgewicht auf das Maass; da im folgenden μιᾶς steht, werden jetzt die beiden σφραγῖδες gekennzeichnet ⁴), und da die nächste Zeile τῆς λοιπῆς

Restitution
von
UBeM. 241.

---

1) Ergänzt nach UBeM. 234, 19 καὶ διαγρ(άψειν) — so aufzulösen, nicht γρ(αφείου) — τὰ ὑπὲρ [αὐ]τῶν δ[η]μόσια πάντα.

2) ἀπὸ statt διὰ lässt UBeM. 350, 4. 5 annehmen; statt κληρονομί]ας ziehe ich μετηλλαχυί]ας vor, nach UBeM. 710, 15: τὰ κατηντηκότα εἰς αὐτὸν ἀπὸ τοῦ μετ[ηλλαχότος (offenbar so zu ergänzen). —

3) Sonst müsste es heissen τοῦ μὲν τοῦ Ἀπολ., τῆς δὲ τοῦ Καστ.

4) Da unten ἀρούρας τρῖς vorkommt (Z. 16), so ist nicht ἀροτρ[ῶ]ν, sondern ἀρούρ[α]ς zu vermuthen, was auch dasteht. Die Buchstaben über der Zeile heissen μεν, im Gegensatz zu καὶ Z. 15.

bietet, ist es wahrscheinlich, dass die zweite σφραγίς die eine Rest-arure, also die erste 5 Aruren hat; dies wird zur sicheren Ver-muthung, wenn wir Z. 20 ἀρουρῶ]ν πέντε und Z. 33 ἐν] μιᾷ σφρα-[γ]εῖδι ἄρουραν μίαν lesen, und in der That hat der Papyrus Z. 14 nicht ηρων περι, sondern υρων πεντε, also μιᾶς [σφραγῖδος οὔσης ἀρο]υρῶν πέντ[ε] τῆ[ς δὲ δευ]τέρας¹) τῆς λοιπῆς [ἀρούρας μιᾶς. ἀμφ]ο[τ]έρων²) ἐν τόπῳ Ψε[ν.]... λεγομένῳ, d. h. die erste Sphragis hat fünf Aruren, die zweite hat die letzte sechste Arure, beide Sphragides lagen im nämlichen Gelände, mit Namen Ψε......³). Nun kommt das 'bei' πε[ρὶ]⁴) einem anderen Dorf liegende Thei-lungsobject von drei Aruren (ebenfalls Olivenlandes), ην [..] Θεο-γένους deutet auf τ]ὴν [καὶ], nämlich einen zweiten Namen, wie bei uns 'M. genannt von S.', und in der That haben wir Z. 24 περὶ τη[ν.] . οπατο [.] . τὴν καὶ Θ[εο]γενοῦς⁵); sieht man die Reihe der τόποι im Index durch, so findet man mit οπατο den Φιλοπάτορος, und die so gewonnene Lesung περὶ τὴ[ν Φιλ]οπάτο[ρο]ς τὴν καὶ Θεογένους klärt zugleich den Pap. 17, 7 ἀπὸ κ[ώμης] Φιλοπάτορος τῆς [..] θε⁶)[..]γενους sofort auf. Dass weiter alle neun zusammen-gerechnet werden, scheint sicher; wie, ersehe ich nicht recht⁷).

Hierauf (Z. 17—35) folgen die Resultate der Theilung: zuge-fallen sind auf seine zwei Drittel dem Apollonios (Z. 18 zu ergänzen [μὲν Ἀπολλωνίῳ εἷς]) —, dem Kastor — (Z. 26). Roh zuschlagend würde jener von den neun Aruren sechs nehmen, dieser drei; und dies scheint auch der Fall zu sein; denn Z. 20 bekommt Apollonios von den fünfen drei, Kastor (Z. 26) den Rest, also zwei, und eben-dieser (Z. 32) ὁμοίως 'ebenwohl' noch eine Arure (Z. 33), so dass Kastor in der That drei hat, und für jenen sechs übrig bleiben; es wird also anzunehmen sein, dass Z. 24, wo das Dorf Φιλοπάτορος erwähnt wird, dessen drei Aruren dem Apollonios zugewiesen werden; dann müsste weiter in der Berechnung (Z. 28) ὧ̅ν γείτονες ἑκάσ[του μέρους?]⁸) die Abgrenzung dieser Aruren besonderem Ver-fahren vorbehalten sein. — Danach wäre Z. 19 ἀπὸ τῶν [προγε-

---

1) Nicht τερις.
2) Nicht πρ]ο[τ]έρων.
3) Nicht zu ergänzen.
4) Nicht πα.
5) ϑ statt σ scheint sicher; ους oder auch ης.
6) Von der Durchstreichung des ϑε, die Wilcken notirt, sehe ich nichts.
7) ὥστ᾽ εἶναι ἐπὶ τὸ αὐτ]ὸ ἀρούρησ[.] ἐννέα halte ich nach UBeM. 379, 15 nicht für unmöglich.
8) Nicht ἐκ νό[του.

γραμμέν]ων τῶν [περὶ] Καρανίδα ἐν τῇ π[ρώτῃ] αι υ [σφραγῖδι ἀρουρῶ]ν πέντε [ἀρούρα]ς τρεῖς zu lesen, und das αι υ, das, vielleicht von zweiter Hand, jedenfalls nach frischem Eintunken geschrieben, ist ein Missgriff, insofern der Abschreiber versehentlich schon etwa von πρωτ(η) aus auf Z. 30 fuhr, wo απηλιωτ(ου) αι υ-υπογεγρ(αμμεναι) der Vorlage ihn auf αι υ leiten konnten.

Insbes. die Anlieger.

Recht verwickelt ist die Nachbarnordnung: zwar das ist klar, dass das ganze Karanis-Theilgut, das mit drei Aruren dem Apollonios (Z. 20—24), mit zwei und einer dem Kastor (Z. 27—35) zugetheilt wird, in gerader Linie fortläuft, nördlich und südlich begrenzt vom Aquädukt und jenseitigem Getreideboden; in westöstlicher Richtung zwischen beiden Sphragides mitten inne liegt das Ölgut eines Beneficiars Sempronius nebst anderen, das die zweite Sphragis im Osten, die erste im Westen begrenzt, während umgekehrt die Binnengrenze gen Osten für Kastors Antheil an der ersten Parcelle den Parcellentheil des Apollonios bildet [1]); danach sind Kastors beide Antheile (der an Parcelle I und die Parcelle II) nicht so nahe gebracht, wie es möglich wäre, sondern durch Sempronius und den Antheil des Apollonios getrennt: Eigenthümlich ist, dass bei dem Rest der ersten Sphragis, der für Kastor geht, die Zahl der Anpflanzungen, angegeben zu sein scheint, übrigens ohne Obligo (ἢ ὅσαι ἐὰν ὦσι). —

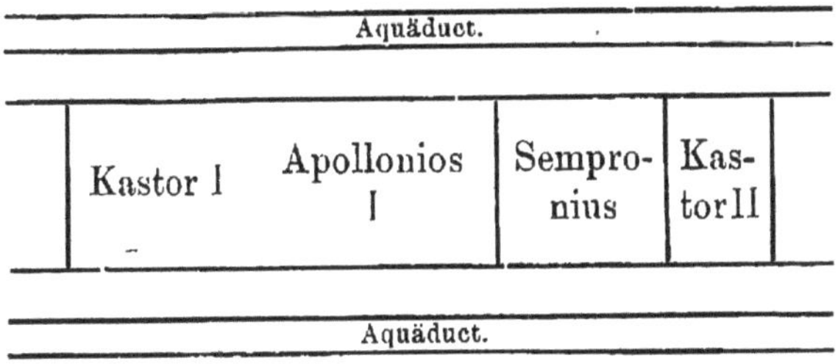

Aquäduct.			
Kastor I	Apollonios I	Sempronius	Kastor II
Aquäduct.			

UBeM. 241, berichtigt und gegliedert.

[. . . . . ἀρχι]δικαστῇ καὶ [π]ρὸς τῇ ἐπιμελείᾳ [τ]ῶν
[. . . . . χρη]ματιστῶν καὶ τῶν ἄλλων κριτηρίων
[παρ᾽ Ἀπολλωνίου τ]οῦ Ἀπολλωνίου προτομαφόρου σπείρης
[δευτέρας Οὐλπία]ς Ἀφρῶν ζ̄ Ἱέρακος καὶ παρὰ του του

---

1) Z. 30 αἱ ὑπο[γ]εγραμ ist natürlich fortzuführen [μέναι] und Beiwort zu ἄρουραι τρεῖς (Z. 31); danach ist Z. 23 [λιβὸς αἱ ὑπο]γεγραμμέ[ναι . . . . . ἄρουραι δύο] zu lesen; da ferner Z. 31 τῷ Ἀπολλωνίῳ vor ἄρουραι τρεῖς steht, wird Z. 24 τῷ Κάστορι vor [ἄρουραι δύο] zu erwarten sein, und in der That ergiebt Z. 20 am Ende: τ[ῷ Κ]άσ, [Z. 21 τορι], während vorher αι επιβε (nicht βα) [. . . .] υῖαι mit Sicherheit zu κ]αὶ ἐπιβε[βληκ]υῖαι zu ergänzen, wie denn auch Viereck Z. 31 μέναι καὶ ἐπιβεβλ]ηκυ[ῖ]αι liest.

5 [. . . . .]ς Κάστορος τοῦ Ἀπολλωνίου μητρὸς
[. . . . . ἀπὸ] κώμης Καρ. τῆς Ἡρ[ακ. μ]ερίδος τοῦ Ἀρσι.
[νομοῦ.

    I Ὁμολογοῦσιν] Ἀπολλώνιος καὶ Κάστ[ω]ρ διειρῆσθαι
[πρὸς ἑαυτοὺς τὰ ὑ]πάρχοντα αὐτοῖς καὶ ἐ[λ]ηλυθότα εἰς αὐ-
[τοὺς ἀπὸ τῆς μετηλλαχυί]ας τοῦ μὲν Ἀπολλων[ίο]υ πατρὸς Ἀπολ-
10 [λω. χήρης, τοῦ δὲ Κάστο]ρος μάμμης Τασο[υχα]ρίου, ὁ μὲν Ἀπολλώ.
[τοῦ ἐπιβάλλ(οντος) αὐτῷ δι]μοίρου, ὁ δὲ Κάστω[ρ τοῦ λοιποῦ τρίτ]ου μέρους
[. . . . .]α αὐ[τ]οῖς
                               μὲν
             1) περὶ τὴν [πρ]ο[κι]μένην κώ-
|μην Καρανίδα ἐλα]ιῶνος ἐν δυσὶ σφραγῖ[σ]ι ἀρούρ[α]ς ἕξ, μιᾶς
|μὲν σφραγῖδος ἀρο]υρῶν πέντ[ε], τῆ[ς δὲ δευ]τέρας τῆς λοιπῆς
15 |ἀρούρης μιᾶς, ἀμφ]ο[τ]έρων ἐν [τό]πῳ Ψε [.] . . . λεγομένῳ,
                               2) καὶ πε-
[ρὶ τὴν Φιλοπάτορος τ]ὴν [καὶ] Θεογέ[ν]ους ἀ[ρ]ούρας τρῖς ἐλαιῶνος.
[καὶ ἀπὸ τῶν ἐπὶ τὸ αὐ]τὸ ἀ[ρ]ούρης [ ] ἐννέ[α] ἐπιβ[εβ]ληκέ[ν]αι
                            IIa) τῷ
[μὲν Ἀπολλωνίῳ εἰς] . τὸ ἐ[π]ιβά[λλον αὐ]τῷ δίμοιρον μέρους
                          1) ἀπὸ τῶν
[μὲν προγεγραμμέν]ων τῶν [περὶ] Καρανίδα ἐν τῇ π[ρώτῃ] αἳ ῦ
20 [σφραγεῖδι ἀρουρῶ]ν πέντε [ἀρούρα]ς τρεῖς, ὧν γείτο[νε]ς νό-
[του ὑδραγωγὸς με]θ᾽ ὃν σειτ[ικὰ ἐδά]φη. βορρᾶ ὑδραγωγ[ὸς μεθ᾽ ὃν]
[σειτικὰ ἐδάφη, ἀπη]λιώτου Σ[εμπρ]ωνίου βενεφικι[αρίου] καὶ
[ἑτέρων ἐλαι(ὼν), λιβ(ὸς) αἱ ὑπο]γεγραμμέ[ναι κ]αὶ ἐπιβε[βληκ]υῖαι [τῷ Κά]σ-
[τορι ἄρουραι δύο
             2) κ]αὶ περὶ τὴ[ν Φι]λοπάτο[ρ]ος τὴν καὶ Θ[εο]γένους
25 [ἀρούρας τρῖς ἢ ὅσαι] ἐὰν ὦσι ἐ[ν τ]ῇ σφραγῖδι, ὧν γείτον[ε]ς ἑκάσ-
[. . . . .] . . [. .] . π . [. . . .],
                 IIb) τῷ δὲ Κάστορι ἐπι[βε]βλη-
[κέναι
    1) τὸ μὲν ἐκ τῆς] προκιμέν[ης] πρώτης σφραγεῖ[δος] λοι-
[πὸν, ἐν ᾧ ἐλαῖαι?] ἔνφυτοι [τρ]ιάκοντα ἕξ ἢ ὅσαι [ἐὰ]ν ὦσι.
[οὗ γείτονες νότου] ὑδραγωγὸ[ς, μ]εθ᾽ ὃν σειτ[ι]κὰ ἐδάφη. [β]ορρᾶ
30 [ὑδραγωγὸς μεθ᾽ ὃ]ν σειτικ[ὰ ἐδά]φη. ἀπηλιώτου αἱ ὑπο[γ]εγραμ-
[μέναι καὶ ἐπιβεβλ]ηκυῖαι τῷ [Ἀπο]λλωνίῳ ἄρουραι τρε[ῖς. λι]βὸς
[. . . . .] . του κελ [. . . .
           2) ὁ]μοίως τὴν προκι[μ]ένην
[περὶ τὴν Καρανίδα ἐν] μιᾷ σφρα[γ]εῖδι ἄρουραν μίαν γείτ[ονες] νότῳ
[ὑδραγωγὸς, μεθ᾽] ὃν σειτικὰ ἐδ[άφ]η, ἀπηλιώτ(ου) Συριᾶτος σειτικὰ ἐδά-
35 [φη. λιβὸς Σεμπρω]νίου βενεφικιαρίου καὶ ἑτέρων ἐλα[ι]ών,
                             III) καὶ

[ἀπὸ τοῦ νῦν κρατε]ῖν καὶ κυριεύειν ἕκαστον αὐτῶν τοῦ ἐπι-
[βεβληκότος αὐτῷ μέ]ρ[ο]υς καὶ τὰ ἐξ αὐτῶν περιγεινόμενα ἀποφέ-
[ρεσθαι εἰς τὸ ἴδιον καὶ] ἐπιτελεῖν περὶ αὐτῶν, ο[ῖς ἐ]ὰν αἱρῆται, καὶ μὴ
[ἐπιπορεύεσθαι τὸν ἕτ]ερον ἐπὶ τὸν ἕτερον περὶ τοῦ ἐπιβεβλη-
40 [μένου αὐτῷ μέρους] κατὰ μηδένα τρόπον παρευρέσι μηδεμιᾷ,
[διαγράφοντος ἑκάσ]του αὐτῶν τὰ ὑπὲρ τοῦ ἰδί[ο]υ μέρους καθήκον-
[τα καθὼς καὶ τὸ? ἐ]πίσταλμα τῆς διαιρέσεως κατεβλήθη, τῃ δε
[.....? διεληλυθότ]ος μήνος.

 Ἔτους ἑπτακαιδεκάτου Αὐτοκρατόρων
[Καισάρων Μάρκου Αὐ]ρηλίου Ἀντωνείνου καὶ Λουκίου Αὐρηλίου Κομμό-
45 [δου Σεβαστῶν Ἀρμε]νιακῶν Μηδικῶν Παρθικῶν Γερμανικῶν
[Σαρματικῶν Μεγίσ]των Ἐπείφ δ. (28. Juni 177.)

§ 8. Anzahlung und Abzahlung.

(Hierzu die Tafel S. 81.)

Während die meisten Kaufverträge sich als Baarkauf geben, verbriefen einige Urkunden die Thatsache, dass Käufer an Verkäufer eine Anzahlung gemacht hat; die Anzahlung ist so gross, dass der dafür gebrauchte Ausdruck ἀῤῥαβών, obwohl das Urbild der arrha-Draufgabe, keineswegs unserer Draufgabe entspricht, die als so unbedeutend gedacht wird, dass die Gesetzbücher dem Zweifel Raum geben, ob sie etwa als Drübergabe aufzufassen ist [1]); es handelt sich vielmehr um eine ausgesprochene Theilzahlung (UBeM. 446, 5 500 Drachmen von 800; Brit. Mus. II, 211, 14. 15 gar 14 Drachmen von 21; Brit. Mus. II, 204, 14. 15 wenigstens 40 von 200).

Die wichtigste Frage bleibt hier: ist dies Geschäft aufzufassen 1) als Übereignung unter Creditirung eines Theiles, wobei es sich von der Baarkaufurkunde, der καταγραφή, nur dadurch unterschiede, dass nur ein Theil des Preises gezahlt ist, während im Übrigen die Rechtsfolgen des Baarkaufs — indem creditirt wird — eintreten, oder: 2) sind, umgekehrt, gewissermaassen die 500 Drachmen Anzahlung creditirt, indem vorläufig das Gut beim Verkäufer bleibt und die Überlieferung des Eigenthums, die Umschreibung erst stattfinden soll bei Zahlung des Restes. [*Abzahlungsgeschäft oder Vorzahlung?*]

Den ersten Fall angenommen, müsste Verkäufer Gewähr leisten

---

1) B.G.B. § 337: „Die Draufgabe ist im Zweifel auf die von dem Geber geschuldete Leistung anzurechnen oder, wenn dies nicht geschehen kann, bei der Erfüllung des Vertrags zurückzugeben. Wird der Vertrag wieder aufgehoben, so ist die Draufgabe zurückzugeben".

für den Fall des ἐπιπορεύεσθαι oder des μὴ παρέχεσθαι καθαρόν, und es könnte die Strafe, nach Analogie des Baarkaufs, nur sein das Doppelte des empfangenen, also des ἀῤῥαβών, welche Strafe stehen müsste eben auf der Eviction oder sonstigen schädlichen Mängeln im Rechte, die in den Baarkaufurkunden so ausführlich und so regelmässig hergezählt werden.

Allein es ist nicht an dem; der Fall, für den die Strafe verfällt, ist nicht der, dass das Haus evincirt, sondern der, dass die Überschreibung verweigert werden sollte: wie καὶ βεβαιώσειν im Baarkauf, heisst es hier καὶ τὴν καταγραφὴν ποιήσωνται (die Verkäufer bei Zahlung des Restpreises) und nicht ἐὰν δὲ μὴ βεβαιῶσιν ἀποτίσειν αὐτάς fährt die Urkunde fort, sondern ἐὰν δὲ μὴ καταγράψωσιν, ἐκτίσειν αὐτὰς τὸν ἀῤῥαβῶνα διπλοῦν μεθ᾽ ἡμιολίας καὶ τόκων κτλ. Also hat Käufer eine Anzahlung gemacht, die Sache aber noch nicht zu Eigen erhalten und auch keinen Anspruch auf die Sache, bevor er den Restpreis zahlt; eben daraus, dass hierdurch Verkäufer einen Vortheil hat, nämlich den Zinsgenuss, erklärt es sich, wenn dem Käufer gar keine Frist gegeben ist, innerhalb deren er den Rest zahlen soll: er wird schon zahlen, um nicht sein Angeld müssig beim Verkäufer zu lassen. Fragt man, was einen solchen Vertrag dem Käufer begehrenswerth machen kann, so kommt man auf ἀναπόριφος: die Annahme des ἀῤῥαβών verbindet den Verkäufer zur καταγραφή, wozu ein blosser Vertrag, wie es scheint, nicht genügte.

UBeM.
446, 17. Eine neue Schattirung fügt UBeM. 446, 17 bei, die nach Erledigung von ἐὰν δὲ μὴ καταγράφῃ καθὰ γέγραφε, ἐκτεί[σιν αὐτὴν τῷ Στοτοήτι τὸν ἀραβῶνα διπλοῦν τῷ τῶν] ἀραβώνων [1]) ν[ό]μῳ also fortfährt: ἐὰν δὲ καὶ ἡ Σωτηρία ἑτοίμως ἔχουσα καταγράψαι ω. [40—50 Buchstaben] [2]) στερίχεθαι αὐτὸν τοῦ ἀῤῥαβῶνος. Sie setzt als Strafe für den Käufer den Verlust des ἀῤῥαβών fest für den Fall, dass zwar der Verkäufer zur Überschreibung bereit steht, der Käufer aber —: nun wird man in der Lücke nicht erwarten, ʽseine Mitwirkung verweigert᾽, denn dies Vorgehen wäre zu unwahrschein-

---

1) An dem zweiten ἀραβών der Ergänzung darf man sich nicht stossen: Brit. Mus. II, 206, 17: ἐὰν δὲ μὴ ἀποδῷ καθὰ γέγραπται, ἀποτισάτω τῶι Ἡρακλείδῃ τὴν παραθήκην διπλῆν κατὰ τὸν τῶν παραθηκῶν νόμον.

2) Man kann vermuthen: εω[ς Datum τὸ λοιπὸν μὴ ἀπολάβῃ παρ᾽ αὐτοῦ, wobei allerdings die Zahl der Buchstaben doch etwas überschritten wird. — Dann hätte Stotoëtis innerhalb einer Frist den Rest zu zahlen, ähnlich wie bei der lex commissoria, bei der ebenfalls geschehene Theilzahlungen beim Verkäufer blieben, wenn der Kauf wegen nicht rechtzeitiger Begleichung des Restpreises aufgehoben wurde.

t. Mus. CCCXXXIV (II, 211).   Facsimile 68.   '9 cm ✕ 6 cm.   In a very cursive hand'.

Ἔτους ἑβδόμου Αὐτοκράτορος Καίσαρος Μάρκου Αὐρηλίου
Ἀντων[ίνου] Σεβαστοῦ καὶ Αὐτοκράτορος Καίσαρος Λουκίου
Αὐρηλίου Οὐήρου Σεβαστοῦ Παῶφι κβ δι[ὰ γρα]φείου Νείλου πόλε-
ως τῆς Ἡρακλείδου μερίδος τοῦ Ἀρσινο[ΐ]του νομοῦ.
Ὁμολογοῦσι
Θασῆς Στοτοήτεως τοῦ Ὥρου ἀπὸ κώμης Σοκνοπαίου Νήσου ἱέρεια
ὡς ⌊ ν οὐ^λ ὑπ[ὲρ ἀγκ]ῶνα ἀριστερὸν μετὰ κυρίου τοῦ υἱοῦ Στοτοήτεω[ς]
Στοτοήτεως [τοῦ] Στοτοήτεως ἱερέως πρώτης φυλῆς Σοκνοπαίου θεοῦ
ιεγάλου μεγά[λου ὡ]ς ⌊ λ οὐ^λ μετώπῳ ἐκ δεξιῶν καὶ Θασῆς Ὥρου τοῦ Πα-
νεφρύμεω[ς ὡς ⌊] λ οὐ^λ γεννίῳ μέσῳ μετὰ κυρίου τοῦ ἑαυτῆς ἀνδρὸ[ς]
Πανούφεως [Ἀγχώ]φεως τοῦ Ἀγχώφεως [ἱ]ερεῖ τῆς αὐτῆς φυλῆς τοῦ αὐ-
τοῦ θεοῦ,   Τα[ουή]τι Στοτοήτεως τοῦ Στοτοήτεως ὡς ⌊ μη ἀσήμῳ μετὰ
κυρίου τοῦ ἑαυ[τῆς ἀν]δρὸς Παβοῦτος Σαταβοῦτος τοῦ Ἁρπαγάθου ὡς ⌊
⌊ ξ ἀσήμῳ
[ἔχειν] παρ' αὐτῆς τὰς ὁμολογούσας παραχρῆμα διὰ χειρὸς ἀργυ-
ρίου κεφαλαί[ου δρα]χμὰς δεκατέσσαρες, ἀρραβῶνα ἀναπόρειφον ἀπὸ τῆς
ουμπεφωνη[μένης τει]μῆς ἀργυρίου δραχμῶν εἴκοσι μιᾶς
τοῦ ὑπάρχ[ον]-
τος τῆς Θασῆτος Στ[οτοήτ]εως ἕκτου μέρους ἑβδόμου μέρους οἰκίας
οὖσα ἐν κώμ[η Σοκνο]παίου Νήσου, καὶ τοῦ ἐπιβάλλοντος μέρους τῆς Θα[σῆ]-
τος Ὥρου ὅσου [ἂν ᾖ] τῆς αὐτῆς οἰκίας,   ἧς γίτονες τῆς ὅλης οἰκία[ς, κ]αθὼς
ξυμφώνου ὑπηγ[ό]ρ[ευ]σαν,   νότου εἴσοδος καὶ ἔξοδος, βορρᾶ οἰκία
Σ[ατα]βοῦτος. λιβὸς ἑτέρων οἰκόπεδα, ἀπηλιώτου Ἀγχώφεως
οἰκία
ὧν καὶ τὴν καταγραφὴν ποιήσωνται αἱ β ὁμολογοῦσαι τῇ
Ταουήτι ὁπότε [ἐὰν] αἱρῆται, αὐτῶν λαμβανόντων παρ' αὐτῆς τὰς λοι-
πὰ[ς] τῆς τειμῆς [δρα]χμὰς ἑπτά·
ἐὰν δὲ μὴι καταγράψωσι, ἐκτίσιν αὐ-
τὰς τὸν ἀρραβ[ῶν]α διπλοῦν μεθ' ἡμιολίας καὶ τόκων,   γινομένης
[τῆς] πράξεως τῇ Ταουήτι ἔκ τε τῶν ὁμολογουσῶν καὶ ἐκ τῶν ὑπαρχόν-
των αὐταῖς π[άντω]ν καθάπερ ἐκ δίκης.
Ὑπογρ(αφεὺς) Στοτοῆτις Τεσενούφεως
ὡς ⌊ [.]ε οὐ^λ ὀφρύσιν ἀμφοτέραις.

Οασῆς Στοτοήτεως μετὰ κυ-
ρίου τοῦ υἱοῦ Στοτοήτεως τοῦ Στοτοήτεως κ, Θ[ασ]ῆς Ὥρου
[μετὰ] κυρίου τοῦ ἀμδρὸς Παμούφεως Ἀγχώφεως ὁμο-
λ[ογοῦ]μεμ ἔχιμ παρὰ τῆς Ταουήτ[ιος] τὰς τοῦ ἀργυρίου
δ[ρα]χμὰς δεκατέσσαρες ἀραβῶμα ἀναπόριφομ τοῦ
ἐ[πιβ]άλ[λομτο]ς Οασῆτ[ος] Ὥρου μέρος καὶ ἕκτομ μέρος
ἑβ[δ]όμου μέρους τῆς Οασῆτος Στοτοή(τιος), οὖσῶμ ἐμ τῆ
πρ[ο]κειμέμη οἰκία ὧμ αἱ γιτρίαι προκιμται, καὶ κατα[γρά]ψω ὁπότε ἐὰμ αἱρῆται καθὼς προκειται· Στοτο-
ῆτ[ις] ἔγραψα ὑπὲρ αὐτῶμ ἀγραμμάτ[ω]μ.

lich, als dass es im Vortrage vorausschauend erwähnt werden dürfte,
sondern vielmehr den Fall, den § 298 B.G.B. also ausdrückt: „Ist
der Schuldner nur gegen eine Leistung des Gläubigers zu leisten
verpflichtet, so kommt der Gläubiger in Verzug, wenn er zwar die
angebotene Leistung anzunehmen bereit ist, die verlangte Gegenleistung aber nicht anbietet". Der Schuldner ist hier der Verkäufer,
denn er schuldet die καταγραφή (ἃ καὶ καταγράψει ἡ Σωτηρία
τῷ Στοτοήτι ὁπότε ἐὰ[ν αἰρῆται; die Ergänzung, von Wilcken
herrührend, gesichert durch Z. 24 und Brit. Mus. II, 211, 21); er ist
nur verpflichtet, gegen eine Gegenleistung des Gläubigers zu leisten,
nämlich gegen die Zahlung des Restes (ἀπολαμβάνοντος αὐτῆς τὸ
λοιπὸν τῆς τειμῆς); ist Stotoëtis bereit, auf sich überschreiben zu
lassen, bietet aber die ʻverlangteʼ, oder wie der Papyrus sagen mag
ʻgeschuldeteʼ Leistung nicht an, d. h., bietet Zahlung des Restes
nicht an, so kommt er, der Käufer, in Verzug, wenn Σωτηρία zur
καταγραφή parat steht. —

Gegenstand des Kaufes sind in UBeM. 446 ein Drittel eines Die Anlie-
ger. 1)
UBeM. 446.
Gehöfts (Z. 6. 23) und je anderthalb Aruren verschiedener Lage,
die Nachbarn darum nicht zu enträthseln, weil in Z. 11 offenbar
durch das Homoioteleuton προγεγραμμένης καὶ ungewiss, wieviel
ausgefallen ist: vgl. Z. 10: προγεγραμμένης καὶ ἀποδομένης; mit
ἀποδομένης musste auch Z. 11 fortgefahren werden. — Dagegen
scheint eine Bemerkung, die an die Umgrenzung sich anschliesst,
auf die Steuer Bezug zu haben, und die Übereinstimmung darüber
auszudrücken, dass die genannten Stücke Land vorläufig der Soteria
zu öffentlichen Lasten liegen, eine plausible Restitution ist natürlich nicht möglich; man kann für ας τετάχθαι UBeM. 457, 6 heranziehen: ἐτάγη ἐπὶ μὲν ὀνόματος Σωκράτους Χαιρήμονος κτλ., und
etwa: τὰ δὲ προγεγραμμένα ἐπὶ μὲν ὀνόματος τῆς Σωτηρί]ας
τετάχθαι vermuthen; natürlich ist das ganz unsicher; immerhin
wäre ein Vermerk derart nicht unwahrscheinlich; er entspräche
dem, was in den Baarkaufverträgen über die δημόσια gesagt wird.
Das Folgende ist um so dunkler, weil am Schluss der Zeile 13
ἰς τὴν Σωτηρίδα vielleicht wieder, wie Z. 11, ein durch ein Homoioteleuton vermittelter Sprung von Σωτηρίαν .. auf ..... ιδα vorliegen
mag. Immerhin kann man nach UBeM. 619, 5. 6 παρα eher [γραφῆναι
als [κεχωρῆσθαι vermuthen.

In der Londoner Urkunde sind als Hausgrenzen nach Norden und
2) Brit.
Mus. II, 211.
und Osten Häuser, nach Westen Baustellen, nach Süden ʻEingang
und Ausgangʼ genannt, wonach die Front des Hauses für die Strasse
nach Süden lag, und eine Parallelstrasse zwei Häuserbreiten weiter

nördlich gelegen haben mag. — Zum εἴσοδος καὶ ἔξοδος sei herangezogen Brit. Mus. 179, 5, wo man verkauft hat ἐκ τοῦ πρὸς νότον μέρους τόπους περιτε[τ]ειχισμ[έ]νους ἐ[μ]βαδικού[ς] πήχεις πεντακοσίους ὧν μέτρα νότον ε[ἰς] βορρᾶ πήχεις δεκαπέντε ἕκτον, λιβὸς ε[ἰς] ἀπηλιώτην πήχ[εις] τριάκοντα τρεῖς πήχει τελείῳ ὑλικῷ τεκτονικῶι καὶ τὰ συνκύροντα πάντα; der südliche Theil mit 500 Ruthen (15¹/₆ × 33 = ⁹¹/₆ × 33 = ⁹¹/₂ × 11 = ¹⁰⁰¹/₂ = 500¹/₂, genauer wäre gewesen 15 × 33¹/₃) ¹); für ἐμβαδικοὺς πήχεις giebt Kenyon die Erklärung square cubits, Quadratruthen. Hier ist nun ein Gehöft (πατρικὴ αὐλή) getheilt, und die γείτονες der συνκύροντα πάντα also angegeben: νότου ῥύμῃ βασιλικῆι, βορρᾶ τοῦ Ἡρακλείδου καὶ τῶν ἀδελφῶ[ν] ἑτέρα αὐλῆι, λιβὸς εἴσοδος καὶ ἔξοδος κοινὴ πλάτους πηχῶ[ν] τ[ριῶ]ν [εἰ]ς ἣν ἀν[οί]ξει ὁ Φιλήμων (der Verkäufer) θύρας καὶ θυρίδας [...]ς ²) εἰσοδεύσι καὶ ἐξοδεύσι διεγβαλλούσα(ς) εἰς νότον καὶ βορρᾶ, ἀπη-[λίωτο]ν Πασοχνοπαίου τ[ο]ῦ Ἀρπαήσιος τόποι. Hiernach liegt der gemeinsame Haupteingang ³) des Gehöftes gegen Westen und ist drei Ellen breit; da er in die nördliche Hälfte fällt, soll Verkäufer Binnenthüren anbringen, die nach Süd und Nord aufgehen.

Restzahlung Brit. Mus. II, 204. Eine Ergänzung zu den Anzahlungen oder Vorauszahlungen bildet die Schlusszahlung Brit. Mus. II, 204, die zugleich als Beispiel einer Quittung dient.

Es ist dies nicht die καταγραφή, zu welcher jene Urkunden den Verkäufer für die Zeit der Ausbezahlung verpflichten, sondern ein einfaches Bekenntniss des Empfanges der Restsumme; denn es fehlt die βεβαίωσις, ja das πεπρακέναι; vielmehr scheint wegen der Länge des Zeitraums, der zwischen dem Kauf und dem Erlegen der Restsumme liegt, von einer καταγραφή Abstand genommen, und hier lediglich die Zahlung des Restgeldes bescheinigt zu sein. Geschuldet ἀπὸ λόγου ἀρραβῶνος wurde das Geld noch vom achten Jahre Domitians her, aber ἀγράφως, die erste Theilzahlung wurde im folgenden Jahre gemacht; der Rest wird im ersten Jahre des Nerva gezahlt, d. h., sieben Jahre später, also noch nicht genügend

---

1) Die Ellenbezeichnung ist: τελείῳ ξυλικῷ (nach Z. 21 ξενικῷ) τεκτονικῷ zu lesen, und die kleinere Elle von 1¹/₂ Fuss gemeint, die 'bei Vermessung des Holzes und der Steine, πῆχυς τοῦ πριστικοῦ ξύλου u. λιθικός, .. immer 1¹/₂ Fuss gerechnet' ist. (Pape, Wörterbuch s. v. πῆχυς).

2) [δι ης] Kenyon nach Z. 23.

3) Es muss sich um eine Art Vorhalle handeln; nicht nur, weil eine blosse Pforte keine Grenze des Hauses ist, sondern auch, weil Oxyrh. XCIX, 6. 16 das Haus verkauft wird καὶ τῶν εἰ[σόδων πάντων] καὶ ἐξόδων καὶ τῶν συνκυρόντων, vgl. Oxyrh. CV 13 σὺν εἰσόδοις καὶ ἐξόδοις καὶ τοῖς συνκυροῦσι.

Brit. Mus. II, CCCXL. '8 inches & 11 inches; written by the scribe Alcimus in a cursive hand with rough uncial subscription. At the foot is an
official note of entry in the registry of Heracleia, and a red official stamp on the back.'

[L δω]δεκατου αυτοκρα[τορος] καισαρος Τιτου Αελιου Αδριανου Αντωνινου Σεβαστου Ευσεβους μηνος Ξαντικου ιδ
Jahr 12 des Imperator   Caesar   Titus Aelius Hadrianus Antoninus   Augustus Pius   Februar   6

Μεχιρ ιβ') εν Ηρακλεια (του) Θε]μιστου μεριδος του Αρσινοιτου νομου
in Herakleia im Themistossprengel des Arsinoitischen Gaues.

Ομολογουσι
Es bekennen

Θαησις Πα(ν)εφρεμμιος του Τσενσου
Thaësis (Vater Panephremmis, Ahn Tsensuphis,

[α]πο κωμης Σοκνοπαιου [Ν]ησου Περσινη ως ⌐ μς ο[υλ]η πηχει αριστερω μετα κυριου και εγγυ[ητου][1]) του ιδιου Στοτοητις Στο-
vom Dorf 'Soknopaios-Insel'   alt 46 Jahr, bemerkt am linken Ellbogen) mit, als Weiberherrn und Bürgen, dem Sohn St. (Vater Sto-

[τοη]τ[ι]ος ως ⌐ λ ουλη αντικνημιω αριστερω
toëtis) alt 30 Jahr, bemerkt am linken

(III) και οι της [Θ]αησεως ετεροι υιοι Ωρος ως ⌐ λς ουλη υπο γονυ δεξιον και Πανεφρε[μμις]
und der   Thaësis andere Söhne   Horos (alt 36 Jahr, bemerkt unterm rechten Knie) und P.

[ως] ⌐ κς ουλη πηχει αριστερ[ω] αμφοτεροι Στο[το]ητιος
(alt 27 Jahr, bemerkt am linken Ellbogen), beide Söhne des St.

[Ηρα]κλεια Διοσκορου του Διοσκορου ως ⌐ λγ ουλη μετωπω μεσω . . . .
der Herakleia (Vater Dioskoros, Ahn D., alt 33 Jahr, bemerkt mitten auf der Stirn,

μετα κυριου του συγγενους Σωσιπατρος του Ζωσ[ι]μου ως ⌐ λδ [ουλ]η [. . . . . . α]ριστερω
mit, als Weiberherrn, dem Cognaten S.   Vater Zosimos,   alt 34 Jahr, bemerkt . . . links)

[εχειν] πα ρ] αυτης την Θα[ησιν] παραχ[ρη]-
es habe von ihr   Thaësis direct

μα δια χειρος χωριον υπτυκον αργυριου κεφαλαιου δραχ[μ]ας χιλ[ιας διακοσιας τοκ[ου] δραχμης [τη μνα]
von Hand zu Hand als fertiges capitalen Silbers der   Drachmen 1200 zum Zinsfuss einer   Drachme von der Mine

[τοι]ν μηνι εκαστον ων και την αποδοσιν ποιησα[σθα]]ν] ομολογουσαν Θη[μσι]ν τη Ηρα[κλεια εν μηνι Τυβι του
jeglichen Monat; deren Rückgabe bewerkstelligen soll die Ausstellerin Thaësis der Heraklein im Monat Tybi des

[ε]σιον[τος τρισκαιδεκ[α του ετους Αντ[ωνινου Καισ]αρος τ[ου κυριου ανυπερθετ[ως]
kommenden dreizehnten Jahres des Antoninus   Caesar   des Herrn unverzüglich

(III) δεδωκεναι δε [τη]ν Θαησιν [εν
gegeben habe   Thaësis in

[συν]αλλαγματι και διαγραφης[4]) τ[ου] προκειμενου κ[εφα]λαιου και των τοκων τας υπαρχουσας α[υτ η περι την κρο]
Uebereinkunft und Sicherung   des vorliegenden Kapitals   und der Zinsen. 1) ihr gehörend beim vor-

[κιμ]ενην κωμην Ηρακλειαν αρουρας Αμμωναριου της Αρτεμιδωρου κληρου κατοι[κικον] αρουρας πεντε
liegenden Dorf Herakleia (ehedem der Ammonarion, Vater Artemideros)   Katoikenlandes der Aruren fünf

.[τας επιβολης κωμης ιδιω]λογος τριτον και τα υπ[α]ρχοντα αυτη δουλικα σωμ[ατια][3]) δυο τε[. . . . .]νιον . .
und 2) ihr gehörende Sklaven   zwei

. .] Τ[αη[ρο]θας γενδιατη[ς] καθ ων παντων ο[υχ] εξει την ολοσχερη εξουσιαν του πωλειν εκοτιθεσθαι ουδε αλλοι:
und an all diesem (1 u. 2) wird sie nicht haben völlige Freiheit zu verkaufen, zu verpfänden, noch sonst

[χρημα]τιζειν αχρι ου αποδω[ι] το προκειμενον κ[εφαλαιον και τους τοκους
zu verfügen, bis sie zurückgiebt das vorliegende Capital   und die   Zinsen

(III) οι δε προγεγρα[μμενοι] υιοι Στοτοητις
die genannten   Söhne St.

[και Ωρος και Π]ανεφρεμμις εα[ν μη αποδω][5]) η μητηρ Θα[ησις τη] προκειμενη προθεσμια[6]) η και παρελκυσθεντος χρονου
und H. und P.   aber   wenn nicht zurückgiebt die Mutter Thaësis am vorliegenden Termin oder auch nach verstrichener Zeit

τον τουτου τοκους[7]) μη δω[. . . .   . .]λες τους εαυτω[ι] εκ των ιδιων αποδωσειν εαν τε παρη η απη η και μη παρη
den betr. Zins nicht giebt: (als Selbst?)schuldner) sollen dann die Söhne aus eigenem erstatten, mag hier sein oder fort sein oder nicht mehr sein

[η μητηρ απ]υ[π]ο[θετ[ως][8])
die Mutter;

γεινο[μενης τη Ηρα κλεια τη[ς π]ραξεως εκ τε της Θαησεως
so bleibt der H.   die Eintreibung von Th.

(III) και των προκειμενων υιων
und den vorliegenden Söhnen

[και εξ υπαρχον]των αυτ[οις παντων][10]) κ]αθαπερ εγ δικ[ης]
und aus ihrem Gute allem wie nach Urtheil.

υπηγραγις της μεν Θαησεως ο κυριος   (III) και του Πανεφρε . . .
Subscribenten der   Th. der Weiberherr   und des P.

[ΘΑΗΣΙΣ ΠΑΝΕΦΡΕΜ]ΜΕΩΣ Τ[ΟΥ ΤΣΕΝΟ]ΥΦΕΩΣ ΜΗΤΡΟΣ ΣΟΠΦΕΩΣ ΤΗΣ ΠΑΝΕΦΡΕΜΜΕΩΣ ΜΕΤΑ ΚΥΡΙΟΥ
[ΚΑΙ ΕΓΓΥΟΥ ΤΟ]Υ[11]) [Ι]ΔΙΟΥ ΣΤΟΤΟΗΤΕΩΣ ΤΟΥ ΣΤΟΤΟΗΤΙΟΣ ΟΜΟΛΟΓΩ[14]) ΕΧΙΝ ΠΑΡΑ ΤΗΣ ΗΡΑΚΛΕΙΑΣ ΤΑΣ ΠΡ[Ο]
[ΚΙΜΕΝΑΣ ΑΡ]ΓΥΡΙΟΥ ΚΕΦΑΛΑΙΟΥ] ΔΡΑΧΜΑΣ ΧΙΛΙΑΣ ΔΙΚΟΣΙΑΣ[11]) ΤΟΚΟΥ [Δ]ΡΑΧΜΙΟΥ[12]) ΤΗ ΜΝΑ ΤΟΝ ΜΗ
[Ν.Α ΕΚΑΣΤΟΝ][13]) ΑΣ ΚΑΙ ΚΠΟ.[Ι]Σ[Ω][12]) ΕΝ] ΝΗΝ Ι[13]) ΤΥΒΙ ΤΟΥ [ΙΣΙΟ]ΝΤΟΣ ΕΤΟΥΣ ΚΑΙ ΔΕΔΩΚΑ ΤΗΝ ΠΡΟΕΙΜΕΝΩΝ ΥΡ[. . . .
[. . . . . . ΚΑΘ][14]) ΩΣ ΠΡΟΚΙΤΑΙ [ΣΤΟΤΟΗ]ΤΙΣ[15]) Κ[ΥΡΙ]Ε[Ι][16]) ΚΑΙ [ΥΠΕΡ ΤΗΣ] ΜΗΤΡΟΣ ΜΟΥ ΑΓΡΑΜΜΑΤΟΥ[17]) Π.ΑΝΕΦΡΕΜΜΙΣ
ΕΓΓ[Υ]ΩΜΑ[Ι ΚΑΘ][18])ΩΣ ΠΡΟΚΙΤΑΙ [   ] . .ης[19]) εγ[γε]ωμαι καθως προκιται Αλκιμος γε' του προχ[20])
[γε εγραψα υπερ αυτο]υ φαμεν[ου μη ειδεναι γ]ρ[α]μματ[α]
[εν]εετ[αχ]ι[αι δια του] εν Ηρα[κλεια γραφειου

1) Auch UBGM. 153, a hat Ξαντικου ιδ (=) Μεχειρ ιβ.
2) Kenyon trennt: δι εγγραμματος. Statt συναλλαγματι auch möglich συναλλαγμα η.
3) Kenyon: σωμα[τια].
4) Kenyon ergänzt ετεροις απο].
5) Kenyon: αποτιση; die ganze Ergänzung ist unsicher.
6) Kenyon: τας προκειμενας προθεσμια[ς]; nach dem Facsimile scheint auch meine Lesung möglich.
7) Kenyon: λον.
8) Kenyon ergänzt [αη δι αυτοι.
9) Kenyon: [η μητηρ ανυποθετας γεινομενης.
10) Kenyon stellt παντων und υπαρχοντων um.
11) Kenyon: ΕΓΓΥΗΤΟΥ, weil der Raum nicht reicht; oben ergänzt or εγγ[η].
12) σει.
13) Kenyon: Π[ΚΑΣΤΟΝ ΜΗΝΑ].
14) Kenyon: ΥΠ[Ο — ΘΙΚΗΝ. . . . . .]; das Facsimile hat ΥΡ; es ist aber ein Verschreiben P statt Π keineswegs ausgeschlossen; vgl. Anmerkung 12.
15) [ΣΤΟΤΟΗ]ΤΙΣ von mir.
16) statt ΕΓ]ΡΑΨΑ; Kenyon ergänzt Π.
17) Kenyon: ΗΓΓΥΗΜΜΑ ΤΟΥ.
18) Die Ergänzungen in dieser Zeile bis hierhin von mir.
19) Es muss Ωρος, Στοτοητις oder ähnl. ergänzt worden.
20) Kenyon: γε' επιγε[γραφα. — Meine Ergänzung nach Brit. Mus. II, 214, 84.

lange für die *μακρᾶς νομῆς παραγραφή*, aber de facto jene Verschreibung erübrigend.

Die Formel ist nun die, dass Verkäufer den Rest des noch nach jener Theilzahlung *ἀπὸ λόγου*[1]) *ἀῤῥαβῶνος κλήρου ἀρουρῶν δύο εἰκοστοῦ* geschuldeten Geldes als Restes quittirt: *διὰ τὸ τὰς εἰς συμπλήρωσιν*[2]) *τῶν τοῦ ἀργυρίου δραχμῶν διακοσίων δραχμὰς τεσσαράκοντα προαπεσχηκέναι τὸν Κ. παρὰ τῆς Τ.*; ausdrücklich wird bemerkt, dass die Theilquittung vom neunten Jahr, Monat Augustus in Kraft bleiben soll (*μένειν κυρίαν*), und hieran die Generalquittung geknüpft, dass K. und seine Leute auf T. und ihre Leute weder wegen der 200 Drachmen (*ὦν ἀπέχει* — die 140 — *καὶ προαπέχει* — die 60) noch wegen irgend welcher anderen Schuld von altersher bis auf den heutigen Tag auf keine Weise sich stürzen werden.

§ 9. Darlehen mit Pfand und Bürgschaft.

Der vorstehende Papyrus[3]) giebt ein verzinsliches Darlehen[4]) (Darleiherin: Herakleia; Empfängerin: Thaësis) wie UBeM. 741;

---

1) ʻa conto'.

2) ʻVollmachung', wie UBeM. 444, (12.) 16 die Hälfte der ersten Sphragis Ergänzung der Vollsphragis zur Hälfte aller drei Sphragides ist.

3) Die Accente sind weggelassen; der Papyrus ist in der Art wiedergegeben, die Kenyon befolgt (vgl. S. 26). Den Theil der Urkunde, der sich auf das Pfand bezieht, habe ich mit (II) bezeichnet und halb nach rechts ausrücken lassen; die von der Bürgschaft der Söhne handelnden sind mit (III) bezeichnet und ganz nach rechts ausgerückt. Lässt man die Stücke (II) und (III) weg, so bleibt ein einfaches Darlehen; lässt man (III) weg, ein Darlehen mit Pfand ohne Bürgschaft.

4) Einfache verzinsliche Darlehen sind häufig: z. B. UBeM. 272. Sie geben, was unsere Urkunde, abgesehen von II und III, bietet; wird das zinslose Geldgeben als *παραθήκη* bezeichnet, so kommt als Conventionalstrafe für den Fall *ἐὰν μὴ ἀποδῷ* das *διπλοῦν* vor *κατὰ τὸν τῶν παραθηκῶν νόμον*: Brit. Mus. II, 206, 17. Nothwendig ist dies nicht: von den ebenfalls zinslosen und ebenfalls jederzeit einklagbaren (*ὁπηνίκα ἐὰν βουληθῇι, ὁπηνίκα ἐὰν ἀπαιτήσῃ*) Geld*παραθῆκαι* UBeM. 637 und Brit. Mus. II, 208, giebt die erstere zwar *κατὰ τὸν τῶν παραθηκῶν νόμον* (Z. 6), aber ohne ihn zu kennzeichnen; die zweite bricht ab, ehe die Eventualität der Mora in Erwägung gezogen wird. — UBeM. 520 mit Rückgabetermin ist vulgär in Sprache und Recht. — Ein Darlehen mit Strafsponsion der *ἡμιολία* bietet UBeM. 190, wo (2. Fragment Z. 3) *ἐὰν δὲ μὴ ἰσαποδῶι ἀποτισάτωι παραχρῆμα μεθ' ἡμιολίας* den Unterschied von *ἀποδοῦναι* ʻzurückerstatten' und *ἀποτίσειν* ʻzur Strafe zahlen', gleichsam was rei persequendae und was poenae nomine oder mixte gefordert wird, in unmittelbarer Gegenüberstellung zeigt.

aber im Unterschiede von diesem ist es in die Form der Homo-
logia gekleidet, und sodann ist es nicht blos durch ein Pfand,
sondern auch durch die Bürgschaft der drei Söhne der Empfängerin
Thaësis versichert. Es wird zur Klarlegung der Urkunde dienen,
wenn zunächst die Subscriptiones der verschiedenen Personen ent-
wirrt werden.

1) Subscrip-
tiones.
Sicher ist, dass die Worte Z. 23 *Πανεφρέμμις* [*ἐγγυ*]*ῶμα*[*ι
καθὼς π*]*ρόκιται*, in sich abgeschlossen, die Subscriptio des zweiten
ἐγγυητής, des Panefremmis bilden; andrerseits sind diese Worte
von derselben Hand, von der die vorhergehende Subscriptio für
Thaësis (die Hauptschuldnerin) und ihren *κύριος* und *ἐγγυητής*, den
Sohn Stotoëtis, herrührt; für letztere Subscriptio aber ist der *ὑπο-*
γραφεύς eben Stotoëtis (Z. 18 *ὑπογραφεῖς τῆς μὲν* Θ. *ὁ κύριος*)
und so wird Z. 18 *καὶ τοῦ Πανεφρ*[*έμμιος ὁ αὐτός*] zu ergänzen
sein. Stotoëtis hat dann für sich und seine Mutter (Z. 19—23; für
sich nur durch *καὶ* Z. 23) unterschrieben, und den Vermerk, dass
er für die schreibunkundige schreibe oder handle, beigefügt; ausserdem aber auch noch für den Panefremmis (Z. 23. 24) subscribirt,
während für den dritten Bruder Horos der Notar *Ἄλκιμος*, von
dem die Urkunde herrührt, diesen Dienst versah, und desshalb Z. 18
kein *ὑπογραφεύς* für Horos genannt wird.

2) Pfand.
Dass Thaësis der Herakleia (Z. 9—14) fünf Aruren und zwei
Sklaven für Capital und Zinsen verpfändet, ist klar; aber wie der
Ausdruck, so ist die Rechtsfolge ganz verschieden von UBeM. 741.
Von *ὑποθήκη* redet wahrscheinlich die Unterschrift (Z. 23 in fine
YP verschrieben für *YΠ*), der Text nicht; dieser vielmehr von
δεδωκέναι δὲ τὴν Θαῆσιν [..] [*συν*]*αλλαγματι καὶ διεγγυήματος*
τ[*οῦ*] *προκιμέν*[*ου*] *κ*[*εφα*]*λαίου καὶ τῶν τόκων τὰς* (folgen die
Objecte); leider ist der so wichtige Anfang verstümmelt, und von
dem lesbaren ist nach dem Facsimile statt [*συν*]*αλλάγματι καὶ*
auch [*συν*]*άλλαγμα ἤ καί*, (also statt *ἐν* vorher etwa *κατὰ*) möglich: immerhin ist unzweifelhaft, dass in einem *συνάλλαγμα* als
διεγγύημα Land und Leute hingegeben sind.

συνάλλαγμα.
Συνάλλαγμα findet sich in unseren Geschäftsurkunden meist
bei der Formel bei der Quittung, es solle der bisherige Gläubiger
nicht den Schuldner "überkommen" [1] *ἐπελεύσεσθαι*, weder wegen

---

1) 'he overcame that day the Nervii'. — Die Kaufurkunden haben im
analogen Fall *ἐπιπορεύεσθαι* (94, 18. 282, 36. 542, 13) im Präsens, und erst
nachher *τὸν ἐπελευσόμενον ἀποστήσειν* (282, 37); anders das barbarische 666, 27.
— Ausserdem bedeutet *ἐπέρχεσθαι* 'überfallen', und *τόκος ἐπερχόμενος* 'der
aufgelaufene Zins' (z. B. 155, 11. 291, 11).

der quittirten Summe, noch *περὶ ἄλλου μηδε[νὸ]ς τοῦ καθόλου ἁπλῶς πράγματος μηδ' ὀφειλήματος μηδὲ παντὸς συναλλάγματος ἐγγράπτου μηδ' ἀγράφου.* So UBeM. 196, 27—29, und mit *τῶι καθόλου* vor *συναλλάγματος* statt vor *ἁπλῶς* Brit. Mus. II, 203, 15, wonach Kenyon auch Brit. Mus. 215, 17 restituirt, und auch UBeM. 741, wo weitere 600 Drachmen, die der Schuldner auf die *συνχώρησις* schuldet, nachher als *τὰς κατὰ τὸ συνάλλαγμα δραχμάς* bezeichnet werden. Ausserdem enthält das Edict, welches (Oxyrh. XXXCI) das Urkundenwesen centralisirt, für die Paciscenten die Bezeichnung *οἱ συναλλάσσοντες* (col. I, 10. II, 2) und für die Rechtsgeschäfte *συνάλλαγμα* (col. I, 9. II, 12). Es ist hierbei weder an Tausch, noch an die synallagmatischen Verträge der Rechtsgeschäfte zu denken, vielmehr an contractus und contrahentes, und zwar ist *συνάλλαγμα* in den Quittungen wie in dem Edict als umfassendster Ausdruck gewählt, wie dort das vorangestellte *παντός*, hier die Nothwendigkeit, alle Urkunden zu treffen, zeigt. Demgemäss liefert *συνάλλαγμα* für unsere Urkunde nur den Contract für das 'Contracts'pfand, die Verpfändung liegt in *διεγγύημα* [1]): aus den abweisenden Schlussklauseln, wie *συνάλλαγμα* bei Quittungen, ist *διεγγύημα* uns bekannt bei *ἀπογραφαί* und Anträgen auf Umschreibung: wer ein Grundstück anmeldet, der nennt es wohl: *καθαρὰ ἀπό τε ὀφιλῆς καὶ ὑ[π]οθήκης καὶ παντὸς διεγγυήματος* (UBeM. 112, 11, ebenso 536, 6); aber ebenso betheuert, wer eine Veräusserung vornehmen will mit dem angemeldeten Grundstück (*ὃ ἀπεγραψάμην* [2]) ... *βούλομαι ἐξοικονομῆσαι* oder *παραχωρῆσαι* UBeM. 184, 16. 20. Brit. Mus. II, 151, 6. 9), und sich zu diesem Zweck an die zur Umschreibung beim Census zuständige Behörde wendet, und betont auch bei dieser Gelegenheit, es sei das Grundstück *καθαρὸν ἀπὸ ὀφειλῆς καὶ ὑποθήκης* [3]) *καὶ παντὸς διεγγυήματος*, wobei *διέγγυημα* mit vorgesetztem *παντός* durchaus die Clausula generalis enthält, wie *συνάλλαγμα* in den Quittungen [4]).

διεγγύημα.

---

1) Kenyon liest *δι' ἐγγυήματος*, wohl weil er für *ἐγγύημα* in seiner Lesart Z. 28 ein Beispiel gefunden.

2) Es folgt der Beamte, 'bei dem' die *ἀπογραφή* erfolgte; *διά* c. G. ist hier technisch und ständig.

3) Oder: Brit. II, 152, 13 *μεσειτείας*, zu dessen bekannter Erklärung = 'Verpfändung' ausser dem von Kenyon angezogenen UBeM. 68, 13 noch 445, 19 *ἐκ τ[ῶ]ν* (*λοιπῶν* über der Zeile) *τ[ῆ]ς μεσιτίας ἀρουρῶν* kommt.

4) Es mag Zufall sein, dass die Betheuerung der Pfandfreiheit fehlt in der gleichartigen Urkunde UBeM. 379, 16; es kann sich aber auch daraus herschreiben, dass es sich da um eine Theilung mit dem Bruder handelt (wohl eines Erbgutes, das an zwei Brüder ex testamento gefallen war und in das

Es ist durchaus folgerichtig, dass in unserer Urkunde, da ein διεγγύημα vorliegt, die Berechtigung zum Verkauf wegfällt und der Eignerin ausdrücklich abgesprochen wird, wenn eben beim Verkauf die Abwesenheit von διεγγυήματα garantirt zu werden pflegt.

In unserer Urkunde nun liegt eine Verpfändung vor, die einer Versicherung wie die obigen im Wege stände; die Rechtsfolgen sind aber mehr die des Römischen pignus, während UBeM. 741 die der römischen Hypothek hat. Denn keineswegs soll Herakleia, die Gläubigerin, wenn Thaesis, die Schuldnerin, in Verzug kommt, verkaufen dürfen, sondern von allen Folgen der Verpfändung, die UBeM. 741 aufzählt, kommt hier nur die Hemmung der Verfügungsfreiheit vor: Schuldnerin soll nicht verkaufen, verpfänden oder sonst verfügen, bis sie Capital und Zinsen zurückerstattet hat, es ist ähnlich wie die Folgen in UBeM. 741 für die chirographarische Schuld: οὐχ ἕξει τήνδε τὴν ὑποθήκην; man hat die Wahl, anzunehmen, dass in dem mündlichen συναλλάγμα die näheren Bestimmungen gegeben waren, oder, dass in der That die Wirkung der Verpfändung hier nur darin bestehen sollte, das Recht der Verpfänderin lahm zu legen, und so sie psychologisch zur Rückzahlung zu nöthigen. Im letzteren Falle würde die Verpfändung der der Schuldnerin gehörenden Grundstücke noch schwächer wirken als eine Antichrese, gleichwohl scheint er vorzuliegen, denn UBeM. 445, eine Abschlagszahlung auf Verpfändung, bringt in der üblichen Ausführlichkeit die Rechtsfolgen, und es ist nicht anzunehmen, dass in unserer Urkunde dem mündlichen Gedinge die Macht, Pfandgrundstücke zu verkaufen, vorbehalten blieb [1]).

3) Die Söhne: *ἐγγυᾶσθαι.*

Zu dem διεγγύημα (von ἐγγύη Pfand) tritt das ἐγγυᾶσθαι (von der dritte sich nun miteinkauft: τειμῆς ἀργυρίο[υ] δραχμῶν διακοσίων Z. 16), und dieser das Gut zu übernehmen hat, wie es geht und steht: die Schlusszeilen der Eingabe in UBeM. 379, 17ff. sind inhaltlich gleichlautend mit Brit. 11, 152, 15ff., nur dass die Berliner Urkunde auch den Bescheid noch bringt. Die Adressaten sind in allen Fällen die βιβλιοφύλακες Ἀρσινοΐτου.

<table>
<tr><td>UBeM.:</td><td>Brit.:</td></tr>
</table>

Διὸ προσαγγέλλο[μεν], ὅπως ἐπιστείλητε τῷ τὸ γραφεῖον Καραν[ίδος] συνχρηματίζε(ιν) ἡμεῖν ὡς καθήκει.   Διὸ ἐπιδίδωμι ὅπως ἐπισταλῆι ὡς καθή[κει].

ὡς καθήκει ist in dem leider verstümmelten Schluss von UBeM. 184 erhalten und sichert die Vermuthung, dass auch dieses in das gleiche Petitum auslief.

1) Wenn die Eignerin durch die Verpfändung die Macht zur Verfügung verliert, so wird diese Macht umgekehrt in Kaufurkunden mitunter den Käufern noch ausdrücklich zugesprochen: 282, 35 καὶ ἐξουσίαν ἔχειν ἑτέρ[ο]ις πολεῖν καὶ διοικεῖν κτλ. Ebenso 542, 12.

ἔγγυος Bürge) der Söhne: diese versprechen, subsidiär, zu zahlen ἐκ τοῦ ἰδίου wenn die Mutter den Termin nicht innehält oder nach verschleppter Zeit — vielleicht den fälligen Zins nicht zahlt; eine Bemerkung über Solidarhaftung ist vielleicht in der Lücke vor τοὺς υἱοὺς verloren gegangen. ἐγγυᾶσθαι steht sonst für das vadimonium UBeM. 581, 6 (mit Eid verbunden) und (byzantinisch) Brit. Mus. II, 277, 5, ausserdem noch bei ganz öffentlichrechtlichen Garantieen [1]). Beachtenswerth ist, dass sie haften sollen ohne Rücksicht auf Leben und Sterben von seiten der Mutter.

Die Executivklausel steht hier für Mutter und Söhne gleich-mässig, natürlich unbeschadet der Nothwendigkeit, die Söhne nicht zu verklagen, ehe es sicher, dass die Mutter den Termin frustrirt; und · es mag erwähnt werden, dass diese Klausel überhaupt der Modulation fähig ist: Brit. Mus. II, 221, 20 hat bei mehreren Cor-realschuldnern: γεινομένης τῷ (Gläubiger) τῆς πράξεως ἔκ τε τῶν προγεγραμμ(ένων) ἢ ἐξ οὖ αὐτῶν ἐὰν αἱρῆται κ(αὶ) ἐκ τῶν ὑπαρ-χόντων αὐτῶν πάντων καθάπερ ἐκ δίκης, und Oxyrh. CIII, 20 giebt in einer etwas degenerirten Klausel παρά ται ἡμῶν ἀλληλεγ-γύων ὄντων εἰς ἔκτισιν ὡς καθήκει; die Correalität ἀλληλεγγύων εἰς (ἐπ᾽) ἔκτισιν auch UBeM. 197, 8. 538, 6. 591, 7 (alles Pacht) Brit. Mus. II, 251, 15 (Darlehen). — Ähnliches sollte man auch in unserer Urkunde für die Söhne erwarten. UBeM. 445, 19 giebt sogar eine Verfeinerung dieser Klausel: [τῆς πράξεως οὔσης τῇ Σοηροῦτι ἔκ τε τῆς Σο]ήρεως καὶ ἐκ τ[ῶ]ν λοιπῶν (λοιπῶν über der Zeile) τ[ῆ]ς μεσιτίας ἀρουρῶν, wobei (nach der Ergänzung) die Execution beschränkt wird auf die übrigen Pfandstücke, statt dass sie gewöhn-lich auf alle Habe geht[2]); so ergiebt sich die Natur der πρᾶξις als einer Art Generalpfandexecution[3]).

Die Execu-tivklausel.

§ 10. Darlehen, nebst Hypothek mit römischen Anklängen.

UBeM. 741. H. 34 cm. Br. 12,5 cm. — ʻEckige, ungeschickte Cur-sive. — Faijûm.ʼ (Herausgeber: Wilcken.)

Ἀντίγραφον. Εὐδαίμονι τῶν κεκοσμητευκότων ἱερεῖ ἀρχιδικαστῇ καὶ πρὸς τῇ ἐπιμελ[εί]ᾳ τῶν χρη-

---

1) In byzantinischen Urkunden UBeM. 411, 11. 255, 5 (mit ἐπιζητεῖσθαι Z. 7), ferner UBeM. 235, 14.

2) Die bisher nicht gelungene Ergänzung von 578, 21 mag auf der Grund-lage zu suchen sein, dass der Theil der ὑπάρχοντα, aus denen beigetrieben werden soll, sich aus den ἐνεχυρασίας γράμματα ergiebt.

3) Über die Executivurkunden Mitteis, Reichsrecht und Volksrecht, S. 401 ff.

μ̣ατιστῶν καὶ τῶν ἄλλων κριτηρίω[ν]

    παρὰ Λουκίου Οὐαλερίου Ἀμμωνιανο[ῦ ἀ]κταρίου σπεί-
5   ρης ὁπλοφόρων πολιτῶν Ῥωμαίων ἑκατονταρχίας
    Ἀπολιναρίου καὶ παρὰ Κοΐντου Γελλίου Οὐάλεντος στρα-
    τιώτου κλάσσης Λούστης Ἀλεξανδρε[ίν]ης λιβύρνου
    Λούππας.

       Συνχωρῖ ὁ Κόιντος Γέλλιος Οὐάλης εἰληφέ-
    ραι παρὰ τοῦ Λουκίου Οὐαλερίου Ἀμμων[ιανο]ῦ δάνειον
10   διὰ τῆς Ἀνδρονείκου τοῦ Ἀφ[ρ]οδισίου [κολλ]υβιστικῆς
    τραπέζης ἀργυρί[ο]υ Σεβαστοῦ νομίζμ[ατ]ος δραχμὰς
    ὀκτακοσίας τό[κ]ων δραχμιαίων [τ]ῆς μνᾶς ἑκάσ-
    της τοῦ μηνὸς ἑκ[ά]στου εἰς μῆνας ὀκτὼ [ἀ]πὸ
    μηνὸς Σεβαστοῦ [Εὐσ]εβείου τοῦ ἐνεστῶτος [ἑβ]δό-
15   μ[ου ἔ]τους Ἀντω[νίν]ου Καίσαρ[ος] τοῦ κυρί[ου

                           [. . .]
    ὑ[πο]θήκη [.]τ . . [. . . . .]εραις δ. [. . . . .]
    το [. .] . [. . .]ε . . [. .] . πε[.] . δερ[. . . . τῆς Ἡ]ρ[ακ]λ[εί]-
    δ[ο]υ μερίδος ε[.]η[. . .] λε . [. . .]των ἐβδομή[κ]οντα
    [π]έντ’ ἀρουρῶν ὧ[ν γίτο]νε[ς κα]θὼς ὑπηγόρε[υ]σαν
20   ν[ότ]ῳ Ἀμα[δόκου? τοῦ Πτ]ο[λε]μαίου καὶ ὀνόματο(ς)(?)
    [.] . . ιτος, βορρ[ᾷ . .]ν . ρος καὶ βασιλικὴ γῆ, ἀπηλιώ-
    τῃ βασιλικὴ γῆ, λ[ι]βὶ Λ[ο]νγ[ίν]ου κλῆρος.

       ἐπάναγκον
    [τ]ὸν Κόιντος (sic) Γέ[λλι]ον Οὐ[ά]λεντα [ἀ]ποδῶ[ν]αι τῷ
    [Λ]ουκίῳ Οὐα[λερί]ῳ Ἀμμωνια[νῷ .] κ . . . εν
25   ἀργυρίου δραχ[μ]ὰς ὀκτ[α]κοσία[ς ἐν τ]ῷ προκ[ει]-
    μένῳ χρόνῳ, τὸν δὲ τ[ό]κον κ[ατὰ] μῆνα ἕκ[α]σ-
    τον.

       Ἐὰν δὲ μὴ [ἀ]ποδοῖ,

        [ἐ]ξῖναι τῷ Λουκίῳ Οὐαλε-
    ρίῳ Ἀμμωνιανῷ ἐπι[τ]ελεῖν τὰ κατὰ τῆς ὑ-
    ποθήκης νόμιμα πρ[ὸ]ς οὗ (sic) τι ἂν βαστάζ[η] καὶ
30   τοῦ ἐνλείψοντος γείνεσ[θ]αι αὐτῷ τὴν πρᾶξιν —
    ἐκ τῶν ἄλλων τοῦ ὑ[πο]χρέου ὑπαρχό[ν]των,
    καὶ ἐάν, ὃ μὴ γείνοι[το], συμβῇ κίνδυνόν τινα
    περὶ [τὴ]ν ὑποθήκην [ἢ μέ]ρος αὐτῆς ἐπακο[λ]ου-
    θῆσ[αι]. καὶ οὕτως γείν[ε]σθαι τῷ δεδαν[ει]κότι
35   τὴν π[ρᾶ]ξιν καθὼς κα[ὶ ἐ]πὶ τοῦ ἐνλίμματ[ος] δε-

<hr>

15 der Strich am Schluss vielleicht nicht der Ausgang eines Buchstabens
(wie α, ε, σ), sondern Füllstrich, wie in Z. 30. Vorher Spuren eines Buchstabens. — 27 εαν corrig. — 30 hinter πρᾶξιν ein Füllstrich. — 32 κι corrig.

δήλωται.

>   παρέχεσθαι δὲ αὐτὸν τὴν [ὑπ]οθή-
κην καθαρὰν καὶ ἀνέπαπον καὶ ἀν[επι]δά[1])-
νειστον ἄλ[λ]ου δαν[είου] καὶ πάσ[η]ς ὀφειλ[ῆς κ]αὶ
μηδένα αὐτῆς ἐ[μποιο]ύμενον[2]) τρόπ[ῳ μη]-
δεν[ὶ],

>   μὴ ἐλ[α]ττουμένου τοῦ Οὐαλερ[ίου]
Ἀμμωνιαν[ο]ῦ [π]ερὶ ὧ[ν ἄ]λλ[ω]ν [ὀ]φ[ε]ί[λ]ι αὐτῷ ὁ
αὐτὸ[ς Γ]έλλι[ος] Οὐάλης [κ]αθ’ ἐτέρ[α]ν συνχώρησιν
τῷ [διε]ληλ[υθ]ότι ἔτει μηνὶ Και[σ]α[ρ]είῳ ἄ[λλ]ων
ἀργυ[ρ]ίου δραχμῶν [τετ]ρακοσ[ί]ων [ἑξήκο]ν-
τα καὶ τόκων

>   καὶ οὐ[. .] . εται τήνδε τὴν ὑπο[θή]κην,
ιἰ μὴ πρότερον ἀποδο[ῖ κ]αὶ τὰς κατὰ τ[ὸ συνάλ]λα-
γμα δραχμὰς τετ[ρα]κοσίας ἑξήκοντα καὶ τό-
κο[υς] διὰ τὸ ἀλλη[λέγ]γυα[3]) εἶναι.

>   Ἔτους ἑ[β]δόμου
Αὐ[το]κράτορος Και[σαρ]ος Τίτου Αἰλίου Ἀδ[ρι]ανοῦ
Ἀντωνείνου Σε[βα]στοῦ Εὐσεβοῦς μη[ν]ὸς
. Σεβ[α]στοῦ Εὐσεβ[είο]υ ις.

Die Form der Urkunde ist die der Eingabe an den Archidi- *ὑπόμνημα.*
kastes, und zwar ist diese Form insofern besonders sauber, als die
Adresse hier wie in der gleichartig stilisirten No. 729 ausgerückt
ist. Beide Urkunden wählen nicht das Wort ὁμολογεῖ, sondern
vielmehr συνχωρεῖ[4]), welches im Unterschiede von ὁμολογεῖ das
Materielle der Erklärung ausdrückt. Die eine Urkunde (742) nennt
sich Abschrift, die andere nicht, übrigens zeigen sie durchaus
das gleiche Schema, sind je von einer Hand geschrieben, beginnen

1) Wilcken liest: ἀνυπαναυκαίαν ἀδά
2) Wilcken liest: ἐ[ᾶσαι .]υμενον
3) Wilcken ergänzt: ἄλλη[ν ἔγ]γυα
4) συγχωρεῖν kommt in Rechtsgeschäften vor:
a) technisch für das Testament: συγχωρεῖ μετὰ τὴν ἑαυτῆς τελευτήν
86, 5. 6. 8. 12. 14. 32. 34. 36. 183, 12. 251, 10. (11. 12. 13. 14. 15.) 252, 13. Oxyrh. CIV, 10.
b) regulär für die Antichrese: 101, 5: ἀντὶ τῶν τούτων τόπων συνκεχω-
ρηκέναι συ σπείρειν καὶ καρπίζεσθαι. 339, 16: ἐὰν [δὲ] μὴ ἀποδῶι, [συ]νχωρεῖ
Ἀ[τ]ρῆς [γε]ωργῖν καὶ καρπίζεσθαι.
c) sporadisch: συγκεχωρημένη τιμή statt συμπεφωνημένη τιμή UBeM.
584, 5. Brit. Mus. II 177, 5(?). 179, 11. 180, 24. 195, 15.
d) Brit. Mus. II 216, 8 ist fragmentarisch erhalten und scheint Pfandfrei-
gabe auf Grund proleptischer Erbtheilung. —

mit der Adresse und enden mit der Datirung. Da es sich um einfache Verträge handelt, so ist wohl anzunehmen, dass diese Urkunden von beiden Parteien gemeinschaftlich dem Gericht eingereicht werden, obwohl durch die Urkunde verpflichtet in beiden Fällen nur der συνχωρῶν wird. Sicherlich ist es kein Zufall, dass diese Form gerade zwei Urkunden haben, welche von römischen Soldaten ausgestellt werden, UBeM. 729 von Petronia Sarapias tutore auctore fratre Gaio Petronio Marcello einerseits und von Gaius Julius Apollinaris miles alae primae centuriae primae Apamenorum andererseits, UBeM. 741 von Lucius Valerius Ammonianus actarius alae hastatorum(?) civium Romanorum centuriae Apollinaris und von Quintus Gellius Valens miles classis Augustae Alexandrinae liburnae Lupae. Vielmehr zeigen die Urkunden auch sonst römische Bestandtheile, welche dem Gros der griechischen Urkunden durchaus fremd sind, und es scheint hier ein testamentum judici oblatum in seiner Anwendung auf andere Rechtsgeschäfte vorzuliegen. Was uns die griechischen Urkunden der Ägypter verbis erklären ὡς ἐν δημοσίῳ κατακεχωρισμένον [1]), das sehen wir hier re vor uns, das dem Richter dargereichte Exemplar. Es ist diese Form nicht das privatrechtliche ὑπόμνημα, das in den Kauf- und Miethverträgen der Ägypter wohl begegnet, denn bei diesen ist der Adressat die andere Partei und der Erklärende ist derjenige, παρ' οὗ die Urkunde ausgeht, während in unseren Fällen beide Contrahenten mit παρά dem Richter als dem Adressaten gegenübergestellt werden [2]).

Die Entstehung dieses Typus mag UBeM. 455 wiederspiegeln, dessen auf dem verso befindliches Rubrum lautet: Χειρόγ(ραφον) δεδημοσιωμ(ένον) Φαβούλλου. Es ist Eingabe des M. Lucretius Pudens miles legionis XXII centuriae Coccei Pudentis, und enthält die Abschrift eines ihm von L. Longinus Fabullus miles classis Alexandrinae liburnae Solis ausgestellten χειρόγραφον über empfangenes pretium eines näher bezeichneten Heuschobers. Die Urkunde bringt nichts anderes als dies χειρόγραφον, und ihr Zweck ist, es gerichtsnotorisch zu machen; wird dieser Zweck nicht erst nachträglich, sondern bei Abfassung des Darlehensbriefes verfolgt, so einigen sich beide Contrahenten, der Behörde gemeinsam sofort

----

1) Mitteis (Hermes 30, S. 599) nimmt ὡς κατακεχωρισμένον = ὡς εἰ κατακεχωρισμένον ἦν; doch würde in diesem Fall καθάπερ zu erwarten sein (wie in καθάπερ ἐκ δίκης); ὡς ist hier wohl nicht Fiktion, sondern subjektive Gewissheit: ʻgültig, als einregistrirt, nicht gültig wie einregistrirtʼ.

2) Vgl. Wilcken, Hermes 22, S. 4ff.

die Urkunde zu offeriren, sie nicht einer an den anderen, sondern eben an die Behörde zu richten, wie UBeM. 729 und 741 dies zeigen.

Dass in UBeM. 729 Apollinaris von Petronia ein Depositum von Frauengewändern und Goldschmuck zur beliebigen Rückforderung bekommen hat ἀκίνδυνον παντὸς κινδύνου, d. h. doch wohl auf eigene Gefahr des Empfängers, und im Voraus taxirt taxationis nicht venditionis causa, ist, wie auch Wilcken a. a. O. bemerkt, ein sicherer Fall jenes Gaukelspiels, das dem Gerichtsherrn Lupus in Papyrus No. 114 die Bemerkung auf die Lippen führt: νοοῦμεν ὅτι αἱ παρακαταϑῆκαι προῖκές εἰσιν [1]). Denn in der That ist nicht abzusehen, wie ein Soldat von einer Frau weibliche Kleider und Goldschmuck in Verwahrung erhalten soll, es sei denn für die Zwecke des Zusammenlebens. Im Druck habe ich die von der Verpfändung handelnden Theile von UBeM. 741 nach rechts einrücken lassen, und es ergiebt sich sofort durch den Augenschein, dass die Hypothek einen Ersatz bildet für die sonst übliche Conventionalstrafe und die Executivklausel. Die ganze Hypothekenurkunde ist nämlich gewidmet den Rechtsfolgen, welche eintreten sollen für den Fall dass die geliehene Summe nicht zur rechten Zeit gezahlt wird: dann soll der Gläubiger exequi lege hypothecae (usque quo feret?) et reliqui futuram ei exactionem ex aliis debitori bonis, und wenn (quod absit) die Hypothek oder ein Theil derselben einem periculum unterliegt, so soll dies nicht der Gläubiger tragen, sondern dann die persönliche Klage in Kraft treten, wie für das reliquum (den Gegensatz der hyperocha).

Was nun folgt von Zeile 40 an bis Zeile 45, bezieht sich wieder auf die persönlichen Schuldverhältnisse, abgesehen von der Hypothek, und ist die durchaus übliche Verwahrung dagegen, dass durch vorliegende Urkunde, etwa im Wege der Novation, die früheren Schulden getilgt sein sollten. Es ist eigenthümlich, dass diese Verwahrung bei Darlehen ihren Gegensatz findet in der Generalquittung, welche den Schluss der meisten apochae bildet. Auf die Hypothek greift wieder Zeile 45—48 über, welche in einer nicht ganz lesbaren Form ausspricht, dass der Schuldner die vorliegende Hypothek nicht zurückerhalten soll, wenn er nicht (nisi prius reddet) auch die in dem zweitgenannten Vertrage erwähnten 460 Drachmen nebst Zinsen herausgiebt. Diese sonderbare Erweiterung der doch als erststellig bezeichneten Hypothek auch auf das frühere Darlehen wird noch merkwürdiger durch die Schlussworte, bei denen ich

---

übrigens διὰ τὸ ἀλλη[λέ]γγυα trotz aller sachlicher Bedenken immer noch für erträglicher halte, als Wilcken's im Text gegebene Ergänzung. Jedenfalls wird ein Näherverhältniss zwischen beiden Forderungen ausgedrückt, und dieses wäre allerdings durch das im gewöhnlichen Sprachgebrauch ein Näherverhältniss der Personen bezeichnende ἀλληλέγγυα schlecht gekennzeichnet; aber ἄλλην ἔγγυα giebt mir schlechterdings keinen Sinn, und die Compositionen von ἔγγυος und ἐγγύη gehen oft durcheinander [1]).

UBeM. 445. μεσιτία mit Theil-zahlung. — Es mag hier zur Vergleichung ein rein griechischer Pfandvertrag erörtert werden, der als No. 445 zum zweiten Mal herausgegeben ist, und trotz mancher Schwierigkeiten uns doch die Unterschiede gegen den vorliegenden deutlich erkennen lässt. Da handelt es sich nicht um eine Hypothek, sondern um eine Mesitie [2]), und es wird seltsamerweise, nachdem eine Theilzahlung erfolgt ist, ein Theil der verpfändeten Aruren freigegeben; da handelt es sich nicht darum, die Rechtsfolgen der Hypothek im Einzelnen darzustellen, sondern es tritt der Komplex der verpfändeten Aruren in der die Beitreibung ausdrückenden Formel einfach an die Stelle der bona und die Personalrealexecution soll καθάπερ ἐκ δίκης stattfinden, nicht wie gewöhnlich aus dem Schuldner und seinem ganzen Vermögen, sondern aus dem Schuldner und dem restirenden Pfandkomplex. Der Gedankengang von No. 445 ist folgender: Gläubigerin bekennt von Schuldnerin eine Abschlagszahlung von 820 Drachmen auf 1520 Drachmen erhalten zu haben, die sie ihr unter Verpfändung bestimmter Aruren geschuldet hat, und bis zu einem festgesetzten Termin wird der Rest des Geldes gestundet, und so lange soll Schuldnerin vor Gläubigerin in aller Weise sicher sein; dann aber wird sich Gläubigerin an Schuldnerin und an die noch im Pfandverbande verbliebenen Aruren halten. So ist hier das Pfand nur ganz oberflächlich bezeichnet; und es lässt sich annehmen, dass in der ursprünglichen Darlehnsurkunde eben nicht mehr vom Pfande die Rede war, als in Zeile 19.

UBeM. 446. ἀρραβών. — Wenn No. 445 die Theilzahlungen auf ein durch Pfand versichertes Darlehn giebt, so giebt 446 (gleich 80) eine Theilzahlung auf den Kaufpreis, und es ist nicht ohne Interesse, diese Analogie zu verfolgen. Wenn die Theilzahlung auf das Darlehen den Erfolg hat, dass die Gläubigerin sich verpflichtet, den Rest bis zu einem

---

1) Die Formel διὰ τὸ — εἶναι kehrt wieder Brit. II, 216, 10: διὰ τὸ ἐπὶ τούτοις τὴν ὁμολογίαν γεγονέναι und sonst oft, z. B. UBeM. 77, 13.

2) = Verpfändung, vgl. Mitteis, Hermes 30 S. 606.

späteren Termine zu stunden, so hat hier die Theilzahlung auf den Kaufpreis den Werth, die Verkäuferin zur *καταγραφὴ ἀπολαμβάνοντος* (sic!) *αὐτῆς τὸ λοιπὸν τῆς τιμῆς* zu verbinden (Z. 14); und, wichtig genug, die als *ἀῤῥαβών* bezeichnete Anzahlung von 500 Drachmen auf 800 Drachmen des ganzen Kaufpreises giebt uns eine ganz sichere Anschauung von der arrha (Z. 16). Auch hier ist der Charakter der Urkunde als Interimistikum darin gekennzeichnet, dass die Haftung wegen Eviktion und heimlicher Mängel ganz in den Hintergrund rückt, und die Strafandrohung, ohne die es nun einmal nicht geht, hier dem Falle gilt, dass die Verkäuferin die Umschreibung der Grundstücke weigern werde.

§ 11. Die Urkunden von UBeM. 179.

UBeM. 179.

H. 27 cm. Br. 11 cm. Faijûm. Aus der Zeit des Antoninus Pius'.[1)]
Herausgeber: Krebs.

[...... Λογ]γῖνος Π[ρίσ]κος οὐετρανός
[.........] καὶ γα[...]ης Γαίωι
[........ Μα]κρείνωι οὐετρανῶι Σεβαστίωι
[....... Και]σαρείωι χαίρειν. Ὁμολογῶι
5 [....... συ]ναγομένων ὑπὲρ τόκου
     aufgelaufen   als   Zins
[.........].. ου δισσοῦ κεφαλαίου δραχμὰς
[.........] τ[εσ]σάρων δραχμῶν τριακο-
     der Drachmen dreihundert
[σίων ὀγδοή]κοντα τεσσάρων μεϑ᾽ ἃς
  vierundachtzig   worauf
[.........] σμου καϑὰ ἐξέδου μοι γράμ-
     gemäss der mir ausgestellten
10 [ματα .....]. δραχμὰς διακοσίας ὀκ[τὼ]
  Urkunde   der Drachmen zweihundert und acht
[.........] δραχμὰς τόκου ἑκατὸν ἑβδ[ο]-
  Zinsdrachmen einhundert sechs

[μήκοντα ἓ]ξ αἵπερ (δραχμαὶ) τπδ συνήχϑησαν
  und siebzig, welche   384 auflиefen
[.. ⌊ .. Ἀ]ντωνίνου Καίσαρος τοῦ κυρίου
  vom Jahr ? des Ant. Caes. dom.
[ἕως μεσορ]ὴ τριακάδος τοῦ ἐνεστῶτος
  bis zum letzten Mesore des laufenden

--

1) 'Die Urkunde ist durchstrichen'.

15 [..... |̲ ....] καὶ ᾽κεκαρπίσθαι σε μέχρι τῆς

? Jahres, und du hast Früchte gezogen bis zum

[ἐνεστώσης] ἡμέρας, ἡ δὲ ἀπόδοσις ἔσται

heutigen Tage; die Rückgabe aber wird stattfinden

[......: τοῦ]τε προκειμένου κεφαλαίου

für   das   vorliegende   Capital

[... καὶ τῶν] συναχθησομένων τόκων του

und die noch auflaufen sollenden Zinsen

[.........] σὺν καὶ ταῖς προκειμέναις

nebst   den   vorliegenden

20 [τόκου? δρα]χμαῖς ἑκατὸν ἑβδομήκοντα

Zinsdrachmen (176)

[ἓξ ἕως Με]σορὴ τριακάδος τοῦ εἰσιόντος

spätestens am letzten Mesore des kommenden

[|̲ .. |̲ ..] Αὐτοκράτορος Καίσαρος Τίτου Αἰλίου

Jahres. Im ? Jahre des Imperator Caesar Titus Aelius

[Ἁδριανοῦ Ἀντ]ωνίνου Σεβαστοῦ Εὐσεβοῦς Μεσορὴ ε

Hadrianus Antoninus   Augustus   Pius. — 5. Mesore.

(3. H.) [.....] ΛΟΓΓΙΝΟΣ ΠΡΙΣΚΟΣ ΑΠΕΧ-

Ich Longinus   Priscus   habe

25 [Ω ΠΑΡΑ ΣΟΥ] ΤΑΣ ΤΟΥ ΑΡΓΥΡΙΟΥ ΔΡΑ(ΧΜΑ)Σ

weg von dir die   Silberdrachmen:

[ΕΚΑΤΟΝ] ΕΒΔΟΜΙΚΟΝΤΑ ΕΞ ΩΣ ΠΡ-

einhundert sechs und siebzig, wie

[ΟΚΕΙΤ(ΑΙ) Ε]ΞΟΜΙΟΥΜΕΝΟΣ ΤΑ ΧΙΡΟ-

dasteht,   quittirend   den Schuld-

[ΓΡΑΦ]Λ * * * * * * * * * *

schein.

Hier mag denn die Betrachtung des seltsamsten Dokumentes aus dieser Reihe, der No. 179 der Sammlung, angeschlossen werden. Dies χειρόγραφον ist, wie es sich giebt, eine Theilquittung, die aber, obwohl vom Gläubiger ausgehend, selber wieder als Darlehnsurkunde über den Rest betrachtet, und darum nach der Zahlung des Restes später quittirt und durchstrichen wird. Aber was quittirt der Gläubiger in der oberen, und was in der unteren Urkunde?

Sicherlich in der unteren Urkunde die nämlichen [ἑκατὸν] ἑβδομήκοντα ἕξ, die in der oberen Urkunde (Z. 11/12) erhalten sind, bz. glücklicherweise die einzige mögliche Ergänzung der Lücken von Z. 12 vorn bilden. Diese 176 Drachmen sind also Gegenstand der unteren Quittung und folglich der oberen Verpflichtung. Sie sind aber nicht alleiniger Gegenstand der oberen Verpflichtung, denn es wird von der constituirten ἀπόδοσις (Z. 16) [.........]τε προκειμένου κεφαλαίου (Z. 17) [..καὶ τῶν] συναχθησομένων τόκων

$\tau o v$ (Z. 18) gesprochen, denen (Z. 19) die 176 Drachmen mit $\sigma \grave{v} v$ $\varkappa \alpha \grave{\iota}$ $\tau \alpha \tilde{\iota} \varsigma$ $\pi \varrho o \varkappa \varepsilon \iota \mu \acute{\varepsilon} v \alpha \iota \varsigma$ angeschlossen werden. Trotzdem sind sie der einzige Gegenstand der unteren Quittung, und wiederum ist die obere Urkunde durch diese Quittung erledigt, denn sie ist durchstrichen im Anschluss an das $\mathring{\alpha} \pi \acute{\varepsilon} \chi \varepsilon \iota v$ der 176 Drachmen. Daher haben jene 176 eine Beziehung auch zur ersten Urkunde, und diese Beziehung ergiebt sich durch eine einfache Berechnung: Z. 12 hat $\tau \pi \delta = 384$, wonach auch Krebs Z. 7/8 richtig ergänzt hat. Wiederum steht Z. 10 $\delta \varrho \alpha \chi \mu \grave{\alpha} \varsigma$ $\delta \iota \alpha \varkappa o \sigma \acute{\iota} \alpha \varsigma$ $\mathring{o} \varkappa [\tau \acute{\omega}]$: 208. Da nun 384—208 = 176, und unten durch Zahlung von 176 die Urkunde erledigt ist, so muss 384 ein Ganzes sein, von dem 208 gezahlt ist, und 176 noch gezahlt werden soll. Da ferner Z. 16 das vorliegende Capital und Z. 18 die noch auflaufen sollenden Zinsen zusammen den 176 entgegengestellt werden, so können 176 Drachmen der Rest von bereits aufgelaufenen Zinsen sein; und in der That werden die 384 Z. 12 bezeichnet: $\alpha \emph{ι} \pi \varepsilon \varrho$ ς $\tau \pi \delta$ $\sigma v v \acute{\eta} \chi \vartheta \eta \sigma \alpha v$ (folgt 'von — bis'), also sie sind aufgelaufen in einem dann näher bezeichneten Zeitraum. Die obere Urkunde, vom Gläubiger ausgestellt, enthält also — wohl zu beachten, wie sie dasteht — das Anerkenntniss des Empfanges eines Theiles der aufgelaufenen Zinsen, und eine damit verknüpfte Constituirung des Restes, sowie eine, in Ermangelung der schuldnerischen Unterschrift werthlose Constituirung der Hauptschuld und der künftigen Zinsen. So wäre denn der, im Einzelnen allerdings noch nicht restituirbare, Anfang des Tenors der Urkunde so zu verstehen: ich bekenne, von den (als Zinsen eines Capitals), mir aufgelaufenen Zinsen im Betrage von 384 Drachmen erhalten zu haben laut Urkunde 208 Drachmen, so dass bleiben 176 Drachmen, — die 384 sind der Zins für die Zeit von — bis —, und ferner: Du hast Früchte gezogen (von einem antichretischen Grundstück, weil eben die Zinsen nur mehr theilweise eingingen, wie bekundet) bis zum heutigen Tage, und es wird zurückgegeben werden das Capital und die noch zur Entstehung gelangenden Zinsen sammt den bemerkten 176 Drachmen bis zum Ende Mesore des kommenden Jahres —. Datum. —

Tiefer eindringen in den Sinn der oberen Urkunde kann man mit Hülfe der Arithmetik: Abgezahlt sind an Zinsen 208 Drachmen, noch geschuldet werden 176; nun ist 208:176 = 13:11, indem 208 = 13 × 16, 176 = 11 × 16 ist, hiernach 384 = 24 × 16; es wäre also anzunehmen, dass die Zinsen von 2 Jahren = 24 Monaten geschuldet waren, wovon die von 13 Monaten bezahlt sind, die von 11 Monaten noch ausstehen; und in der That würde danach Zeile 8

$$384 = 208 +$$
$$176 = 13 \times 16$$
$$+ \; 11 \times 16$$
$$= 24 \times 16.$$

[μηνῶν εἴκοσι] τ[εσ]σάρων sich vortrefflich ergänzen lassen, und wenn die Ergänzung Z. 13 [ἕως Μεσορ]ὴ τριακάδος τοῦ ἐνεστῶτος (des laufenden) [..... ἔτους], wie es den Anschein hat, richtig ist, würde das vorhergehende und das zur Zeit der Ausstellung im letzten Monat laufende Jahr diesen vierundzwanzigmonatigen Zeitraum liefern, womit wiederum stimmen würde, dass Capital und Zinsrest getilgt werden sollen binnen Jahresfrist ἕως [Μ]εσορὴ τριακάδος τοῦ εἰσιόντος (des kommenden) Jahres. Ist der Zinsfuss der übliche, ein Procent, oder, eine Drachme auf die Mine, monatlich, so ergiebt sich für das Capital 1600 Drachmen = 16 Minen; indess kommen auch andere Sätze vor, die das zu erschliessende Capital modificiren würden.

Gläubiger Aussteller? Hiernach wäre die obere Urkunde das Bekenntniss von Seiten des Gläubigers, Zins von 13 Monaten erhalten zu haben, nebst der dem Schuldner durch den Gläubiger auferlegten Verpflichtung, den aufgelaufenen Zins von elf Monaten, das Capital und den noch auflaufen sollenden Zins bis zum Schluss des nächsten Jahres zu zahlen. Allein dies unterliegt unübersteiglichen Bedenken:

Nein. Zunächst ist der Gläubiger wohl befähigt, über Theilzahlungen zu quittiren, aber seine Bemerkungen über Rückgabetermine für den Rest sind nicht im Stande, den Schuldner zu binden, der vielmehr jene Bemerkungen einfach ignoriren kann; sodann: in der unteren Urkunde quittirt der Gläubiger über die 176 Drachmen und streicht die obere offenbar gleichzeitig durch; nun ist es klar, dass, wenn die obere von ihm herrührt, der Schuldner deren Destinatär und Inhaber ist, und das Ausstreichen einer solchen Urkunde durch den Gläubiger hat gar keinen Sinn; ferner ist das ὁμολογῶ des Gläubigers mit: ἡ δὲ ἀπόδοσις ἔσται ἕως κτλ. schwer zu vereinigen, dazu brauchte man die Unterschrift des Schuldners, nicht des Gläubigers. Kurz, alles vereinigt sich, um hier eine Confusion der Rollen des Schuldners und des Gläubigers wahrscheinlich zu machen. Vergleicht man nun andere Urkunden, die Theilzahlungen enthalten, so ergiebt sich:

1) Vom Schuldner ausgestellt. UBeM. 465 (col. I = II, χιρόγραφον δισσὸν ἐξεδόμην):

[ὁμολογῶ] ἔχειν παρ᾽ ὑμῶν χρήσειν ἔντοκον ἀργυρίου κεφαλαίου σεβαστοῦ νομίσματος δραχμὰς ἑκατὸν τε[σ]σεράκοντα ὀκτώ, αἵπερ εἰ[σ]ὶ λοιπαὶ ἀπὸ ὅλων ἀργυρίου δραχμῶν τριακοσίων, ἃς ἐσχήκειν παρ᾽ ὑμῶν διὰ χιρὸς ὡς εἰς τιμὴν πυροῦ· τὰς δὲ προκειμένας ἀργυρίου δραχμὰς ἑκατὸν τεσσεράκοντα ὀκτώ, οὔσας *λοιπάς, ὡς πρόκειται, τιμῆς πυροῦ, ἀποδόσω ἕως τῆς πέμπτης κτλ.* (Termin, Executivklausel). *Τὸ δὲ χιρόγραφον τοῦτο, ἰδιόγραφόν μοι ὄν, δισσὸν ὑμεῖν ἐξεδόμην.* (Datum.) —

2) Vom Gläubiger ausgestellt.

α) UBeM. 635:

Ὧρος Στοτοήτι(ος) Τεσενούφ(ι) Τεσενούφ(ιος) χαίρειν. Ἐξ ὧν ἔχω σε τῷ τοῦ διεληλυθότι κβ ⌐ ἀπὸ λ Χο[ιὰ]κ ἕως Μεσορὴ τοῦ β ⌐ Τίτου Ἀντωνίνου Κα[ίσαρ]ος το[ῦ] κυρίου ἔχω εἰς τόκον τοῦ προόντος [ἀρ]γυ[ρ]ίου δραχμὰς ἑκατὸν τριάκοντα δύο ↄ [ρλ]β¹). (Datum.) *Ἐὰν δὲ μὴ ἀποδόσω ἕως Μεσορὴ, καὶ τοῦτον τὸν τόκον.*

β) Oxyrh. XCVIII.

(X. Aⁱ⁾) χαίρειν. Ὁμολογῶ ἀπέχειν παρά σου διὰ τῆς (κτλ.) τραπέζης ἀργ[υ]ρίου δραχμὰς ἑκατὸν ἐξήκονταὀκτώ, λοιπὰς ὀφειλομένας μοι ὑπό σου ἀφ᾽ ὧ[ν] ἐδάνισά σοι κατὰ χειρόγραφον διὰ τῆς αὐτῆς τραπέζης τῷ (Datum) *ἀργυρίου δραχμῶν ἑπτακοσίω[ν] κεφαλαίου ἐν καταβολῇ μηνῶ(ν) πεντήκοντα ἀπὸ μηνὸς Ἀδριανοῦ τοῦ αὐ[τοῦ] ἔτους, ὡς τοῦ μηνὸς δραχμῶν δέκα πέ[ν]τε, μεθ᾽ ἃς ἀπὸ τῶν αὐτῶν δραχμῶν ἐπ[τα]κοσίων προέσχον παρά*
σου, καθ᾽ ἣν ἐξ[εδό]μην σοι διὰ τῆς αὐτῆς τραπέζης τῷ (ἀποχὴν)
(Datum) δρα[χμὰς] πεντακοσίας τριάκοντα δύο κ[...

Von diesen Urkunden ist die zweite zu barbarisch und zu kurz, als dass sie zum Vergleich herangezogen werden könnte; die erste, vom Schuldner ausgestellte, ist darin der unsrigen analog, dass sie den Restbetrag mit *ἔχειν χρῆσιν* einführt, ohne seine Restqualität früher als mit *αἵπερ λοιπαί* anzudeuten; ferner wird die *ἀπόδοσις* festgesetzt vom Schuldner, was auch in allen übrigen Urkunden der Fall ist. — Die vom Gläubiger ausgestellte Oxyrh. bietet eine Stelle, wo man einhaken kann, nämlich die mit *μεθ᾽ ἃς* beginnende; diese ist conform unserer Urkunde; der Umstand, dass UBeM. Anzahlung, Oxyrh. Abzahlung zum Gegenstand hat, ist hier gleichgültig: UBeM. 179, 8:   *δραχμῶν τριακοσίων ὀγδοήκοντα τεσσάρων²)* Oxyrh. XCVII 19: (15) (*δραχμῶν ἑπτακοσίων³) κεφαλαίου (κτλ.)*

---

1) = 132 Drachmen.

2) Das ganze des aufgelaufenen Zinses.

3) Das ganze Darlehen.

UBeM. μεθ᾽ ἃς [. . . . .] ς μου καθ᾽ ἃ ἐξεδόυ   μοι

Oxyrh. μεθ᾽ ἃς ¹) προέσχον παρά σου, καθ᾽ ἣν ἐξεδόμην σοι ²)

UBeM. γρά[μματα . . . . .] δραχμὰς διακοσίας ὀκτώ.

Oxyrh. ἀποχήν (Datum) δραχμὰς πεντακοσίας τριάκοντα δύο κ.

Oxyrh. XCVIII ist vom Gläubiger ausgestellt und er sagt καθ᾽ ἃ ἐξεδόμην σοι, während UBeM. 179 hat καθ᾽ ἃ ἐξέδου μοι; Ox. sagt μεθ᾽ ἃς προέσχον παρά σου, während UBeM. 179 doch wohl zu ergänzen ist μεθ᾽ ἃς [προέσχες παρ᾽] ἐμοῦ (statt σμου), kurz, die Rollen sind hier vertauscht; wie in Oxyrh. XCVIII der Gläubiger, muss UBeM. 179 der Schuldner sprechen.

Hierzu kommt καὶ κεκαρπίσθαι σε μέχρι τῆς [ἐνεστώσης] ἡμέρας, was nur der Schuldner sagen kann ³).

 Hiernach würde ich annehmen, dass oben Z. 1—4 verschrieben ist, und dass es heissen muss: Γάιος Μακρεῖνος κτλ. Λογγίνῳ Πρίσκῳ χαίρειν. Diese Annahme wird um so weniger zu vermeiden sein, wenn man bedenkt, dass die obere Urkunde nicht von der Hand des Schreibers der unteren herrührt; auch nicht von der Hand des Macrinus, sondern sicher von der eines professionellen Schreibers. Sie ist nicht das Original des χειρόγραφον, da in diesem nicht ein Beliebiger den Aussteller der Urkunde ersetzen kann, sondern eine Copie zum Zwecke der Quittung, und dabei etwas verschrieben: die untere Urkunde ist Original, in der Schrift des Priskus, da sie sonst zwecklos wäre, und das Ganze aufzufassen, etwa wie wenn ein Wechsel nicht als ʻPrima zum Acceptʼ geschickt wird, sondern in einer Copie, da denn ʻbis hierhin Copieʼ die Stelle bezeichnet, wo er anfängt, eigenhändig geschrieben zu sein und also verbindlich zu werden.

Hiernach würde ich Z. 4—12 so lesen:

Ὁμολογῶι

5 [ἔχειν ἀπὸ συ]ναγομένων ὑπὲρ τόκου
[. . . . .] . . ου δισσοῦ κεφαλαίου δραχμῶν
[μηνῶν εἴκοσι] τ[εσ]σάρων δραχμῶν τριακο-
[σίων ὀγδοή]κοντα τεσσάρων (μεθ᾽ ἃς
[ἀπέσχες παρ᾽] ἐμοῦ, καθὰ ἐξέδου μοι γράμ-
10 [ματα, ...] . δραχμὰς διακοσίας ὀκ[τώ])
[τὰς λοιπὰς] δραχμὰς τόκου ἑκατὸν ἑβδ[ο-]
[μήκοντα ἓ]ξ

---

1) Es folgt: ἀπὸ τῶν αὐτῶν δραχμῶν ἑπτακοσίων.

2) Es folgt: διὰ τῆς αὐτῆς τραπέζης.

3) (σπείρειν καὶ) καρπίζεσθαι: (ʻsäen und) erntenʼ gestattet der Schuldner dem Gläubiger bei der Antichrese UBeM. 101, 7. 339, 17.

III. Gemeinsames über Vertragsurkunden.

A. Bestandtheile.

§ 12. Verkaufserklärung.

Als Kennzeichen der ersten Abmachung in dem Kauf UBeM. 193, die, im Perfectum abgegeben, den Verkauf selbst enthält, betrachte ich dreierlei: 1) Die Beschränkung auf den Verkauf, ohne Hervorhebung der etwaigen Tradition, 2) die Bezeichnung $\varkappa \alpha \tau'$ $\dot{\omega} v \acute{\eta} v$ „durch Kaufbrief“, 3) Die Worte $\delta \iota \grave{\alpha}$ $\tau o \tilde{v}$ $\dot{\epsilon} v$ $\tau \tilde{\eta}$ $\pi \varrho o \gamma \epsilon \gamma \varrho \alpha \mu \mu \acute{\epsilon} v \eta$ $\varkappa \acute{\omega} \mu \eta$ $\dot{\alpha} \gamma o \varrho \alpha v o \mu \epsilon \acute{\iota} o v$.

Als „Verkauf“ bezeichnen wir das Rechtsgeschäft, durch Römische. welches A. dem B. gegen Entgelt eine Sache abtritt. Die juristische Bestimmung dieses Rechtsgeschäfts des jus gentium ist bei den einzelnen gentes verschieden. Der Römer unterscheidet streng des Verkäufers persönliche Verpflichtung, bei seinem Worte zu stehen, die der formlosen Abmachung unter den Parteien entspringt, und ihrerseits die Klage des Käufers gegen den Verkäufer auf Verschaffung der Sache hervorgerufen hat, von der gegen Jedermann bestehenden dinglichen Macht des Herrn, seine Hand auf die Sache zu legen, wo er sie findet, und lässt diese Macht durch eine eigene Rechtshandlung entstehen, die im Laufe der Zeit aus dem „Aufgebotsverfahren“[1]) bis zur einfachen Übergabe der Sache an den Käufer sank. Verklagen kann der Käufer auf Herausgabe der Sache den Verkäufer unmittelbar nach dem Vertragsschluss, Herr der Sache wird er erst durch Übergabe, erst durch sie ist die Möglichkeit ihm geworden, das bis zur Übergabe dem Verkäufer noch gegen jeden Dritten zustehende Herrschaftsrecht seinerseits gegen Jedermann zu behaupten. Römischer Grundsatz ist: der Vertrag erzeugt Wirkungen inter partes, er kann nicht der übrigen Menschheit Rechte nehmen oder Pflichten auferlegen: nun ist aber der

---

1) Bechmann, Studie im Gebiet der Legis actio sacramento in rem.

Inhalt des Kaufvertrages: da, wo ich stand (als Eigenthümer der Sache) sollst Du stehen; folglich ist es Pflicht des Verkäufers, einen weiteren Akt herbeizuführen, durch den dem Käufer diese gegen Dritte gesicherte Stellung verschafft wird: ist dieser Akt vorgenommen, so ist das Eigenthum des Käufers entstanden: kein Dritter kann ihm die Sache mehr vorenthalten.

So lange der Herrschaftsakt mit der wirklichen Preiszahlung verknüpft war und ein Aufgebotsverfahren mit sich brachte, bei dem, wer sich nicht meldete, durch Verschweigung sein Recht an der Sache einbüsste, war diese letztere Folge einfach und zweifelsohne; das Aufgebot wirkte wie das Hissen der Fahne absolut; als es zu einer wörtlichen Symbolik mit symbolischer Preiszahlung vor wenigen Zeugen herabgesunken war, konnte es nur mehr relativ wirken: es übertrug das Recht des anwesenden Verkäufers, hinderte aber Niemand ausser den Anwesenden, etwaige Rechte an der Sache später geltend zu machen: trat diese Eventualität ein, so wandte sich der Käufer an den Verkäufer, dem er den Vorwurf machte, Geld genommen zu haben für eine Sache, deren Eigenthum er gleichwohl dem Erwerber nicht halten konnte: nach einer den Römern geläufigen Anschauung forderte er ursprünglich das Doppelte des Preises heraus, wie immer, wenn zugewogenes Geld zu Unrecht beim Empfänger war.

Aber wer im Kaufvertrag, in dem persönlichen Wechselgeschäft, sich verpflichtet hatte, dem Käufer die Sache zu verschaffen, der ist eben durch diese Erklärung persönlich gebunden, dem Käufer, wenn diesem die Sache durch das bessere Recht eines Dritten entzogen wird, den Schaden zu ersetzen, der ihm daraus erwächst, dass er die Sache nicht hat. Dieser Schaden ist im grossen und ganzen regelmässig gleich dem Werth der Sache, er ist unabhängig vom Kaufpreis: er ist quanti ea res est, nicht quanti ea res empta est. Es haftet also, für den Fall, dass die Sache evincirt wird, der Verkäufer entweder aus der Thatsache, dass er Geld genommen hatte, ohne die Waare prästiren zu können, auf Rückgabe des Geldes mit Strafzusatz, oder aus der Thatsache, dass er die Waare zu liefern versprochen hatte, auf den Werth, den die Waare hatte [1]).

---

1) Im ersten Fall sagt er: gieb mir das meine zurück, da du mir das deine nicht gewähren kannst; er tritt gewissermassen zurück vom Vertrage wegen Nichterfüllung, im zweiten Fall meint er: da du mir das deine nicht, wie du versprochen, gewähren kannst, so erfülle den Vertrag wenigstens durch Ersetzung des Schadens, den die principielle Nichterfüllung mir bringt. — Es

Das Wesen der ägyptischen Kaufverträge, die uns hier beschäftigen, ist nun damit gekennzeichnet, dass sie zwar sämmtlich
bloss die Verkaufserklärung als wesentliche erscheinen lassen, die
weitere Handlung der Uebergabe entweder gar nicht oder nur beiläufig erwähnen, trotzdem aber für den Fall der Eviktion ausnahmslos den Verkäufer nicht auf den Werth der Sache, sondern
auf Herausgabe des Preises mit Strafzusatz haften lassen. Sie haben
also für die Haftung das Realprincip, ohne doch neben dem Verkauf, dem obligatorischen Akte, den Realakt auch nur stets zu erwähnen. Dies lässt auf eine von der römischen verschiedene Anschauung von der Uebertragung der Rechte schliessen:

Dass der ursprünglich reale Herrschaftsakt der Römer sich
bei Immobilien schon früh in eine symbolische Handlung verwandelt hatte, bezeugt Gajus I, 122 mit den Worten: praedia vero
absentia solent mancipari. Geblieben ist er bei Mobilien in Gestalt
der mancipatio des anwesenden Objekts für Sklaven und Vieh und
in Gestalt der traditio, der einfachen Uebergabe, für die übrigen
Sachen. Für Grundstücke trat an die Stelle der Tradition noch
die Einweisung in vacuam possessionem, die aber auf den sofortigen
Erwerb des Eigenthums nicht von Einfluss war.

Es lässt das Fehlen der Herrschaftshandlung darauf schliessen,
dass der römische Gedanke, beim Kauf für den Eigenthumsübergang noch Übergabe oder Ergreifung zu fordern, — ein Gedanke, dem
das sittliche Princip zu Grunde liegt, dass man nicht verfügen soll
über das, was man nicht hat — dass dieser Gedanke dem Recht
unserer Urkunden fremd war. Aber die Rechtsordnung unserer
Urkunden sieht auch den Vertrag selbst nicht an als eine spiritua-
listische Verpflichtung, gegen die zu empfangenden oder empfangenen
Geldstücke die Sache definitiv dem Käufer zu verschaffen, sondern
hält sich an das reale Moment des Thatbestandes mit seinen leicht
greifbaren Folgen: ich gab Dir 100 für die Sache; gewährleiste
mir oder gieb mir mein Geld. Der praktische Vortheil liegt auf
der Hand: der Kaufpreis steht fest, der Werth der Sache müsste
erst ermittelt werden: folglich ist der Rechtssatz, der den Preis
mit einer Kaufquote zurückfordern lässt, „praktikabler".

Aber eins fehlt: die Urkunde sichert das Rechtsverhältniss
zwischen den Parteien, enthält sich aber der Regelung der Be-

---

ist der nämliche Unterschied, der bei Innominatcontrakten in der condictio ob
causam einerseits, und in der sogenannten actio praescriptis verbis andrerseits
zum Ausdruck kommt und der bei der Eviktion der in solutum gegebenen
Sache besonders viel erörtert ist.

ziehungen zwischen Dritten. Wenn der Käufer die Sache beim X.
findet und beansprucht, oder, wenn er sie ergriffen hat oder überliefert
erhielt und X. sie ihm entwehren will, wer siegt? wer kann sagen:
res mea est? Dass die blosse Thatsache des Kaufs, auch wenn sie
durch Zeugen bewiesen wird, nicht genügt, um den Käufer für
legitimirt zu erachten, scheint aus der energischen Betonung der
βεβαίωσις: καὶ βεβαιώσειν .. ἐὰν δὲ μὴ βεβαιοῖ..., hervorzugehen;
hiernach hätte der Käufer sich den Verkäufer herbeiholen müssen,
um überhaupt zur Anhörung gelangen zu können. Stellt ihm X.
Rechte entgegen, die er selbst begründet, oder von Y. hergeleitet
hat, so geht der Kampf zwischen Verkäufer und Y. (X.) an. Aber
dieser einfache Fall ist nicht der entscheidende für den Unterschied
beider Rechte. Vielmehr: wenn der Verkäufer heute dem A., morgen
dem B. verkauft, wer ist von diesen beiden der Stärkere? Das
römische Recht zweifelt nicht: gleichgültig ist das Datum des Ver-
kaufs; wem zuerst mancipirt oder tradirt ist, der ist Rechtsnachfolger des Verkäufers geworden; das dingliche Recht geht nur
durch den Erwerbsakt über, nicht durch blossen Vertrag.

καταγραφή.   Nun kann aber das gleiche bei unserem Verkaufe nicht für
den Kaufvertrag als solchen gelten: wohin sollte es führen, wenn
bloss der Vertrag, der mündlich abgeschlossen ist, das Datum und
damit die Priorität des Rechtes an der Sache bestimmen sollte?
Das hiesse Lug und Trug die Pforten öffnen. In diesem Zusammenhang gewinnt die Übersetung Bedeutung, die die zweisprachigen
Glossare von καταγραφή geben: perscriptio mancipatio! Mitteis[1]
hat gezeigt, dass den Oströmern die Schriftlichkeit der Verträge
wenn nicht als das Nothwendige, so doch als das Natürliche erschien; nun sehen wir, dass in den ἀῤῥαβών-Urkunden der καταγραφή eine Wichtigkeit beigelegt wird, die die Behauptung rechtfertigt: wie beim einfachen Kauf die βεβαίωσις, so ist beim ἀῤῥαβών-
Kauf die καταγραφή der eigentliche Inhalt der Verpflichtung des
Verkäufers[2]. — Leistet er beim Baarkauf mit Verschreibung die
βεβαίωσις nicht, so muss er den Preis zurückerstatten, leistet er beim
ἀῤῥαβών-Kauf die καταγραφή nicht, so muss er den ἀῤῥαβών
herausgeben, — beides mit dem üblichen Strafzusatz. Hiernach
muss in der καταγραφή ein Moment liegen, welches sie materiell
der βεβαίωσις gleichwerthig macht; ich wüsste nicht, worin dies
begründet sein könnte, wenn nicht darin, dass das Datum der

---

1) Reichsrecht und Volksrecht S. 514.
2) Vgl. S. 81 ff.

καταγραφή den Rang des Rechtes bestimmt. Die Urkunde ist meistens im öffentlichen Archiv zu deponiren, sie wird nur ihrerseits datirt, während der Kauf, von dessen Geschehen sie Kunde giebt, ohne Datum erwähnt wird, sie ist also die normgebende Handlung, wie im römischen Recht die mancipatio (bez. traditio). Wer die *καταγραφή* früheren Datums nachweisen kann, auf den ist das Recht des Verkäufers übergegangen, unbeschadet der Verpflichtung des Verkäufers zur *βεβαίωσις* auch jedem künftigen Käufer gegenüber. Daher sind zwei so verschiedene Dinge, wie „Handgriff" und „Verschreibung" doch beide angemessene Übersetzungen von *καταγραφή*, — „Verschreibung", weil sie es ist, und „Handgriff", weil sie, wo sie in Uebung ist, das wirkt, was beide können, der Handgriff und seine Beurkundung.

Ist so die *καταγραφή* die Handlung, durch die das relative Recht erzeugt wird, das Recht des Verkäufers auf den Käufer übergeht, so bedarf sie zu ihrer Ergänzung der *βεβαίωσις*, der Unterstützung des Käufers durch den Verkäufer bei Streit um das Recht. Man kann die *βεβαίωσις* als den persönlichen Ersatz erklären für die der menschlichen Unvollkommenheit unmögliche Sicherstellung eines absoluten dinglichen Rechtes. Wenn nun diese *βεβαίωσις* nicht als eine lästige Fessel den Verkäufer ewig drücken soll, so muss das vom Recht des Verkäufers abhängige Eigenthum des Käufers sich durch den Lauf der Zeit in ein absolutes Eigenthum verwandeln können, es muss der Erwerber durch die Dauer des erkauften Besitzes auf sich selbst gestellt werden. Dass derartiges, der usucapio, Ersitzung, entsprechendes, auch nach dem Recht unserer Urkunden galt, lehrt, wie mir scheint, eben die gewaltige Höhe der Conventionalstrafen, die auf die Verfehlung gegen die Pflichten der *βεβαίωσις* gesetzt sind: wer bis zur 5 fachen Höhe des Kaufpreises für die Verität des von ihm übertragenen Rechtes eintrat, der kann nicht auf lange Zeit den Wechselfällen der Regressklage ausgesetzt werden; er muss die Möglichkeit vor Augen sehen, nach Ablauf einer nicht allzu langen Frist durch Erstarkung des Rechtes des Käufers exnexuirt zu werden.

Hiernach möchte ich folgende Rechtsgestaltung annehmen: der Kauf von Grundstücken, Vieh, Sklaven, als formlose Besprechung ist, wenn nicht ungültig, so doch unüblich; erst die datirte *καταγραφή*, die, zur Vermeidung von Fälschungen, in einer öffentlichen Glauben geniessenden Art vorgenommen wird, ist der Rechtsakt, der die persönlichen Verbindlichkeiten definitiv regulirt und der zugleich die Potiorität des käuferischen Rechtes gegenüber anderen

Rechtsnachfolgern (auch Pfandgläubigern) des Verkäufers bestimmt; sie legitimirt zugleich den Käufer als successor des Verkäufers gegenüber Dritten. Eine Entlastung des Verkäufers von der Haftung wegen Mangelhaftigkeit des von ihm übertragenen Rechtes tritt ein, sobald das dem Käufer übertragene Recht sich auf die Zeit, statt auf die Übertragung stützen kann. — Übertragung des Besitzes der Sache ist zwar der natürliche Vorgang ($\pi\alpha\varrho\alpha\chi\acute{\omega}\varrho\eta\sigma\iota\varsigma$ bei Grundstücken, $\pi\alpha\varrho\varepsilon\iota\lambda\acute{\eta}\varphi\alpha\mu\varepsilon\nu$ bei Vieh), ist aber ein rein faktisches Element, welches für die Datirung und Priorität der Rechte ohne Bedeutung gewesen zu sein scheint. —

2) Dabei hat denn $\varkappa\alpha\tau'\ \grave{\omega}\nu\acute{\eta}\nu$ [1]) die Bedeutung von: „durch vorliegenden Kaufbrief", ähnlich wie $\varkappa\alpha\tau\grave{\alpha}\ \tau\acute{\eta}\nu\delta\varepsilon\ \tau\grave{\eta}\nu\ \acute{o}\mu o\lambda o\gamma\acute{\iota}\alpha\nu$: „durch vorliegende Erklärung", indem es auf die Wichtigkeit der Niederschrift für das Rechtsgeschäft hinweist.

3) Es würde aber dem Kaufsystem, wie es im Vorstehenden gezeichnet ist, noch etwas fehlen, wenn die $\varkappa\alpha\tau\alpha\gamma\varrho\alpha\varphi\acute{\eta}$ als einfache Privaturkunde den Rang der Rechte bestimmen sollte. Die Publicität, welche bei der römischen Mancipation wenigstens durch das Beisein von 7 Zeugen gewahrt wurde, hatte den Zweck, die Thatsache, welche rechtsübertragend wirkte, gegen betrügerische Simulationen zu sichern, durch welche zwei Parteien, im Einverständniss mit einander, etwaige Dritte, frühere Erwerber, zu täuschen versuchen konnten: Das dingliche Recht fordert Publicität überall, und, wenn die $\varkappa\alpha\tau\alpha\gamma\varrho\alpha\varphi\acute{\eta}$ an der Stelle der mancipatio stand, so musste sie, wie diese, durch eine Art von öffentlicher Beurkundung gekräftigt sein: dies leistete das $\grave{\alpha}\gamma o\varrho\alpha\nu o\mu\varepsilon\tilde{\iota}o\nu$. Diese Notariatsbehörde gab, indem sie ihr Datum an die Urkunde setzte, dem Rechte seinen Rang. Mochte immerhin später ein zweiter Käufer sich das Grundstück vom Verkäufer abtreten lassen, mochte er eine Urkunde darüber abfassen oder zur Hebung bringen: entweder sie war privat, $\chi\varepsilon\iota\varrho\acute{o}\gamma\varrho\alpha\varphi o\nu$, keine $\varkappa\alpha\tau\alpha\gamma\varrho\alpha\varphi\acute{\eta}$, dann bewies sie nichts, oder sie wurde ins $\delta\eta\mu\acute{o}\sigma\iota o\nu$ aufgenommen, dann aber sicherlich mit dem Datum versehen. Man mag beide Arten der Beglaubigung neben einander stellen wie notarielle und gerichtliche Beurkundung in unserer Zeit; möglich war neben der notariellen noch die demosische, indem die $\varkappa\alpha\tau\alpha\gamma\varrho\alpha\varphi\acute{\eta}$ noch einregistrirt wurde: was unsere Urkunden öfters haben, einmal (No. 153, 45) mit dem Datum der Einregistrirung (angeblich dem Tag, von dem die Urkunde selbst datirt ist).

---

1) $\grave{\omega}\nu\acute{\eta}$ hat auch der Kaufbrief No. 13[verso].

Die Wendung διὰ τοῦ ἀγορανομείου oder διὰ τοῦ ... ἀγορανόμου ist nicht eine von den ständigen; sie findet sich ausser in
No. 193 möglicherweise in No. 177, 5, ist aber bei den übrigen
ὁμολογίαι zu ergänzen oder zu ersetzen, was sich aus ihrer sonstigen
Übereinstimmung mit No. 193 ergiebt. Es kann keinem Zweifel
unterliegen, dass dabei der ἀγορανόμος diejenige Person ist, welche
den Vertrag nach einem ihm geläufigen Schema entwirft, insofern,
wie Wessely[1]) ausführt, der Notar: und wiederum ist es die Niederschrift, die ὠνή, welche mit Hülfe dieser Urkundsperson vorgenommen wird. — Diese Auffassung wird bestätigt durch den von
Mitteis jüngst besprochenen Pap. Erzh. Rainer 300, in dem zweimal,
wenn nicht dreimal, die Verpflichtung der Käuferin bezeichnet wird
als ἀποδοῦναί μοι ἃ παρέσχον ... (Ersatz der Impensen) καὶ λαβεῖν
αὐτὴν τὴν καταγραφήν (Z. 11. 13. 23)[2]). In diesem Klaglibell vom
Jahr 330 ist die Niederschrift noch mehr erstarkt, wie denn UBeM.
456, 8 (vom J. 348) sagt: ὁμολογῶ πεπρακέναι καὶ καταγεγραφηκέναι. Aber schon in der früheren Kaiserzeit liefert das instrumentum,
die ὠνή, den entscheidenden Moment. —

§ 13. Preisempfang.

Verkäufer bekennt, vom Käufer den bedungenen Preis erhalten
zu haben.

Hierbei ist angegeben: 1) die Thatsache der Zahlung, 2) die
Modalitäten der Zahlung.

Die Zahlung wird ausgedrückt:

A. Bei den ὁμολογίαι in der Regel so, dass das Wort ἀπέχειν   Typus.
den Anfang macht, und die Summe den Schluss bildet, wobei dann
die uns hier interessirende Clausel einen selbständigen mit καὶ angeschlossenen Satz bildet. In diesem Satz folgt auf ἀπέχειν natürlich stets der Aussteller, als ὁ ὁμολογῶν oder mit Namen, oder durch
beides bezeichnet, und dann schliesst sich mit παρά der Käufer,
daran wieder das Objekt τὴν συμπεφωνημένην (mitunter συνκεχωρημένην) τιμήν und zwischen den beiden letztgenannten Worten

---

1) Mittheilungen aus der Sammlung der Papyrus Erzherzog Rainer V, 83 ff.
2) Mitteis im Corpus Papyrorum Raineri S. 57. — Wessely liest C.P.R.
S. 56 λαβεῖν γῆν, was die Übersetzung mit „das Land zu nehmen" wiedergiebt.
Dies halte ich für unannehmbar. Wessely selbst bemerkt, statt γην könne
auch την gelesen werden; es scheint mir sicher, dass die Reinschrift τὴν
καταγραφήν hatte.

hier und da der Kaufgegenstand im Genetiv [1]), dann erst folgt mit vorhergehendem $\dot{\alpha}\varrho\gamma\upsilon\varrho\dot{\iota}\upsilon\,\delta\varrho\alpha\chi\mu\dot{\alpha}\varsigma$ die Kaufsumme.

Bei den $\chi\alpha\dot{\iota}\varrho\epsilon\iota\nu$-Briefen verwandelt sich natürlich $\dot{\alpha}\pi\dot{\epsilon}\chi\epsilon\iota\nu$ in $\dot{\alpha}\pi\dot{\epsilon}\chi\omega$, die Benennung des Käufers wird der Regel nach [2]) erspart und die Modalitäten sind spärlicher angegeben: es sind also rein formelle Verschiedenheiten der veränderten Construktion. — Es darf daher als das regelmässige bezeichnet werden 1) $\dot{\alpha}\pi\dot{\epsilon}\chi\epsilon\iota\nu$, 2) Aussteller, 3) Käufer, 4) die Worte für den ganzen Kaufpreis mit eingeschobenem Kaufgegenstand oder ohne ihn, 5) $\dot{\alpha}\varrho\gamma\upsilon\varrho\dot{\iota}\upsilon\,\delta\varrho\alpha\chi\mu\dot{\alpha}\varsigma$ nebst Summe und mit folgender oder vorangehender Bezeichnung der Modalitäten der Zahlung.   Die Position 3) kann fehlen oder ihren Platz wechseln, das übrige ist constant.

Aus-
nahmen. B. Daneben kommt in einigen Urkunden eine zweite Form des Empfangsbekenntnisses vor, die sich enger an die Verkaufsklausel anschliesst, und auf einen selbständigen Satz verzichtet; sie findet sich in einem $\dot{\upsilon}\pi\dot{\upsilon}\mu\nu\eta\mu\alpha$ No. 282, 29, in einer abnormen $\dot{\upsilon}\mu\upsilon\lambda\upsilon\gamma\dot{\iota}\alpha$ aus diocletianischer Zeit No. 373, 11 und in einem etwa ebenso späten $\chi\alpha\dot{\iota}\varrho\epsilon\iota\nu$-Briefe No. 13, 5. Hier ist der Gedankengang ein anderer: Während es in der Regel heisst: verkauft habe Ich Dir dies Object ohne Preisangabe —, und dann: und habe den Preis, bestehend in so und so viel Drachmen, erhalten, zieht unsere zweite Art, die Natur des $\sigma\upsilon\nu\dot{\alpha}\lambda\lambda\alpha\gamma\mu\alpha$ erwägend, die beiden Seiten des Geschäftsabschlusses, merx und pretium, in einen Satz zusammen und erwähnt in einem folgenden Relativsatz die zweite Thatsache, den Empfang des Kaufpreises, kurz sie geht chronologisch vor: No. 282 giebt, nach Z. 5 .. $\check{\epsilon}\nu\alpha\iota\,\tau\tilde{\eta}\,\Theta\epsilon\varrho\mu\upsilon\dot{\upsilon}\vartheta\iota\,\dot{\alpha}\pi\dot{\upsilon}\,\tau\upsilon\tilde{\upsilon}\,\nu\tilde{\upsilon}\nu\,\epsilon\dot{\iota}\varsigma\,\tau\dot{\upsilon}\nu\,\dot{\alpha}\epsilon\dot{\iota}\,\chi\varrho\dot{\upsilon}\nu\upsilon\nu$ ... bis Z. 29 $\check{\eta}\,\check{\upsilon}\sigma\upsilon\iota\,\dot{\epsilon}\dot{\alpha}\nu\,\check{\omega}\sigma\iota,\,\dot{\epsilon}\pi\dot{\iota}\,\tau\dot{\upsilon}\,\pi\lambda\epsilon\tilde{\iota}\upsilon\nu\,\check{\eta}\,\check{\epsilon}\lambda\alpha\sigma\sigma\upsilon\nu$ [...] $\upsilon\check{\upsilon}\sigma\eta\,\dot{\epsilon}\pi\iota\beta\upsilon\lambda\tilde{\eta}$ die Gegenstände des Kaufes, und darnach die Klausel: $\tau\epsilon\iota\mu\tilde{\eta}\varsigma\,\varkappa\alpha\dot{\iota}\,\pi\alpha\varrho\alpha\chi\omega\varrho\eta\tau\iota\varkappa\upsilon\tilde{\upsilon}\,\dot{\alpha}\varrho\gamma\upsilon\varrho\dot{\iota}\upsilon\nu\,\delta\varrho\alpha\chi\mu\tilde{\omega}\nu\,\delta\iota\sigma\chi\epsilon\iota\lambda[\dot{\iota}\omega\nu]\,\dot{\epsilon}\varkappa\alpha\tau\dot{\upsilon}\nu$, $\dot{\alpha}\varsigma\,\varkappa\alpha\dot{\iota}\,\dot{\alpha}\pi\dot{\epsilon}\sigma\chi\epsilon\nu\,\dot{\eta}\,\varDelta\iota\delta\upsilon\mu\dot{\alpha}\varrho\iota\upsilon\nu\,\pi\alpha\varrho\dot{\alpha}\,\tau\tilde{\eta}\varsigma\,\Theta\epsilon\varrho\mu\upsilon\dot{\upsilon}\vartheta\iota\upsilon\varsigma\,\dot{\epsilon}\nu\tau\epsilon\tilde{\upsilon}\vartheta\epsilon\nu\,\delta\iota\dot{\alpha}$ $\chi[\epsilon\iota\varrho\dot{\upsilon}]\varsigma$, worauf dann die Summe auf die einzelnen Kaufobjekte distribuirt wird. No. 373, 8 hat: ($\dot{\upsilon}\mu\upsilon\lambda$. und $\pi\epsilon\pi\varrho\alpha\varkappa\dot{\epsilon}\nu\alpha\iota\,\check{\upsilon}\nu\upsilon\nu$...) $\tau\iota\mu\tilde{\eta}\varsigma$ $\tau\tilde{\eta}\varsigma\,\sigma\upsilon\mu\pi\epsilon\varphi\omega\nu\eta\mu\dot{\epsilon}\nu\eta\varsigma\,\pi\varrho\dot{\upsilon}\varsigma\,\dot{\alpha}\lambda\lambda\dot{\eta}\lambda\upsilon\upsilon\varsigma\,\delta\varrho\alpha\chi\mu\tilde{\omega}\nu$ [..............], $\check{\eta}\nu\pi\epsilon\varrho\,[\tau\iota]\mu\dot{\eta}\nu\,\dot{\alpha}\pi[\dot{\epsilon}]\sigma\chi\epsilon\nu\,\dot{\upsilon}\,\pi\epsilon\pi\varrho\alpha\varkappa\dot{\omega}\varsigma\,\pi\alpha\varrho\dot{\alpha}\,\tau\upsilon\tilde{\upsilon}\,\pi\varrho[\iota]\alpha\mu\dot{\epsilon}\nu\upsilon\upsilon\,\pi\lambda\dot{\eta}\varrho\eta\varsigma\,|\delta\iota\dot{\alpha}]\,\chi\epsilon\iota\varrho\dot{\upsilon}\varsigma$, woran auf das sechs Zeilen voranstehende $\check{\upsilon}\nu\upsilon\nu$ sich beziehend, $\tau[\upsilon]\tilde{\upsilon}\tau\upsilon\nu\,\tau\upsilon\iota\upsilon\tilde{\upsilon}\tau\upsilon\nu\,\dot{\alpha}\nu\alpha\pi\dot{\upsilon}\varrho\iota\varphi\upsilon\nu$ angeknüpft wird. No. 13, 5 nach $\dot{\upsilon}\mu\upsilon\lambda\upsilon\gamma\upsilon\tilde{\upsilon}\mu\epsilon\nu\,\pi\epsilon\pi\varrho\alpha\varkappa\dot{\epsilon}\nu\alpha\iota\,\sigma\upsilon\iota\,\varkappa\dot{\alpha}\mu\eta\lambda\upsilon\nu$ (Beschreibung): $\tau\epsilon\iota\mu\dot{\eta}\nu$

---

1) Ausnahmen vom Typus bilden No. 87, 15, welche den Namen des Käufers hinter den angegebenen Worten bringt, und No. 177, 10 aus dem 8. Jahr des Claudius, die ihn auslässt und überhaupt singulär ist.

2) No. 71, 15 ergänzt Viereck [$\pi\alpha\varrho\dot{\alpha}\,\sigma\upsilon$], wohl nach No, 13, 7,

ἀργυρίου Σεβαστῶν νομίσματος τ[αλ]άντων ιϛ καὶ δραχμῶν τρισ-
χειλίων, ἅπερ ἐντεῦθεν ἀπέ[σ]χαμεν παρὰ σοῦ πλήρης διὰ χειρὸς
ἐξ οἴκου σου καὶ παρα[δε]δώκαμέν σοι τὸν κάμηλον ἀχάρακτον
ὑγιῆν καὶ ἀσινῆν κτλ.

Dass hier ein dem unter A. behandelten entgegengesetzter,
einiger, Typus vorliegt, braucht nicht bewiesen zu werden; eher zu
erwähnen ist, dass die Gleichartigkeit der erwähnten Verträge sich
auch auf andere Einzelheiten erstreckt. No. 373 ist unvollständig,
insofern die βεβαίωσις fehlt, und abnorm, insofern das Datum
zwischen der Akte und der Unterschrift steht: die beiden anderen
haben gemeinsam das sonst nicht vorkommende ἐντεῦθεν bei
ἀπέσχαμεν und eine Bestimmung über die den Käufern zufallenden
Herrschaftsrechte: diese findet sich auch in einer ὁμολογία aus
diocletianischer Zeit, No. 94, 16, welche mit No. 282 auch die Erwähnung der παραχώρησις theilt, und vor ihr voraus hat, dass
παραχωρητικὸν ἀργύριον die τιμὴ zu verdrängen scheint[1]).

Es ist nicht zu verkennen, dass die zweite Gruppirung, wie sie
der Logik und Chronologie entspricht, auch den römischen Formen
sich mehr nähert, als die erste: emit mancipioque accepit X LDC
sagen die Siebenbürgischen Wachstafeln im ersten Satz, und sie
bringen erst am Schluss die Zahlung des Preises: proque eo puero
q. s. s. est, pretium ejus X DC accepisse et habere se dixit. Ob hier
eine römische Einwirkung vorliegt, vermag ich nicht zu entscheiden;
No. 282 gehört unter Marcus und nicht unter Caracalla, fällt also
vor die wichtige Neuerung des letzteren.

Die Preis-Klausel ist, wie ihre Absonderung noch deutlicher
zeigt, ein einzelner Fall der Hingabe und des Empfanges von
Geld, das heisst, der Zahlung, der solutio, die mit liberatorischem
oder obligatorischem Effekt geschehen kann. In Folge dessen sind
zur Vergleichung heranzuziehen die Verträge, welche ohne Kauf zu
sein, Zahlung von Geld zum Inhalt haben, es sind dies Darlehen
und Quittungen, — während diejenigen Verträge, welche sich als
Kauf ohne Zahlung, also nach der üblichen Bezeichnung als Credit-
käufe geben, oben (S. 81) behandelt sind.

§ 14. Darlehen.

Darlehensurkunden sind in drei Formen vorhanden: χειρόγραφον,
ὁμολογία, διαγραφή. Bei allen Formen ist die nämliche Unter-

---

1) Mit UBeM. 282 vielfach verwandt ist UBeM. 542, S. 88 Anm. 1.

scheidung des Gegenwärtigen und des Zukünftigen, der wir beim Kauf begegnen: Schuldner bekennt 1) zu haben ($\check{\varepsilon}\chi\varepsilon\iota\nu$), und zwar steht hier $\dot{o}\mu o\lambda o\gamma\tilde{\omega}$ auch bei den $\chi\varepsilon\iota\varrho\dot{o}\gamma\varrho\alpha\varphi\alpha$ hinter $\chi\alpha\dot{\iota}\varrho\varepsilon\iota\nu$ allemal, Termin. und 2) herausgeben zu sollen an einem bestimmten Termin. Die Verknüpfung beider Stücke geschieht in der gleichen Weise, wie dies in dem zweiten Typus der Kaufverträge mit der Preisklausel der Fall ist; durch den Relativsatz: $\dot{o}\mu o\lambda o\gamma\varepsilon\tilde{\iota}(-\tilde{\omega})\,..\,\check{\varepsilon}\chi\varepsilon\iota\nu\,...\,\delta\varrho\alpha\chi\mu\dot{\alpha}\varsigma$, $\dot{\alpha}\varsigma\,\varkappa\alpha\dot{\iota}\,\dot{\alpha}\pi o\delta\dot{\omega}\sigma\varepsilon\iota\,(\omega)$ oder $\dot{\omega}\nu\,\varkappa\alpha\dot{\iota}\,\tau\dot{\eta}\nu\,\dot{\alpha}\pi\dot{o}\delta o\sigma\iota\nu\,\pi o\iota\acute{\eta}\sigma\varepsilon\tau\alpha\iota\,(-o\mu\alpha\iota)$ [1] $\varkappa\tau\lambda$. (an dem und dem Termin). Es mag Zufall sein, verdient aber doch Erwähnung, dass die lateinischen Darlehen Bruns p. 311. 312 die Rückforderung qua die petierit normiren, und die Zinsen als alleinige Ausgleichung einer Säumigkeit auf Seiten des Schuldners in Aussicht nehmen, während die griechischen Urkunden einschliesslich der griechischen siebenbürgener (Bruns p. 312 u. 128) den Termin, $\pi\varrho o\vartheta\varepsilon\sigma\mu\dot{\iota}\alpha$ oder $\dot{\eta}\mu\acute{\varepsilon}\varrho\alpha\,\dot{\omega}\varrho\iota\sigma\mu\acute{\varepsilon}\nu\eta$, festsetzen [2]. Nimmt man hinzu, dass als Rechtsfolge gerade für die Versäumung dieses Termins häufig die $\dot{\eta}\mu\iota o\lambda\dot{\iota}\alpha$ als Strafe vereinbart wird, die dem griechischen Recht geläufig [3]), im römischen auf die pecunia constituta beschränkt ist, so mag man annehmen, dass die $\pi\varrho o\vartheta\varepsilon\sigma\mu\dot{\iota}\alpha\iota$ für die constituta das Vorbild gewesen sind, während altrömisch die Vorstellung war, dass man sein Darlehen zurückfordert 'qua die', man will; unentschieden muss freilich bleiben, ob mit dem Thatbestand der constituta auch die griechische Rechtsfolge sich eingebürgert hat, die der Actio de pecunia constituta anhaftet; das ist von vornherein unwahrscheinlich, dass die der actio de pecunia certa credita zugewiesene Strafe von $^1/_3$ sich selbständig entwickelt hat: in dem Drittel würde mit mehr Wahrscheinlichkeit ein auf den triens verminderter semis, als in diesem ein geschraubtes Drittel zu sehen sein.

Die Darlehnsurkunden sind verhältnissmässig oft $\chi\varepsilon\iota\varrho\dot{o}\gamma\varrho\alpha\varphi\alpha$, mitunter $\dot{o}\mu o\lambda o\gamma\dot{\iota}\alpha\iota$, eine ist eine $\delta\iota\alpha\gamma\varrho\alpha\varphi\acute{\eta}$, und es ist auffallend, dass die $\chi\varepsilon\iota\varrho\dot{o}\gamma\varrho\alpha\varphi\alpha$ hier nicht so schülerhaft in der Form sind, wie bei den Kaufverträgen; sie sind durchaus richtig stilisirt und sachlich wenig hinter den $\dot{o}\mu o\lambda o\gamma\dot{\iota}\alpha\iota$ an Genauigkeit zurückstehend; da nun weder anzunehmen ist, dass die Parteien beim Kauf nachlässiger schrieben als beim Leihen, noch, dass die Darlehen vorzugsweise von Gebildeten aufgenommen wurden, so mag folgendes vermuthet werden:

---

1) So, nicht $\sigma o\iota\,\pi o\iota\acute{\eta}\sigma\omega$, ist No. 272, 8 zu ergänzen.
2) Anders die antichretischen Darlehen UBeM. 101 und auch 339, 14.
3) Mitteis S. 513.

Die *χειρόγραφα* bei Darlehen haben häufig die Klausel: *τὸ* Original oder Copie?
χειρόγραφον τοῦτο γραφὲν δισσὸν ... κύριον (No. 301), etwa noch
ὡς ἐν δημοσίῳ κατακεχωρισμένον (No. 272, 16): es wäre nun
möglich, dass die *χειρόγραφα*, die uns vorliegen, die Abschrift der
Originalurkunde (die Secunda) enthielten und dass diese Abschrift
eben von der Kanzlei ausgestellt war, und in dieser Vermuthung
bestärkt mich folgende Wahrnehmung: die Darlehen, die uns erhalten sind, sind zum Theil quittirt, indem unter dem *χειρόγραφον*
des Schuldners die Handschrift des quittirenden Gläubigers steht
und die Darlehnsurkunde selbst durchstrichen ist, solcher quittirter
Schuldscheine sind uns 4 erhalten, UBeM. 101. 179. 272 [1]). 339. Nun
ist es natürlich, dass uns in der Quittung eine andere Handschrift
entgegentritt, als in dem Schuldschein: dort die des Gläubigers, hier
die des Schuldners; allein wenn auch hier schon der Umstand dem
Paläographen zu denken giebt, dass die Schrift im *χειρόγραφον*
eine ausgeschriehene Hand ist, und die Quittung die mühsame
Leistung eines *βραδέα γράφων*, so hilft ein Zufall uns noch weiter:
No. 179 ist eine Theilquittung, bei der die Restschuld als noch
bestehend und bis zu einem bestimmten Termin zu zahlen erwähnt
wird. Auch hier ist die Haupturkunde durchstrichen [2]), und unter-
halb befindet sich die Quittung über den Restbetrag.

Nun ist es klar, dass die Theilquittung eben der ausstellt, der
die Restschuld quittirt: der Gläubiger; und dem entspricht es, dass
oben im *χειρόγραφον* und unten in der Restquittung der nämliche
Mann handelt: *Λογ]γῖνος Πρίσκος*. Eben dieser Mann aber schreibt
oben in sehr respectabler Cursive, unten aber vier Zeilen in Ma-
juskeln, oder vielmehr in Lapidarlettern. Will man nun nicht
befürworten, dass der Veteran auch „Calligraph von Profession" war
und seine Musse dazu benutzte, eine Quittung in schwerfälligen
Runen auszustellen, obwohl er cursiv schreiben konnte, so ist anzunehmen, dass er eben nur in grossen Lettern schreiben konnte,
und dass die obere Schrift, die unter seinem Namen geht, Abschrift
des im *δημόσιον* verwahrten *χειρόγραφον* war; und freilich hatte
eine Quittung unter der Copie die gleiche Wirkung, wie unter dem
Original. Dass aber dieses von der Hand des durch *χείρ* zu ver-
pflichtenden geschrieben sein musste, leuchtet ohne weiteres ein: denn

---

1) Die vier verlöschten Zeilen am Schluss von 272 sind nicht, wie
Krebs vermuthet, eine Datirung, sondern eine Quittung; die Datirung steht
am Schluss wie in No. 101.

2) *ἐξομοιούμενος τὰ χιρόγραφα* nennt dies der Gläubiger selbst.

unicuique contra se fides habetur — was er nicht geschrieben hatte,
konnte ihn natürlich nicht binden [1]).

A. Einfache Darlehen.

Betrachten wir den Inhalt der Darlehnsurkunde. Es fällt hier
von den durch ὁμολογῶ(-εῖ) [2]) regierten drei Zeittheilen des Kaufes
der auf die Vergangenheit bezügliche fort; mit dem Haben, nicht mit
dem accepisse, beginnt die Urkunde; an das Haben des Darlehns
schliesst sich die Verpflichtung, zum Termin zurückzugeben, und diese
Verpflichtung muss eben des Termins wegen genannt werden; und
da wir hier alsobald einer Verpflichtung begegnen, so sehen wir auch
sofort die, übrigens bei diesen Contrakten fakultative, Conventionalstrafe, deren Höhe bei den Griechen eine so gewaltige war [3]). Ausserdem ist mitunter der Vorstellung vorgebeugt, dass das Bekenntniss
dieser Schuld zugleich Ableugnung weiterer Schulden sei. Die
anderen Schulden sollen bleiben, wie sie sind, es kommt zum Vorbehalt weiterer Rechte für den Gläubiger [4]).

Bekennt-
niss des
ἔχειν.

I. Bekenntniss des mutuum habere. Hier geben, wie unten (S. 133)
erwähnt, auch die χειρόγραφα das Wort ὁμολογῶ, wodurch die Form
eine ziemlich ähnliche bei allen Urkunden wird. Regelmässig schliesst
sich an ὁμολογῶ(εῖ) die Bezeichnung des Gebers mit παρά (σοῦ,
αὐτοῦ), und die des Empfängers wird meist als überflüssig vermieden; in einer ὁμολογία (No. 290, 9) folgt hinter παρ’ αὐτοῦ
noch τὸν ὁμολογοῦντα, bei der διαγραφή (No. 70, 15) steht bezeichnender Weise τὴν μητέρα Θαμύσθαν vor παρὰ τῆς θυγατρός,
dies forderte der verschränkte Stil solcher Tratten. — Nach der
Personalbezeichnung kommt das Objekt, entweder eingeführt durch
χρῆσιν ἔντοχον [5]), oder gleich als ἀργυρίου (σεβαστοῦ νομίζματος,
κεφαλαίου) δραχμάς tot bezeichnet, und manchmal unter Vorantritt
der Worte παραχρῆμα διὰ χειρὸς ἐξ οἴκου. Die Summe ist stets
ausgeschrieben, aber mitunter in Zeichen wiederholt. Wenn sich
einige Schuldscheine dahin auslassen die Schuld als χρῆσις ἔντοχος

---

1) Die Argumentation bleibt, auch wenn meine neueren Ausführungen
S. 98 ff. richtig sind; denn in der Handschrift der oberen Urkunde von UBeM. 179
haben wir sicher einen Schreiber zu erkennen.

2) Dies Wort fehlt nie.

3) Vgl. S. 105.

4) Vgl. S. 31 Anm. 3.

5) No. 238 enthält das verso die Überschrift χρήσεω(ς) (δραχμαί) πδ
und Z. 4 τῆς χρήσεως ἀργυρίου δραχμὰς ὀγδοήκοντα τέσσαρες.

(fenus usurarium) zu bezeichnen, so geben andere auch den Zinsfuss an: τόκου δραχμιαίου ἑκάστης [μνᾶς τὸν μῆ]να ἕκαστον, das ist also die usura centesima der Römer, sie findet sich z. B. in No. 301, 5 ff. Ἐπὶ ἐδανισάμην παρὰ σοῦ καθ᾽ ὁμολογίαν τῇ ἐνεστώσῃ ἡμέρᾳ ἀργυρίου δραχμὰς ἐννεακοσίας τόκου δραχμιαίου τῇ μνᾷ κατὰ μῆνα. Einen höheren Fuss hat UBeM. 189, 7: τόκου ἒκ δραχμῆς μιᾶ[ς] τριοβού[λο]υ τῆς μνᾶς τὸν μῆνα ἕκαστον = 15 % per annum. — Es mag hieraus geschlossen werden, dass die Angabe des Zinsfusses im Genetiv erfolgte, was für Ergänzungen von Wichtigkeit ist. — Ausserdem kann in diesem Abschnitt noch stehen: κατὰ τοῦτο τὸ χειρόγραφον secundum hoc instrumentum (No. 272, 4).

II. Verpflichtung zur Rückgabe bei Verfall: 1) Diese enthält Verpflich- möglicherweise die Namen der Parteien [1]) und wird häufig [2]) relativisch tung zur angeschlossen, und zwar entweder in der Form: ἃς καὶ ἀποδώ- ἀπόδοσις. σω(-ει), oder ὧν καὶ τὴν ἀπόδοσιν ποιήσομαι (-σεται); auch No. 179 mit·(Z. 16) ἡ δὲ ἀπόδοσις ἔσται ist eine Theilquittung mit Constitut der Restschuld. Es ist zu beachten, dass hier das καὶ wiederkehrt, dem wir auch bei der Übergabe, der Censusangabe und der Verpflichtung zur Niederschrift begegnen. Es ist seltsam, die Rechtsfolge aus dem Thatbestande in die Form des Relativsatzes mit καὶ gekleidet zu sehen; denn dadurch wird der Nachdruck in einer uns unangemessen scheinenden Weise auf jenen Thatbestand gelegt: indess scheint der Verkehr das ex meo tuum factum als ein selbständiges gefasst zu haben, und die Terminsbestimmung für die Rückgabe als ein blosses, wenn auch nie fehlendes, naturale: die beiden Seiten des Darlehens, die Eigenthumsübertragung und die persönliche Verpflichtung zur Rückgabe scheiden sich in zwei Sätze unter Primat der ersteren. Ähnlich sagt die Urkunde Bruns 127, 1 nach Erwähnung der stipulirten Summe Z. 5: quos eae reddere debebit, qua die petierit, cum usuris supra scriptis. — 2) Der Termin selbst folgt stets, und ist wegen der Zinsen auf den Monat gestellt: der Monat steht hier der Jahreszahl voran, wie immer, wo der Tag fehlt, während umgekehrt die Beurkundungen mit vollständigem Datum mit dem Jahr beginnen. Der Monatsname wird dem μήν im Dativ voran-, oder ihm mit ἐν nachgestellt, doch No. 179, 21 steht das Monatsende mit ἕως Με]σορὴ τριακάδος vor. Daran

---

1) Die Person steht nie zwischen καὶ und ἀποδώσει, wonach meine Ergänzung von UBeM. No. 445, 18 umzustellen ist.

2) Das Relativum wechselt ab mit ἐπάναγκον.

schliesst sich die Formel $\dot{\alpha}\nu\nu\pi\varepsilon\varrho\vartheta\dot{\varepsilon}\tau\omega\varsigma$ oder $\ddot{\alpha}\nu\varepsilon\nu$ $\pi\dot{\alpha}\sigma\eta\varsigma$ $\dot{\nu}\pi\varepsilon\varrho$-$\vartheta\dot{\varepsilon}\sigma\varepsilon\omega\varsigma$ $\varkappa\alpha\dot{\iota}$ $\varepsilon\dot{\nu}\varrho\eta\sigma\iota\lambda o\gamma\dot{\iota}\alpha\varsigma$, 'ohne Aufschub und Ausflüchte', welcher noch beigegeben sein kann die Executivclausel, über die ich nur zwei Bemerkungen beifügen will:

1) Diese Klausel, die sonst als eventuelles Generalrecht am ganzen Vermögen vorkommt, findet sich wieder in No. 78, 19 == 445, 19 auf einzeln verpfändete Grundstücke bezogen. Es heisst da (Z. 18), dass $\Sigma o\tilde{\eta}\varrho\iota\varsigma$ die Schuldnerin den Restbetrag wiedergeben werde zum Termin im Monat $\Pi\alpha\chi\dot{\omega}\nu$, und daran knüpft sich, durch eine Lücke getrennt $\ddot{\eta}\varrho\varepsilon\omega\varsigma$ $\varkappa\alpha\dot{\iota}$ $\dot{\varepsilon}\varkappa$ $\tau[\bar{\omega}]\nu$ ($\lambda o\iota\pi\tilde{\omega}\nu$ über der Zeile!) $\tau[\tilde{\eta}]\varsigma$ $\mu\varepsilon\sigma\iota\tau\dot{\iota}\alpha\varsigma$ $\dot{\alpha}\varrho o\nu\varrho\tilde{\omega}\nu$; ich glaube, dass vorher zu ergänzen „aus der Schuldnerin": $\dot{\varepsilon}\varkappa$ $\tau\varepsilon$ $\tau\tilde{\eta}\varsigma$ Σo] und am Schluss wohl $\pi\dot{\alpha}\nu\tau\omega\nu$ $\varkappa\alpha\vartheta\dot{\alpha}\pi\varepsilon\varrho$ $\dot{\varepsilon}\varkappa$ $\delta\dot{\iota}\varkappa\eta\varsigma$ gestanden haben kann: denn dies ist die Stelle, wo die Executivklausel hingehört[1]) und $\dot{\varepsilon}\varkappa$ für Personen und Sachen gemeinsam ist ausserhalb jener Klausel in den Urkunden nicht belegt. Die Grundstücke sind die noch jetzt übrigbleibenden Pfandäcker, nachdem ein Theil von ihnen wegen der geschehenen Theilzahlung freigegeben ist (Z. 13, leider verstümmelt).

2) Ob Executivurkunde nur die ist, bei der ausser $\tau\tilde{\eta}\varsigma$ $\pi\varrho\dot{\alpha}$-$\xi\varepsilon\omega\varsigma$ $o\ddot{\upsilon}\sigma\eta\varsigma$ $\ddot{\varepsilon}\varkappa$ $\tau\varepsilon$ etc. noch $\varkappa\alpha\vartheta\dot{\alpha}\pi\varepsilon\varrho$ $\dot{\varepsilon}\varkappa$ $\delta\dot{\iota}\varkappa\eta\varsigma$ steht, ist zwischen Mitteis, der $\varkappa$. $\dot{\varepsilon}\varkappa$ δ. fordert, und Goldschmidt[2]), der auch ohne diese drei Worte Executivurkunde annimmt, bestritten: mir scheint, dass eine naheliegende Analogie den Streit schlichten kann: Manus injectio[3]) ist keine Vollstreckungsklausel, aber eine Vollstreckungsklage; bei ihr gab es ebenfalls: pro iudicato manum tibi inicio und einfach: manum tibi inicio, das leztere hatte schwächere Wirkung, denn der Schuldner konnte sein eigener vindex sein: manus injectio war es doch; so war gewiss die Urkunde ohne $\varkappa$. $\dot{\varepsilon}\varkappa$ δ. eine schwächere Form der Executivurkunde, aber es ist sicherlich nicht die Klausel ohne $\varkappa$. $\dot{\varepsilon}\varkappa$ δ. ohne jede executivische Wirkung gewesen, sonst hätte man sie sich wohl erspart; ob die Folge ein Strafzusatz war, wie bei der schwächeren manus injectio, lässt sich vor der Hand freilich nicht ausmachen.

Vertrags-
strafe.

III. Der conventionale Strafzusatz tritt bei $\dot{o}\mu o\lambda o\gamma\dot{\iota}\alpha\iota$ auf No. 190[II, 3] u. No. 238, 1. Beide sind verstümmelt; aber gerade an dieser

---

1) Sie steht stets am Ende der betreffenden Verpflichtung, mitunter sogar hinter der Reservirung anderweitiger Rechte.

2) Z.S.St. 10 S. 302 ff.

3) Gaj. IV, 21 ff.

Stelle erhalten: 190 ἐὰν δὲ μὴ ἰσαποδῶι, ἀποτισάτωι παραχρῆμα
238 ῆ] ἐκτίσει
μεϑ᾽ ἡμιολία[ς καὶ τόκω]ν οας [   ]
σὺν ἡμιο[λ]ίᾳ καὶ τόκοις [τὰ]ς π[ροκ]ειμένας τῆς χρήσεως δραχμὰς ὀγδοήκοντα τέσσαρες ~ ⟨πδ.

Es ist die auch in Rom als normal geltende Form: fundum
dari? si non dederis centum dari spondes? spondeo [1]), und sie wechselt
hier mit ῆ ab. Ähnlich wird die Veräusserung der Pfandgrundstücke
No. 301, 16 als Conventionalstrafe gedacht.

B. Antichretische Darlehen; Pfand.

Wenn die verzinslichen Darlehen verlangen, dass Schuldner Rückgabe
nicht
terminirt?
bis zu einem bestimmten Tage herausgiebt, und eventuell eine fest-
bestimmte Pön eintreten lassen, so ist der Grund hierfür wohl darin
zu suchen, dass der Gläubiger „creditirt“, d. h., auf die Solvenz und
Redlichkeit des Schuldners angewiesen ist; wenn der frustrirt, soll
er es büssen. Allein es giebt noch eine andere Art, die sich dem
durch Pfand gesicherten Darlehen nähert: beim Pfand hat der
Gläubiger das Recht, eine Sache zur Befriedigung seiner Forderung
zu verwerthen; diese Verwerthung besteht nach griechisch-römischem
Hypothekenrecht zumeist im Verkauf, aber fruchttragende Sachen
lassen eine Verwerthung zu, die die Substanz der Sache dem Eigenthümer erhält, und doch dem Gläubiger zu Gute kommt. Diese
Verwerthung ist der Fruchtgenuss; er sichert den Gläubiger nicht
gegen den Verlust des Capitals, aber er stellt ihn unabhängig vom
Zeitablauf, denn für das Entbehren des Capitals während eines
Jahres entschädigt ihn die Ernte eben dieses Jahres; darum ist bei
diesen Darlehen der Termin für die Rückgabe nicht so wesentlich,
denn es kann in der Zwischenzeit kein Zins auflaufen. So ist denn
in einer der beiden Urkunden, die uns darüber unterrichten, und
nur in dieser, für das antichretische Darlehen, das Darlehen, bei
dem statt der Zinsen die Früchte eines dem Schuldner gehörigen
Ackers dienen, der Termin der Rückgabe nicht bestimmt, ja anscheinend ins Belieben des Schuldners gestellt [2]). Wirthschaftlich

---

1) D. 45, 1, 115, 2.

2) In No. 339, 16: ἐὰν [δὲ] μὴ ἀποδῶι, [συ]νχωρεῖ Ἀ[τ]ρῆς (γε)ωργῖν καὶ
καρπίζεσθαι (κ. τ. λ.), μέχρι οὐ ἀποδῶι τὸ ἀργύριον καὶ πυρόν. — No. 101
ist, wie es scheint, nur für die Zinsen eines Jahres berechnet, da Z. 17 das
kommende Jahr als Endtermin erwähnt, und Z. 22 die Quittung für das
Capital bereits im folgenden Jahr ertheilt wird; vgl. aber die εὐδοκία Z. 25:
ἀπὸ τοῦ ἔτους.

ist anzunehmen, dass hier die Früchte einen sehr hohen Zinsfuss
darstellten, in dessen Übermass die Compelle zur Rückzahlung für
den Schuldner lag. Die beiden Urkunden unterscheiden sich wesentlich nicht dadurch, dass die eine ein *χειρόγραφον*, die andere eine
ὁμολογία ist, sondern viel mehr durch ihren Inhalt. Die eine ist
von vornherein als antichretisches Darlehen gedacht, die andere als
gewöhnliches zinsbares Darlehen, das sich erst eventuell, für den
Fall des Ausbleibens der Zahlung am Verfalltag, in ein antichretisches verwandelt, um so bezeichnender ist es, dass dies ter-
minirte Darlehen im Wege der Conventionalpön ausläuft in ein
auf unbestimmte Zeit weitergehendes, während doch naturgemäss
jede eventuelle Massregel auf zeitliche Fixirung und Beschleunigung
drängt. Statt der *ἡμιολία* dient hier die Antichrese als Strafe[1]).

Συγχωρεῖν, concedere, ist der Ausdruck für die unentgeltliche
Zuwendung hier wie beim Testament (UBeM. 86, 5. 6. 8. 12. 13. 15. 17. 34.
183, 4. 251, 3. 10. 12. 13. 14. 16. 19. 20. 22. 33. 35. 38. 39. 41. 41. 252, 19) und zwar
ist UBeM. 101, 6 die Erlaubniss geschehen, *συνκεχωρηκέναι*, während
sie UBeM. 339, 12 *συγχωρεῖ* für den Fall der Nichtrückgabe, also be-
dingt hingestellt wird. Gegenstand der Concessio ist das Säen und
Ernten in der einen Urkunde, das Bebauen und Ernten in der
anderen, für das erstere kommt noch hinzu *ἀποφέρειν εἰς τὸ ἴδιον*:
wollte man die Worte pressen, so müsste man annehmen, dass das
halbe Grundstück selbst dem Eigenthum des Gläubigers verfiele:
allein daran kann nicht gedacht werden; einmal ist der Ausdruck
ἀποφέρειν ungezwungen nur für bewegliche Sachen brauchbar, und
sodann sind uns Parallelstellen erhalten, die den präcisen Sprachgebrauch zeigen: UBeM. 282 handelt vom Kauf und der Auflassung
eines Gütercomplexes, und zählt Z. 32 ff. die Rechte auf, die der
Käuferin an den *πεπραμένα καὶ παρακεχωρημένα αὐτῇ* nun zu-
stehen sollen; dabei heisst es dann: *καὶ τὰ ἐξ αὐτῶν περιγεινό-*
μενα ἀποφέρεσθαι εἰς τὸ ἴδιον, und ebenso muss No. 94, 16 zu
Anfang ergänzt werden: *τὰ δὲ ἐξ αὐτῶν ἀποφέρεσθαι] αὐτὴν εἰς*
τὸ ἴδιον. Es ist also fructus suos facit der Sinn dieser Bestimmung,
die in der *ὁμολογία* als überflüssig, weil selbstverständlich betrachtet wird. Bemerkenswerth ist, dass dem Schuldner und Eigenthümer selbst das luere, und das intrare, ingredi verwehrt wird — bis
nach geschehener Ernte des jedesmaligen Darlehensjahres; dies ver-

Gläubiger
gegen
unbillige
Kündigung
geschützt?

---

1) Wenn das römische Recht seine *ὑποθήκη* von den Griechen entlehnt
hat, so sind die vorliegenden Antichresen Verwandte des römischen pignus in
seiner alten Gestalt, in der es nicht zum Verkaufe befähigte; und wiederum
ist die Bezeichnung Antichrese unseren Urkunden fremd.

stehe ich dahin, dass der Schuldner statt der Zinsen die Ernte giebt, und dass in Folge dessen es nicht in seiner Macht stehen soll, die rechtlichen Beziehungen inopportuno tempore, kurz vor der Ernte, die dem Gläubiger den Ersatz für die Zinsen bietet, abzubrechen.

Aus dem römischen Recht bietet sich sofort die Analogie des dotalen Rechtsverhältnisses der Pandecten, wo für den Fall, dass der Mann als Ersatz für die onera matrimonii ein fruchtbringendes Grundstück zur Mitgift erhalten hatte, sehr ausführliche Gesetzesbestimmungen getroffen wurden, damit nicht etwa durch unzeitgemässe Trennung der Ehe der eine Gatte den anderen übervortheilte[1]). Denn das Äquivalent für die Aufwendung, die in beiden Fällen jeden Tag und jede Stunde geschieht (Erhaltung des Hausstandes — Entbehrung des Capitals), ist in beiden Fällen ein jährlich einmaliges: sorgen wir, dass es im letzten Jahr dem Aufwendenden nicht durch einen raschen Streich entzogen wird. Um deswillen wiederholt auch Z. 20 μέχρι οὗ ἀποδῷ μετὰ συνκομιδήν σου, nach Deiner Einerntung. — Die Klausel τῶν δὲ δημοσί[ων καὶ] ἔργων τῆς ἀρούρης ὄ[ντω]ν πρὸς σὲ τὸν Κάστορα, d. h., die Steuern und Auslagen für dies Gut trägt der Schuldner und Eigenthümer, ist auch bei Miethsverträgen, wenigstens für die δημόσια, und zu Lasten des Verpächters, üblich (No. 227, 16), und in unserer Urkunde quittirt der Gläubiger Z. 35 (ἀπέχω κτλ.) τὰς τῆς προκιμέ[ν]ης ἀρούρης δαπάνας; er hat die Auslagen zurückerhalten. Eigenthümlich ist noch 101, 8: σπείρειν καὶ καρπίζεσθαι καὶ ἀποφέρειν εἰς τὸ ἴδιον τὸ ἥμισυ μέρος ἐξ οὗ ἐὰν αἱρῇ μέρους ‘τῶν ὑπαρχόντων μοι κτλ. ἀρουρῶν; es muss das erste μέρος rein zahlenmässig, das zweite lokal gedacht sein[2]), so dass der Gläubiger im Ganzen die Hälfte nehmen darf, und von welchem Theile des Grundstücks er will. Ganz klar liegen mir die Anordnungen nicht, man kann das ἥμισυ μέρος auf ἀποφέρεσθαι allein beziehen, und die Bebauung des Grundstücks ganz auf den Gläubiger übergehen lassen; man kann auch bei dem Z. 23 abrupt auftretenden und nicht einmal mit Vatersnamen bezeichneten Ἥρων an einen Miteigner pro parte dimidia denken. Schwierigkeiten bietet jede dieser Annahmen.

Die Bestimmung, dass die öffentlichen Lasten den Schuldner treffen, aber vom Gläubiger vorgeschossen werden, dass also der

---

1) D. 24, 3, 9 und dazu Petrazycki, Fruchtvertheilung S. 45 ff., nicht widerlegt durch Lotmar, Jahrb. f. Dogm., XXXIII, S. 225 ff,

2) Vgl. S. 74.

Staat und die Gemeinde sich an den Gläubiger halten, und dieser wieder an den Schuldner, ist in No. 339, 20: (ἐὰν [δὲ] μὴ ἀποδῶι — [συ]νχωρεῖ Ἁ[τ]ρῆς etc. ἀρούρας τρῖς etc.) ἀντὶ τῶν τόκων [κα]ὶ ἡμιολίας καὶ τῶν ὑ[πὲ]ρ αὐτῶν δημ[οσίων] sehr fein dahin geändert, dass Gläubiger die Nutzniessung haben solle „statt der Zinsen und der pars dimidia und der Abgaben", von denen stillschweigend vorausgesetzt wird, dass er sie zunächst zu leisten hat: offenbar ging die Behörde im Wege der Exmission vor, wenn man nicht zahlte, und da büsste denn freilich der Fruchtberechtigte. Im Fall der No. 339 ist es also eine echte Antichresis, insofern der Gläubiger hier die Lasten definitiv trägt, und durch die Früchte auch dafür mit entschädigt wird. Natürlich ist alles relativ und abhängig von dem Verhältniss der Schuld und des Zinsfusses zum Werth der Früchte.

UBeM. 339
auch
Getreide-
darlehen. Die Entstehung solcher Antichresen lässt No. 339 insofern erkennen, als es sich hier auch um ein Getreidedarlehen handelt, Z. 10: ἀργυρίου δραχμὰς ἑκατὸν καὶ πυροῦ ἀρτάβας πεντεκ[αίδεκα]. Für entbehrtes geschuldetes Getreide ist die zeitweise Benutzung eines getreidetragenden Grundstückes ein naturgemässer Ersatz, wobei, wenn Alles ehrenhaft zugeht, der Gläubiger hoffen mag, vermöge grösserer Geldmittel dem Gut aufzuhelfen und selbst dadurch während der Zeit seiner Fruchtziehung zu profitiren, der Schuldner, das meliorirte Gut einmal zurück zu erhalten. Dass umgekehrt auch Wucher hierbei möglich war, liegt auf der Hand. In No. 179, 48 sind 240 Drachmen geliehen, und die Hälfte von zwei Aruren gesetzt; in No. 339, 10. 11. 19 hundert Drachmen nebst 15 Artaben Weizen geliehen und dagegen drei Aruren. Man würde die letztere Antichrese für härter halten, wenn nicht Z. 12 noch Raum für die Anführung von weiterem Weizen wäre, und wenn nicht die Bezeichnung Z. 18 ὧν γεωργῖ ὁ Ἁτρῆς περὶ Πατσῶντιν [δ]ημοσίου ἐδάφους ἀρούρας τρῖς im Gegensatz zu dem üblichen ὑπαρχόντων αὐτῷ darauf schliessen machte, dass Ἁτρῆς dies Stück Land selbst nur als geduldeter Nichteigenthümer besessen [1]).

Verpfän-
dung. An die Betrachtung der eventuellen Antichresis schliesst sich das Anerkenntniss geschehener Verpfändung insofern an, als auch bei der Verpfändung No. 301, 16: αἷς (sc. οἰκονομίαις cf. Z. 14) ἐὰν μὴ ἀποδιδῶ χρήσῃ τοῖς περὶ τούτων νομίμοις πᾶσι den

---

1) So theilen UBeM. 234, 6. 7 Vater und Sohn einiges Land: καθ'(?) ὃν] μένει αὐτοῖς ἡ γεωργία χρόνον: für die Zeit der Innehabung und Bebauung.

eventuellen und secundären Charakter des Rechtsgeschäfts vor Augen führt. Es war schon in dem am gleichen Tage ausgestellten Schuldschein gesagt, dass der Schuldner: Z. 9, ὑπαλλάξας [1]) τὰς ὑπαρχούσας μοι περὶ τὸν δρυμὸν Κερκήσεως κώμης ἱερᾶς ἀρούρας τέσσαρες, ἐν αἷς οἰκόπεδα καὶ ὑποδοχῖ(α), sein Darlehen erhalte; dagegen waren dem Gläubiger die Eigenthums-Instrumente nicht eingehändigt, sodass für den Fall der Säumigkeit die executio pignoris nicht gesichert war. Eben dies wurde nachgeholt, wie unsere Urkunde (Z. 13) bezeugt. Es ist offenbar, dass diese ὑπαλλαγή auslaufen soll in den Verkauf der Sachen; denn nur für diesen bedarf der Gläubiger der Papiere über die Sache; für einen blossen Pfandgebrauch hätte die ὁμολογία, welche der Verpfändung gedachte, vollkommen ausgereicht; der Mangel lag darin, dass: Z. 12, οὐκ ἐδηλώθη δὲ διὰ τῆς ὁμολογίας τὰ περὶ τούτων δίκαια ὡς ὑπάρχι μοι. Die οἰκονομίαι [2]), die instrumenta status für das Grundstück, die das Recht des Eigenthümers für Jedermann klarlegen, schafft der Schuldner noch herbei. Diese Urkunde fällt aus dem Charakter der übrigen heraus und hat etwas Römisches an sich.

§ 15. Quittung.

ἀπέχειν.

Für die Quittungen ist das technische Wort: ἀπέχειν, wie es in dem in die römische Rechtssprache übergegangenen ἀποχή (apocha) uns entgegentritt.

Der Vorbehalt aller weiteren Rechte ist fakultativ und wird entweder mit μένεν im Ablativus absolutus, oder mit χωρίς ausgedrückt. Eigenthümlich ist das zweimal (unter wenigen Fällen) vorkommende οὗτος: No. 69, 15, μενόντων τούτων ὧν ὀφείλω und: No. 272, 11, μένοντος τούτου λόγου ὑπὲρ ὧν ἄλλων ὀφείλω. Die διαγραφή No. 70, 23 sagt einfach: χωρὶς ἄλλων ὧν ὀφείλει.

Übersicht.

Auch die Quittungen entbehren wie die Darlehen der Beziehung auf die Vergangenheit, sie beginnen mit der Erklärung des ἀπέχειν und haben, wiederum wie die Darlehen, noch eine Clausel für die Zukunft, und zwar eine streng genommen überflüssige Clausel: Was ich als Darlehen bekommen, muss ich wiedergeben; wann ich es wiedergeben soll, steht dahin, und muss darum

---

1) Die Stelle liefert ein weiteres Beispiel von ὑπαλλάσσειν = verpfänden in unseren Urkunden, zu No. 86, 13.

2) Vgl. No. 361 III, 2: ὁ νομικὸς ὁ τὴν οἰκονομίαν γράψας, auch No. 236, 6: γραφῆς καὶ παραχωρήσεως οἰκονομίας.

ausdrücklich erwähnt werden; was ich aber als geschuldetes zurückerhalten habe, das kann ich nimmermehr einfordern, und darum ist die den Quittungen eigene Versicherung *μὴ ἐπελεύσεσθαι* ... *περὶ ὧν ἀπέχει δραχμῶν* in sich nichtig; indess wird sie ausgebaut zu einer über das einzelne Rechtsgeschäft hinausgehenden Auseinandersetzung zwischen den Parteien, einer Art Saldirung, die zu einer Generalquittung oder zur Constituirung der Restschuld auf einen bestimmten Termin führt, und darin liegt ihre Bedeutung. Wir haben also innerhalb der einzelnen Quittung zwei Theile zu scheiden: 1) Bekenntniss dessen, was da ist und 2) Festlegung dessen, was da sein wird; oder Empfangsbekenntniss und Saldirung; die letztere eingetheilt in Generalquittungen und Theilquittungen.

I. Voll
quittungen. I. Die grossen Vollquittungen. Was der Gläubiger dem Schuldner bei dessen Leistung seinerseits prästiren muss, ist Sicherung gegen künftige Nachforderung: durch Ausstellung der Quittung; diese genügt, so lange sie da ist; aber da sie untergehen kann, und dann der Schild gegen die Waffe des Gläubigers, den Schuldschein, verloren ist, so ist es üblich, die letztere Waffe zugleich selbst herauszugeben: der Gläubiger liefert den Schuldschein aus, — oder gar sie unbrauchbar zu machen: der Gläubiger durchstreicht den Schuldschein und setzt sein Empfangsbekenntniss darunter. Diese beiden Akte zeigen sich bei den Quittungen in mannigfachen Variationen. Wohl das Urbild einer vollständigen Quittung bietet die *ὁμολογία* No. 196, 13 ff. Sie bekräftigt den Rückempfang von vierhundert Drachmen, die der Gläubigerin von zwei Frauen geschuldet waren, erwähnt Jahr, Tag und Charakter der Schuldurkunde, und giebt Kenntniss von der zum Zweck der Vernichtung erfolgten Übergabe dieser Urkunde an die Schuldnerinnen. Ähnlich drückt sich die *διαγραφή* No. 415, 10 ff. aus, die um deswillen besonderes Interesse bietet, weil der Zufall uns in No. 44 die Interimsquittung [1]) erhalten hat, welche, von dem Vater des Schuldners in No. 415 ausgestellt, also schliesst: *καὶ παρέξομαι* (nämlich den Sohn) *διδόντα ἡμῖν ἀποχὴν καὶ ἀνδιδοῦντα τὴν δ[ια]γραφὴν εἰς ἀθέτησιν καὶ ἀκύρωσιν.* Er will den Sohn stellen [2]), damit er

---

1) Eine ähnliche Interimsquittung, die auf eine Hauptquittung Hoffnung macht, liegt vor in No. 260, wo aber nicht erst betont wird, dass auch die Schuldurkunde herausgegeben werden solle Z. 5: *καὶ ὁπόδε ἐὰν αἱρῇ ἐκδώσωι σοι ἐξαμάρ[τ]υρον ἀπ[ο]χήν.*

2) Dieses *παρέχειν*, sistere, praestare, begegnet ähnlich No. 427, 20: (Der *φροντιστής) παρέξεται τὸν [Ἀ]μμώνιο[ν]* (den Mündel) *εὐδοκοῦντ[α] τῇδε τῇ πράσει.*

1) Quittung giebt; 2) den Schuldschein zur Vernichtung herausgiebt. Ebenso wird der Schuldschein zurückgeliefert in No. 281, 17 und in No. 394, 12 wenigstens das ἀντίγραφον, die Abschrift davon: οὗ [1]) τὸ ἀντίγραφον ἐπήνεγκε ὁ Π[αν]εφρ[έμμι]ς .... καὶ ἀναδέδωκεν αὐτῷ τὸ ἀντίγραφον εἰς ἀθέτησιν καὶ ἀκύρωσιν. — Dies ist der Grund, aus dem die Schuldurkunde in der Quittung genannt wird: wir erfahren No. 44, 9 und 415, 12, dass es eine διαγραφή war, und seltsamerweise fehlt bei der ausführlichen No. 415 das Datum, das die Schuldverschreibung doch selbst No. 44 zeigt; ebenso bezieht sich auch noch No. 281, 15 auf eine διαγραφή, während No. 394, 10 auf ὁμολογίαι, No. 260, 4 auf einen δημόσιος χρηματισμός sich bezieht. Es ist bei dem geringen Material nicht angängig, Schlüsse zu ziehen; aber erwähnen möchte ich, dass die Quittungen, die selbst διαγραφαί sind, wiederum auf διαγραφαί, die ὁμολογίαι auf ὁμολογίαι verweisen, während das χειρόγραφον auch für das Darlehen einen δημόσιος χρηματισμός erfährt [2]).

Die äussere Form anlangend beginnt die Quittung 1) allemal Aufbau. mit dem Modus von ἀπέχειν, worauf 2) in der Regel beide Parteien genannt werden, wenn auch die eine nur mit αὐτός; nur No. 415, 10 lässt den Schuldner unerwähnt, wahrscheinlich weil bei der διαγραφή der Gläubiger und Aussteller der Quittung mit αὐτός bebezeichnet wird, und sonach der Protokollant nur die Wahl zu haben glaubte, αὐτὸν παρ' αὐτῶν zu schreiben oder die Achtzahl der Schuldner nochmals auftreten zu lassen. Sonst geht in der Regel der Gläubiger voran, nur No. 394, 7 hat ἀπέχειν παρ' αὐτοῦ τὸν ὁμολογοῦντα. 3) Dann folgt bei den ὁμολογίαι die Erwähnung des Zahlungsmodus ganz wie beim Kaufpreis παραχρῆμα διὰ τῆς κτλ. τραπέζης κτλ. oder παραχρῆμα διὰ χειρὸς ἐξ οἴκου (No. 196, 14. 394, 7), während die διαγραφαί, als von der Bank ausgehend, für diese Bemerkung keinen Grund, ja keinen Raum haben. 4) Dann kommt die Bezeichnung der geschuldeten und jetzt geleisteten Summe: Gewöhnlich (nur No. 196, 16 ist das Participium ὀφειληθείσας für die Bezeichnung als geschuldet gewählt) ist die Summe als ἃς ὤφιλε(ν) bezeichnet. Die ὁμολογίαι (No. 196, 16. 394, 7) geben zuerst die Summe, dann sagen sie, dass diese geschuldet wurde aus der oder jener Urkunde, die διαγραφαί (No. 415, 14. 281, 18) heben in praktischem Aufbau die Summe da-

---

1) Das vorhergehende ὁμολογίαν hätte ἧς gefordert; indess scheint das unmittelbar sich anschliessende γρα(φείου) abgelenkt zu haben.

2) Der χρηματισμός in UBeM. 177, 6 dürfte sich auf die für den Minderjährigen obervormundschaftlich ausgestellte Verkaufsvollmacht beziehen.

durch hervor, dass sie sie an den Schluss der Clausel setzen, sogar hinter die Versicherung, dass der Schuldschein herausgegeben sei, und ihnen schliesst sich das χειρόγραφον (No. 260, 4) in gewisser Weise an, indem es die Summe unmittelbar vor jener zweiten Thatsache einstellt. Erwähnt sei noch, dass beide διαγραφαί (No. 415, 11. 281, 13) die feine Wendung τὰς ἴσας ὦν bringen, die wohl Analogiebildung nach τὰς λοιπὰς ὦν ist. —

II. Quittung unterm Schuldschein.

II. Wenn so die grossen Quittungen besondere Urkunden sind, so giebt es ein einfaches Mittel, Quittung zu ertheilen für schlichte Darlehen in Form der χειρόγραφα: Hier genügt es, die Waffe unbrauchbar zu machen, indem die Darlehnsurkunde durchstrichen und unter ihr vom Gläubiger eine handschriftliche Bemerkung über den Empfang des Geschuldeten angebracht wird. Solcher quittirter χειρόγραφα sind uns zwei erhalten: No. 101 und No. 272; bei der letzteren ist allerdings die Quittung fast vollständig zerstört, nur aus wenigen Überresten und aus der Thatsache der Durchstreichung wissen wir, dass sie unter dem Darlehen stand. Neben diesen beiden ist noch No. 179 zu nennen, die oben eine Zins-Theilquittung mit Constitut des Capitals und der Restzinsschuld ist, und unten eine Quittung eben des Restes der Zinsen enthält (S. 95 ff.). — Bei No. 179, 22 ist das Datum von zweiter Hand und gehört wohl zum Darlehen; bei No. 272, 18. 24. und ebenso No. 101, 28. 36 sind Darlehen und Quittung datirt, dem Brauche des χειρόγραφον gemäss am Schluss der betreffenden Hälfte des Papyrus. Hier ist nun die Quittung einfach, sie beschränkt sich darauf, dass man die vorliegenden (προκείμεναι, ὡς πρόκιται) Silberdrachmen der Gläubiger zurückerhalten hat, je nachdem mit Zinsen und den Auslagen für das Objekt der Antichrese (No. 101, 34. 35). No. 179, 22 schliesst noch die Bemerkung an: ἐξομιούμενος τὰ χιρόγραφα, „gleich machend", wie unser „quittirend". Trotzdem darf der Betrachter sich nicht dazu verführen lassen, in der Quittung eine blosse subscriptio zu sehen, wie die ὁμολογίαι sie tragen. Es ist eine neue, spätere, Urkunde unter einer selbständigen alten Urkunde, nicht die Vollziehung der oberen Urkunde, was wir da vor uns sehen.

B. Der Charakter der Urkunden.

§ 16. Arten.

Der als Beispiel gewählte Kauf UBeM. 193 ist der vom Standpunkt eines Dritten aus gelieferte Bericht über die Thatsache, dass der Verkäufer *ὁμολογεῖν* vornimmt. So ist bei uns eine für gerichtliche und notarielle Urkunden übliche Form: Es erscheint.. und erklärt. Die Worte „Es erscheint" gebraucht der Grieche bei Gerichtsverhandlungen, erspart sie sich bei Verträgen, wo sie wesentlich nur in der, wie es scheint, stereotypen Wendung vorkommen: *παροῦσα δὲ καὶ* (oder *ἐπὶ τῆς ἀρχῆς, ἡ τούτων μήτηρ*[1]) und ähnlich bei der Aufführung der Testamentszeugen: No. 86, 25: *παρασ[υ]νχωρεῖν. Πα[ρόντων] δὲ ἐπὶ τῆς ἀρχῆς μαρτυρούντων καὶ συνσφραγισά[ντων] τοῦτο τῷ συγχωρήματι.* Dagegen ist für die Erklärung offenbar der technische Ausdruck: *ὁμολογεῖ,* und derjenige, dem diese Thätigkeit zugeschrieben wird, ist der Aussteller der Urkunde: *ὁ ὁμολογῶν*[2]) und er ist auch derjenige, von dem der Satz gilt: unicuique fides contra se habetur. *ὁμολογεῖν* entspricht dem deutschen „Zusagen", hat aber nicht wie dieses deutsche Wort die ausschliessliche Richtung auf die Zukunft angenommen. — Es ist bereits hervorgehoben, dass *ὁμολογεῖν* je einmal im praeteritum, im praesens und im futurum gebraucht wird.

Eine Übersicht über die Stellen der Berliner Publikation, in denen *ὁμολογεῖν* enthalten (§ 17), wird das Bild vervollständigen; dabei trenne ich Briefe (epistulae) und Protokolle. Bei den ersteren ist die Form die schriftliche von Contrahent zu Contrahent: Der Aussteller begrüsst den Destinatär und theilt ihm mit, dass dies und jenes geschehen sei. Beim Protokoll ist das Wesentliche die mündliche Erklärung des einen an den andern[3]), welche von einem

Brief und Protokoll.

---

1) Wir begegnen dieser ebensowohl bei der Freilassung No. 96, wo es sich um *εὐδοκεῖν,* als bei den *συγγραφοδιαθῆκαι* No. 283, 251, 252, wo es sich um *συγχωρεῖν,* Vergebung ihres Guts, *μετὰ τὴν ἑαυτῆς τελευτήν* handelt. Brit. Mus. II, 179 verkauft Herakleides dem Philemon vom väterlichen Gehöft ummauerte Plätze (und wird Thore schlagen lassen nach Westen); die Mutter des Verkäufers eudokirt Z. 17 eben wie in UBeM. 193 die Mutter der Verkäuferin des Sklavenkindes; aber dies ist nicht schon im Anfang angekündigt, indem sie (wie in UBeM. 193, 4) als an der Homologie betheiligt genannt würde, sondern nach Abmachung der Haupterklärung heisst es: *παροῦσα δ' ἡ τοῦ Ἡ. μήτηρ (κτλ.) εὐδοκεῖ.* Dagegen ist bei dem Manne, der seine consanguinea heirathet, Destinatärin der *ὁμολογία* ausser der Gattin deren Mutter. No. 232, 4.

2) Es ist bedeutsam, dass in den *συγγραφοδιαθῆκαι* No. 183. 251. 252 zwar der Ehemann und seine Mutter in der subscriptio von sich sagen: *ὁμολογεῖ,* die Gattin aber, die eben nicht Ausstellerin ist, diesen Ausdruck ebenso regelmässig vermeidet, wie dies der Käufer muss, wenn er überflüssigerweise sein *ἠγόρακα* oder *γέγονε εἴς με ὁ ἀλαβών* unter die subscriptio des Verkäufers setzt.

3) Infolge dessen ist es durchaus die Regel, dass bezeugt wird, es erkläre A. dem B., er habe an ihn verkauft; irregulär und spät (a. 298) ist die Aus-

Dritten, dem Concipienten, durch die Schrift festgehalten wird. Darum ist dem Protokoll dies Wort ὁμολογεῖ wesentlich, dem Brief ὁμολογῶ natürlich unwesentlich: man kann sagen, dass das Protokoll der Bericht über die nämliche Handlung ist, deren schriftliche Form der Brief ist.

Die Schrift ist unter Abwesenden nothwendiges, unter Anwesenden willkürliches Organ einer unmittelbaren Erklärung von Person zu Person. Unter Abwesenden ist der Brief das naturgemässe Bindeglied, sei es, dass er in der gewöhnlichen Form des Privatschreibens erscheint Πέτρος Στεφάνῳ χαίρειν (χειρόγραφον), sei es, dass er die mehr juristische Form hat: Στεφάνῳ παρὰ Πέτρου (ὑπόμνημα). Diese Erklärungsart kann aber auch unter Anwesenden da verwandt werden, wo die mündliche Erklärung, weil sie der Vergessenheit und der Ableugnung ausgesetzt ist, unzureichend erscheint, und wiederum kann irgendwo und irgendwann diese Verwendung als eine so nützliche erscheinen, dass die Gesetzgebung oder ein zwingender Gebrauch sie für bestimmte Gruppen von Rechtsgeschäften als unerlässlich bezeichnet: so entsteht der Brief unter Anwesenden, als freiwillige oder nothwendige Vertragsform, im Princip selbstgeschrieben von dem Contrahenten, dem er Lasten auflegen soll.

Daneben hat die Niederschrift den Zweck, festzustellen, was bereits ist, Klarheit in die mündlichen Verhandlungen zu bringen, und hier ist sie bei den wichtigen Rechtsgeschäften eigenthümlich entwickelt: es bildet sich die Übung, solche Rechtsgeschäfte von einem Sachverständigen aufzunehmen, dessen Beruf eben diese Thätigkeit ist, und der durch sorgfältige Aufnahme der durch die Erfahrung als nothwendig oder nützlich erwiesenen Klauseln jeden Contrahenten vor Übervortheilung durch den andern, und beide gegen einen ungenügenden Ausdruck ihres Willens schützt (cavere). Eine solche notarielle Urkunde ist in unsern Papyri die ὁμολογία, ein einseitiges Bekenntniss auch beim zweiseitigen Rechtsgeschäft des Kaufes; die Urkunde giebt das Datum und, von der Hand des Sachverständigen, die Thatsache, es erkläre der Aussteller dies und jenes. Darauf wird die Urkunde sanktionirt durch den Aussteller, der zu diesem Zweck eine kurze Inhaltsangabe des voranstehenden Notarelaborates liefert.

Διαγραφή.   Neben dieser Notariatsurkunde steht als zweite Form der Beurkundung durch Dritte die διαγραφή (vgl. § 18). Wie im Allge-

---

drucksweise: ὁμ[ολ]ογεῖ Αὐρήλιος Ἡλιόδωρος etc., πεπρακέναι Αὐρηλίῳ Ἀτρῆ Ἀβοχ. Normal wäre: ὁμ[ολ]ογεῖ Ἀ. Ἡλ. Ἀφ. Ἀτρῆ πεπρακέναι αὐτῷ. Umgekehrt ist es in den subscriptiones.

meinen der Notar Urkunden aufnimmt oder vielmehr deren Text vorschlägt, so thut dies bei den durch ihre Vermittlung geschehenden Zahlungen auch jede Bank: allein während bei der ὁμολογία der Aussteller in dem Aufsatz des Notars als erklärend eingeführt wird, schickt die Bank dem künftigen Aussteller ein Promemoria, welches als Brief des Zahlers an ihn gedacht ist, und so die Erklärungen angiebt, die man von ihm wünscht; er darauf unterschreibt, wie bei der ὁμολογία. Nehmen wir an, die Zahlung war Rückgabe eines Darlehens, das dem Στέφανος von Πέτρος gegeben, so würde die Quittung als ὁμολογία lauten: ὁμολογεῖ Πέτρος Στεφάνῳ, ἀπέχειν παρ᾽ αὐτοῦ (scil. Στεφάνου) κτλ., die διαγραφή: Στέφανος Πέτρῳ ἀπέχειν αὐτόν (scil. Πέτρον). Die Unterschrift leistet in beiden Fällen Πέτρος.

Sonach bestehen zwei Hauptarten von Urkunden: 1) Eigenhändige Briefe, 2) unterschriebene Aufsätze, doch sind diese nicht überall typisch streng auseinandergehalten. Namentlich die ὑπομνήματα sind, wie es scheint, regelmässig von Urkundspersonen geschrieben worden [1]. — Schwieriger ist es, das Anwendungsgebiet beider Arten abzugrenzen: ich finde den Aufsatz häufiger bei Quittungen und beim Kauf, ihn ausschliesslich bei den grossen testamentsartigen Verfügungen, dagegen Briefe häufiger beim Darlehen, was ja auch in dem Ausdruck χειρόγραφον für Schuldschein zur Bestätigung gelangt, und es ist a priori nicht unwahrscheinlich, dass öfters der Kauf notariell aufgesetzt und über das als Darlehen hingegebene Geld oder Getreide ein Handschein gegeben wurde: aber ausnahmslos sind diese Erscheinungen keineswegs. Viel eher ist auf die Frage, ob Brief oder Aufsatz, ein Anderes von Einfluss gewesen, was so nahe liegt, dass es eben deshalb leicht übersehen werden kann: Eigenhändig sich verpflichten kann nur der γραμματικός und der, welcher schreiben kann. Der ἀγράμματος, der qui ἀγράμματος.
litteras ignorat ist also auf Hilfskräfte angewiesen; nun kann er allerdings einen Freund bitten, für ihn den Brief zu schreiben, wie No. 187 wahrscheinlich der Mann und κύριος für die Frau schreibt, und No. 200 eine Fremde, und für sich selbst allenfalls, wenn ein βραδέα (No. 80, 19), βραδύτερον γράφειν ihm möglich ist, die Unterschrift leisten, wovon No. 69 (Darlehen) ein Beispiel bietet: Z. 11 [Οὐαλέριος] Λόγγος κτλ. Ἰουλίῳ Ἀγριππιανῷ κτλ. χαίρειν. (Z. 17) Σεμπρώνιος Σαβῖνος κτλ. ἔ[γ]ραψα ὑπὲρ α[ὐ]τοῦ ἐρωτηθὶς διὰ τὸ βρα[δ]ύτερα αὐτὸν γράφιν αὐτοῦ γράφοντος [τὸ ὄ]νομα

---

1) So UBcM. 211. 729. 741.

(Datum) 2. Hand: *Οὐα[λ]έριος Λόγγος ὁ προγε[γραμ]μένος ἔλαβον καθὼς πρόκιται*[1]). Allein diese Form ist ungeeignet, weil der Geschäftsherr, der nicht schreiben und nicht lesen kann, selbst ganz auf die Redlichkeit seines Schriftführers angewiesen, und darum die Urkunde Fälschungen von Seiten des Schreibers ausgesetzt ist.

Dagegen ist für den des Schreibens und Lesens Unkundigen der Aufsatz mit Unterfertigung durch einen Freund um deswillen sicherer, weil hier der Sachverständige und der Freund zusammenspielen müssten, wenn eine Fälschung vorkommen sollte. (S. 146 Anm. 1.) Darum finden wir in der überwiegenden Mehrzahl der Fälle bei Schreibunkundigen den Aufsatz, und man kann sagen, dass wie die *χειρόγραφα* fast durchgängig Eigenhand des Geschäftsherrn ohne Vermittlung eines Schreibkundigen sind, so die Aufsätze regelmässig von *ὑπογραφεῖς* unterfertigt sind, die für den schreibunkundigen Geschäftsherrn zeichnen. Ausnahmen sind: No. 228, (subscriptio eines Kaufes), No. 339 (Darlehen); No. 415 (Quittung; ist eine *διαγραφή*, keine *ὁμολογία*). — Also der Aufsatz dient besonders zur Herstellung der Sicherheit für den des Schreibens Unkundigen. In dieser Auffassung, die einen recht äusserlichen Grund für die Wahl von Brief oder Aufsatz mitbestimmend sein lässt, kann eine Erscheinung bestärken, die schon häufig Befremden erregte und die zunächst einen anderen Grund hat.

Signalement.
οὐλή.
ἄσημος.Die Aufsätze enthalten bei der Erwähnung der auftretenden Personen als Merkmale ausser den Namen der Erzeuger auch die Angabe des Alters und der Körpertheile, an denen sich das besondere Kennzeichen der *οὐλή* befindet; Fehlen von *οὐλαί* überhaupt wird durch *ἄσημος* ausgedrückt.

Der Hauptgrund für diese Weitläufigkeit liegt darin, dass in ägyptischen Urkunden die Identität der Personen nicht in der gleichen Weise vom Notar garantirt wird, wie dies bei unseren Notariatsprotokollen der Fall ist. Bei uns erscheinen der dem Notar persönlich bekannte, oder der durch ihm persönlich bekannte Personen recognoscirte N. N. Die Kenntniss des Notars stützt sich im letzteren Fall nur auf die Aussage des ihm persönlich bekannten

---

1) Ähnliches in dem Kaufbrief No. 13, wo Z. 21. 22 ein dritter die Unterschrift für die beiden Verkäufer liefert: *ἀξειοθεὶς ὑπαὶρ ἀτῶν γράματα μεὶ εἰδώτων ἔγραψα ὑπαὶρ ἀτῶν*, (für: *ἀξιωθεὶς ὑπ᾽ αὐτῶν γράμματα μὴ εἰδότων ἔγραψα ὑπὲρ αὐτῶν*) — ein Beweis übrigens dafür, dass diese Helfer auch gerade keine Schreibkünstler waren. Hier ist der Brief orthographisch, also wohl von einem Berufsschreiber abgefasst, und aus mir nicht ersichtlichen Gründen diese Form statt des Aufsatzes gewählt.

Mittelsmannes und die Urkunde ist daher genau genommen nur durch dessen Ehrlichkeit und Potenz versichert. In den ägyptischen Protokollen fehlt auch dies. Der Notar sagt einfach: es erscheint der und der, und um Fälschungen unmöglich zu machen, bedient man sich des nämlichen Mittels, welches unsere Bahngesellschaften veranlasst, ihren Abonnenten eine beglaubigte Photographie zur Recognition aufzunöthigen; er beschreibt die Anwesenden so genau, dass der Name nur als adminiculirendes Beiwerk für die Identificirung in Frage kommt. Dazu dienen ihm Alter und Narben als Kennzeichen, das Alter, weil im Falle der Bestreitung der Identität es immerhin eine etwa 50fache Erleichterung gewährt, die Narben, weil ihr Vorhandensein vom Notar controlirt werden kann; dass letzteres immer geschehen, ist bei den Körpertheilen, die dafür in Betracht kommen, nicht wahrscheinlich. Dass aber der Zweck der Personalbeschreibung ist, dem Notar die Gewissheit zu geben, dass keine untergeschobene Person vor ihm steht, dafür giebt es ein Argument in No. 153, 29 [1]).

Es scheint mir nicht unglaublich, dass auch diese erstaunliche Weitläufigkeit dem Zweck dient, den $\dot{\alpha}\gamma\varrho\dot{\alpha}\mu\mu\alpha\tau\sigma\varsigma$ vor Fälschungen zu bewahren, es soll verhütet werden, dass etwa der $\dot{\upsilon}\pi\sigma\gamma\varrho\alpha\varphi\varepsilon\dot{\upsilon}\varsigma$ einen anderen mitbringt, sich von diesem anderen vor der Urkundsperson unter falscher Namenangabe bevollmächtigen lässt, und so unterschreibt. Um sicher zu sein, dass der $\dot{\sigma}\mu\sigma\lambda\sigma\gamma\tilde{\omega}\nu$, der nicht schreiben kann, auch derjenige ist, für den er sich ausgiebt, wird sein Signalement aufgenommen. Dies Signalement [2]) findet sich bei allen Aufsätzen [3]), in der Regel vom Aussteller, vom Destinatär, und wenn diese dem weiblichen Geschlecht angehören, auch von deren $\varkappa\dot{\upsilon}\varrho\iota\sigma\iota$, doch ist dies letztere auch erspart worden. Ganz regellos findet sich das Signalement auch bei dritten, die erwähnt werden, offenbar sind dies Analogiebildungen.

Unsere Urkunden ergeben folgendes:

I. $\dot{\sigma}\mu\sigma\lambda\sigma\gamma\dot{\iota}\alpha\iota$.

A. Aussteller: Es lässt sich kein Fall nachweisen, wo das Signalement fehlt, No. 78. 80. 233. 240 sind die betreffenden Stellen

Das Signalement bei den einzelnen Arten der Urkunden.

---

1) Vgl. S. 128 (unter D).

2) Verstärkt ist es No. 252, 3 durch $\varepsilon\dot{\upsilon}\mu\varepsilon\gamma\dot{\varepsilon}\vartheta\eta\varsigma$, No. 177, 2. 3 durch die sonst den Sklaven beigegebene Bezeichnung $\varepsilon\dot{\upsilon}\mu\varepsilon\gamma\dot{\varepsilon}\vartheta\eta\varsigma$, $\mu\varepsilon\lambda\dot{\iota}\chi\varrho\omega\varsigma$ $\mu\alpha\varkappa\varrho\sigma\pi\varrho\dot{\sigma}\sigma\omega\pi\sigma\varsigma$ $\varepsilon\dot{\upsilon}\vartheta\dot{\upsilon}\varrho\iota\varsigma$ (der Destinatär Z. 3 hat statt des ersten Wortes $\mu\dot{\varepsilon}\sigma\omega\iota$, mittelgross).

3) No. 373 ist normwidrig, übrigens vom J. 298.

verstümmelt, No. 238 ist der Anfang verloren, so dass es unklar ist, ob 238,6 den Σαραπίων bezeichnet, der dann unterschreibt; aber wenn es hier nicht nachgewiesen werden kann, dass die Personalbeschreibung da war, so ist höchstens in No. 196,5 die Möglichkeit anzuerkennen, dass die Daten für die Ausstellerin Θεναπῦγχις ausnahmsweise weggefallen sind, denn der Raum in der Lücke Ζωσίμου .... Ἰουλίο[υ] scheint für die Daten — selbst für ὡ̔ς ⌊ μ ἄσημος — und die schwer entbehrlichen Worte μετὰ κυρίου nicht hinzureichen. Indess möchte ich auch hier lieber annehmen, dass sich die Vatersnamen weit verzweigten und der κύριος fehlte.

Es ist, rein äusserlich genommen, möglich, dass hier die Daten fehlen; wahrscheinlich ist das um so weniger, als in derselben Urkunde eine der beiden Destinatärinnen gar (Z. 4) durch · zwei Narben gekennzeichnet wird, womit noch über die sonst übliche Genauigkeit hinausgegangen wird.

B. Auch die Destinatäre werden stets nach Jahren und Narben gekennzeichnet. No. 238 spricht natürlich nicht dagegen.

C. Ebenso steht es mit den κύριοι beider Parteien.

D. Dagegen giebt es bei den ὑπογραφεῖς einen interessanten Ausnahmefall No. 153,29. Dass hier der ὑπογραφεύς der Ausstellerin einfach Ἀγχορῖμφις ὁ προγ(εγραμμένος)[1]) bezeichnet wird, ohne dass die Personalien folgen, trägt seine Erklärung in sich selbst, er ist der κύριος der Ausstellerin, und als solcher bereits Z. 7 signalisirt. Allein es folgt τῶν δὲ ἄλλ(ων) Ἁρπα[γάθης. Dieser ist der ὑπογραφεύς der Destinatäre, er war bisher nicht erwähnt. Aber seine ὑπογραφή Z. 39 ff. ist nicht von dritter Hand, sondern wieder von der ersten, so dass wir anzunehmen haben, es sei der Protokollant selber, der die — nicht nothwendige — Unterschrift für die beiden Käufer leistet. Hiernach könnte man darauf verzichtet haben, die Personalien des Protokollanten festzustellen, wenn dieser auch sonst betheiligt war, und in der That verieth ihn seine Handschrift wie seine Notorietät, und wiederum konnte es auch für den ἀγράμματος keinen Werth haben, hier noch Personalnotizen aufgenommen zu wissen, da die Thatsache, dass der Protokollant auch für ihn die subscriptio lieferte, ja selbst ihm vor Augen stehen musste, und er folglich Einspruch erheben konnte, wenn er nicht einverstanden war.

E. Die Mutter, welche in den συγγραφοδιαθῆκαι ihr widerrufliches Testament macht (No. 183,11. 251,9. 252,11), ist ebenso

---

1) So, nicht προγ(ἱμενος) ist aufzulösen. — Öfters kommt vor ὑπογραφεὺ τῆς κτλ ὁ ἐπιγραψάμενος κύριος.

wie auch die fünf Zeugen in dem συγχώρημα No. 86, 20 ff. mit signalisirt.

II. Sehr interessant ist im Vergleich hierzu die Betrachtung der wenigen διαγραφαί unter unseren Urkunden. Die διαγραφή findet ihr Wesen darin, dass sie eine Verschreibung durch gewerbsmässige Geldwechsler ist, während die ὁμολογία eine solche durch gewerbsmässige Schreiber: so ist es denn auch natürlich, dass der Geldwechsler, der Vermittler bei der διαγραφή, seinen Kunden kennt, und man über die Identificirung nicht in Sorge ist; auch sind diese Urkunden gedacht als Benachrichtigungen eines Abwesenden. So fehlen in den beiden Quittungen No. 281 und No. 415, obwohl die letztere unterzeichnet ist vom Gläubiger, die Personalnotizen vollkommen; und die beiden zum Kauf gehörenden Urkunden No. 88 und No. 427 zeigen ein ganz anderes Bild als die ὁμολογίαι. No. 88 ist eine kurze Notiz διὰ τῆς πρὸς τῷ Σεβαστ(είῳ) Θέωνος τραπ(έζης). Χαιρή(μων) hat verkauft der unmündigen Ἰσιδώρα [με]τ(ὰ)(?) φροντ(ιστοῦ) τοῦ πατρός. Es ist eine Bankurkunde, aber formell keine διαγραφή. Hier ist nun dies Signalement für den Χαιρήμων da, für die Käuferin nicht. No. 427 ist Quittung über das Restkaufgeld, im Antrag selbst ist die Notiz nur dem Namen des φροντιστής beigefügt, des verkäuferischen Vormundes, an den auch das Schriftstück gerichtet ist. Der Verkäufer unterfertigt es, man könnte sagen, er acceptirt es.

Nun ist es in beiden Fällen (No. 88 und No. 427) die verkäuferische Partei, welche gekennzeichnet wird; man kann vermuthen, dass der Käufer, der zugleich die Zahlung leistet, Kunde der Bank und also ihr persönlich bekannt war, der Verkäufer aber schliesslich kein Interesse daran hatte, von wem ihm die Zahlung für diesen Kauf kam und also zur Aufnahme der Personalien des Zahlers kein Grund vorlag, ebensowenig, wie zu derjenigen des ὑπογραφεύς; es kann auch einfach lässiger hier verfahren worden sein.

III. Χειρόγραφα. Bei diesen findet sich nie eine körperliche Bezeichnung der Personen.

IV. Ὑπομνήματα. Diese gleichen hierin den χειρόγραφα.

Es ergiebt sich, dass die Personalbeschreibung bei den ὁμολογίαι für alle handelnd auftretenden Personen, incl. κύριοι, Zeugen und ὑπογραφεῖς, sowie für die Destinatäre und die κύριοι die feststehende Regel ist; dass bei διαγραφαί willkürlich bald Niemand, bald die eine Partei beschrieben wird, und also wohl diese dann als anwesend zu denken ist; dass bei χειρόγραφα die Personalbeschreibung wegfällt.

Über die *κύριοι* wird unten berichtet werden; hier nur die Bemerkung, dass diese regelmässig nicht nur in *ὁμολογίαι* für beide Partcien auftreten, wenn die Partcien weiblichen Geschlechtes sind, sondern auch in *χειρόγραφα* gleichmässig für Schreiberin und Adressatin.

Οὐλαί sind für folgende Körpertheile hauptsächlich erwähnt: unter 85 Fällen kommen auf unsichere Zeichen 25, von den verbleibenden 60 sind:

a) *ἄσημοι* 11. b) *μετώπῳ* (Stirn) 10. c) *ὀφρύι* (Augenbraue) 9. d) *ἀντικνημίῳ* (Schienbein) 8. e) *δακτύλῳ* 5, darunter 1 *ἀντίχιρι* (Daumen). f) *γαστροκνημίᾳ* (Wade) 2. g) *ποδί* 2, darunter 1 *ἀστραγάλῳ* (Knöchel). h) *ῥινὶ μέσῃ* 2. i) *σιαγονίῳ* (Kinn) und *γόνατει* (Knie) je 1. k) *χιρί* 1. l) *καρπῷ* (Handwurzel) 1. m) *θέρσῳ* (= *ταρσῷ* Fusssohle?) 1.

Dazu kommen die beiden Stellen, die *φακὸν χίλει τῷ ἄνω* (Leberfleck auf der Oberlippe) geben, und die verstümmelte No. 251,3.

Hiernach wählte man regelmässig Narben, die sich im Gesicht befanden, allenfalls solche an Finger und Arm, und ging nur im Nothfall zu entlegeneren und verhüllten Körpertheilen über.

Interessant ist, dass die Erlaubniss zur Beschneidung der Oberpriester erst dann ertheilt, wenn ihm berichtet ist, dass der Knabe *ἄσημος* ist UBeM. 347[I], 12: *Σερηνια[νὸς] ἐπύθετο τῶν παρόν[τ]ων κορυφα[ί]ων καὶ ὑ[ποκορυ]φαίων, εἰ [σ]ημ[εῖο]ν ἔχοι ὁ [παῖ]ς. Εἰπόντων ἄσημον εἶναι [Οὔλπιος] Σερην[ι]α[νὸ]ς ἀρχιερεὺς καὶ ἐπὶ τῶν ἱερῶν [σημειωσά]μενος τὴν ἐπιστ[ο]λὴν ἐκέλευσεν τὸν παῖ[δα περι]τμηθῆναι [κατὰ] τὸ ἔθος. Ἀνέγνω(ν)*. Ähnlich 347[2], 10.

§ 17. *ὁμολογεῖν.*

Die folgende Zusammenstellung soll zeigen, in welchem Verhältniss bei einigen Rechtsgeschäften die Zahl der *χειρόγραφα* (Briefe) zu der der *ὁμολογίαι* (Protokolle) steht, und, wie oft auch Briefe das Wort *ὁμολογεῖν* enthalten.

Das Protokoll zerfällt in die Urkunde, die von der Urkundperson aufgenommen, und die subscriptio, die in gedrängter Kürze den Inhalt der Urkunde wiederholt. Diese eigenhändige subscriptio geht vom *ὁμολογῶν* aus, sie unterscheidet sich von dem Brief nur durch ihre Kürze, und giebt dem Protokoll die Superiorität über den Brief. Denn sie ist auch *χειρόγραφον*, und folglich die eigentliche Urkunde das plus.

I. Darlehen (stets ἔχειν).

Protokolle:	Kaiser:	Briefe:	Kaiser:
No. 189. ὁμολογῶ ἔχειν. Sicher liegt hier die Unterschrift eines Protokolles vor, und dies erfährt eine Beleuchtung durch den Titel …ν ἀργυρίου (δραχμῶν) οβ καὶ πρᾶσις ὄνου etc. Da nach dieser auch ein Kauf vorliegt, so mag die protokollarische Form im Hinblick auf diesen gewählt sein.	Aug.	No. 69. ὁμολογῶ ἔχιν.. χρῆσιν ἔντοκον. — ὡς κατακεχωρ[ι]σμένον. Darlehen mit Quittungen. No. 101. Darlehen mit ἀντίχρησις der Hälfte zweier ἄρουραι. ὁμολογῶι ἔχιν. Darunter quittirt mit ἀπέχω und durchstrichen, nicht κατακεχ.	Hadr. Traj.
No. 190. [ὁμολογεῖ] ἔχειν: einfach Drachmen.	Domitian	179. Darlehen (Constitut), mit einigen Terminirungen, über welche S. 96 ff. zu vergleichen: ὁμολογῶι [ἔχιν]. Dann ἀπέχω und durchstrichen.	Pius
No. 238. Ende der Verhandlung und subscriptio erhalten mit ἀνίρημαι δραχμὰς, Verso χρήσεω(ς). (δραχμῶν).	?		
No. 290. ὁμολογ[εῖ]…ἔχειν παρ᾽ αὐτοῦ τὸν ὁμολογοῦντα παραχρῆμα διὰ χειρὸς χρῆσιν ἔντοκον ἀργυρίου κεφαλαίου δραχμὰς ὀγδοήκοντα τέσσαρες καὶ πυροῦ [...]..ν [. .]νέου καθαροῦ ἀδόλου ἀρτάβην μίαν ἥμισυ etc. Vgl. 301. ἐδανισάμην παρά σου καθ᾽ ὁμολογίαν.	Pius	272. ὁμολογῶ ἔχειν χειρόγραφον — κατακεχωρ. — Darunter ἀπέχω und durchstrichen.	a 138 Pius
No. 339 wie 290, führt dann fort: ἐὰν [δὲ] μὴ ἀποδῶι, [συ]νχωρεῖ Ἀ[τ]ρῆς [γε]ωργῖν καὶ καρπίζεσθαι[ἀφ᾽]ὧν γεωργῖ ὁ etc. Dann subscr. ὁμολογῶ ἔχειν.	Hadr.	Hiernach scheint es, dass die Briefe vorzugsweise quittirt und bei dieser Gelegenheit cassirt wurden. Die Secunda blieb vielleicht unversehrt im δημόσιον.	

II. Quittungen (ἀποχή von ἀπέχω).

Protokolle:	Kaiser:	Briefe:	Kaiser:
No. 77. Hier liegt ein ganz complicirtes Rechtsgeschäft vor. ὁμολογοῦσα ist hier Πτολεμαίς, sie bekennt dem Ἡρᾶς, von ihm zurücker-	Marc.	No. 44. ἀπέχω und zwar der Vater für den Sohn, den er stellen wird παρέξομαι διδόντα ἡμῖν ἀποχήν etc. Die Hauptquittung ist 415.	Trajan

Protokolle:	Kaiser:	Briefe:	Kaiser:
halten zu haben von seinem Vater an ihren Grossvater geschuldetes Geld und Weizen und Gerste. Sie knüpft hieran eine Generalquittung und auch die subscriptio giebt nur sie ab; allein eine auf der leider nur fragmentarisch lesbaren Urkunde enthaltene Bestimmung $\tau\tilde{\eta}$ $\Pi\tau o\lambda\varepsilon\mu\alpha\acute{\iota}\delta\iota\,\chi\acute{\alpha}\varrho\iota\varsigma\,\tilde{\eta}\varsigma\,\check{\varepsilon}\chi\varepsilon\iota\,\mu\eta$-$\tau\varrho\iota\varkappa\tilde{\eta}\varsigma\,\sigma\iota\tau\iota\varkappa$. lehrt, dass hier noch andere Verhältnisse mitspielten, die wohl es erklären würden, dass hier die Form des Protokolles gewählt ist [1]).		No. 68. Interims-Zinsquittung $\check{\varepsilon}\chi\omega$ mit Verwahrung für Capital und die Restzinsen. ($\mu\grave{\eta}$ $\grave{\varepsilon}\lambda\alpha\tau$-$\tauo\upsilon\mu\acute{\varepsilon}\nuo\upsilon$ $\muo\upsilon$ $\grave{\upsilon}\pi\grave{\varepsilon}\varrho$ etc.) Geschuldet wurde $\grave{\varepsilon}\pi\varepsilon\grave{\iota}$ $\mu\varepsilon$-$\sigma\varepsilon\iota\tau\acute{\varepsilon}\alpha$ sub pignoribus. —	Trajan
		No. 155. Quittung: Erste Rate wird mit $\check{\varepsilon}\sigma\chio\nu$ noch einmal bescheinigt; sodann eine zweite mit $\grave{\alpha}\pi\acute{\varepsilon}\chi\omega$ ($\mu\grave{\eta}$ $\varepsilon\lambda\alpha\tauo\upsilon\mu\acute{\varepsilon}\nu\eta\varsigma$ $\tauo\tilde{\upsilon}$ $\varkappa\varepsilon\varphi\alpha\lambda\alpha\acute{\iota}o\upsilon$) und dazu der Zins des Pfandes. ($\grave{\upsilon}\pio\vartheta\acute{\eta}\varkappa\eta\varsigma$ $\grave{\alpha}\nu\grave{\alpha}$ $\tauó\varkappao\nu$ $\chi\tilde{\iota}\varrho\alpha\nu$).	Pius
No. 78 = 445. Theilquittung: Schuld mit Pfand ($\grave{\varepsilon}\pi\grave{\iota}$ $\mu\varepsilon\sigma\iota\tau\acute{\iota}\alpha$) wird wahrscheinlich in Raten abgezahlt.	Pius	No. 200. Weizen- und Geldquittung des Bruders an den Bruder. $\grave{\alpha}\pi\acute{\varepsilon}\chi\omega$.	Commodus.
No. 196. Generalquittung im Anschluss an ein Empfangsbekenntniss. — Hier ist ein $\grave{\upsilon}\pio\gamma\varrho\alpha\varphi\varepsilon\acute{\upsilon}\varsigma$ auch für die Destinatäre aufgetreten, aber die Subscriptio ist nicht beigefügt.	Trajan Trajan	No. 260. Interimsquittung, Geld. Auf $\grave{\alpha}\pioχ\acute{\eta}$ verwiesen: $\grave{\varepsilon}\xi\alpha\mu\acute{\alpha}\varrho\tau\upsilon\varrhoo\nu$ $\grave{\alpha}\pio\chi\acute{\eta}\nu$. — $\grave{\alpha}\pi\acute{\varepsilon}\chi\omega\iota$. Dazu No. 101. 179. 272.	Domitian.
No. 297. Generalquittung, anschliessend an Empfangsdokumente über Ammenlohn, der in $\grave{\iota}\mu\alpha\tau\iota\sigma\mu\grave{o}\varsigma$, $\varkappa\alpha\grave{\iota}$ $\check{\varepsilon}\lambda\alpha\iota\alpha$ etc. bestand.	Pius	Hiernach scheint es in Übung gewesen zu sein, die Quittung über protokollirte Darlehen wieder in Protokollform zu ertheilen, die Briefe aber wiederum brieflich auf der durchstrichenen Urkunde zu quittiren. — Denn alle brieflichen Quittungen mit Ausnahme der unter Brüdern ertheilten No. 200 stehen auf der Darlehensurkunde. An die protokollirten Quittungen schloss sich eine Generalquittung.	
No. 394. Generalquittung anschliessend an Geldempfang. subscr. $\grave{o}\mu o\lambda o\gamma\tilde{\omega}\iota$ $\grave{\alpha}\pi\acute{\varepsilon}\chi\varepsilon\iota\nu$.	Hadr.		

---

1) Der Inhalt der Urkunde ist m. E., Ptolemais hat mit Heras einem Arbitrium ($\lambda o\gamma o\vartheta]\varepsilon\sigma\acute{\iota}\alpha$) des Arbiter ῾$A\varrho\pi o\varkappa\varrho\tilde{\alpha}\varsigma$ $\Pi\alpha\sigma\upsilon[\alpha]\acute{\iota}\tau\varepsilon\omega\varsigma$ (etwa: $\Pi\alpha o\upsilon\acute{\eta}\tau\varepsilon\omega\varsigma$?) folgend sich also auseinander gesetzt: sie erhält von ihm (und quittirt jetzt darüber) die Hälfte der geschuldeten Quantitäten (Z. 20: $\grave{\alpha}\pi\acute{\varepsilon}\chi\varepsilon\iota\nu$ $\tau\grave{\eta}\nu$ $\grave{o}\mu o\lambda o$-

Das Resultat ist für *ὁμολογεῖν* folgendes: Alle Darlehen und alle Quittungen, soweit sie Protokolle sind, enthalten das Wort *ὁμολογεῖ* (*ὁμολογοῦσι*, wenn mehrere Aussteller da sind); die subscriptiones der Darlehen bringen regelmässig, nicht immer *ὁμολογῶ ἔχειν*. — Dagegen scheiden sich bei den Briefen streng Darlehen und Quittungen, die Darlehen bringen durchweg *ὁμολογῶ ἔχειν*, während die Quittungen ebenso regelmässig *ἀπέχω* (dies und No. 155 *ἔσχον*) ohne *ὁμολογῶ*. — Nach diesem Material hat man sich bei Darlehen gleichmässig der Handschrift des Schuldners und dessen öffentlich beglaubigter, durch unterschriftliche Eigenhand bestätigten mündlichen Erklärung bedient. Als Quittung diente im ersteren Fall ein auf der Handschrift (die zugleich durchstrichen wurde) anzubringender Vermerk von Seite des Gläubigers, für den zweiten war eine (zu protokollirende) Erklärung von Seiten des Gläubigers üblich, wenn der Saldo beglichen war. Interimsquittungen ertheilte man in Briefform, unter Constituirung des Restbetrages. — Darlehen wie Quittungen waren, wenn sie zu Protokoll erklärt wurden, *ὁμολογίαι*; aber die ursprüngliche Beziehung der *ὁμολογία* auf ein Zugeständniss positiver Art (obligandi causa) kommt darin zum Ausdruck, dass Briefe, wenn sie ein Darlehen begründen, zum Überfluss mit *ὁμολογῶ ἔχειν* anfangen, wie denn die subscriptio der Darlehensprotokolle ebenso lautet; Quittungen in Briefform entbehren des *ὁμολογῶ*.

γοῦσαν [παρ' αὐτοῦ τὸ ἥμισυ μέρος τ]ῶν ὑπογεγρ(αμμένων) κεφαλαίων), während, wie es scheint, für die andere Hälfte sie durch ein Landgut abgefunden ist *περὶ κώ(μην) Βαχχιάδα*, Z. 16: *διὰ τὸ καὶ αὐτὸν σὺν τοῖ[ς] [.......]ος ἑαυτοῦ ἔχειν περὶ κώ(μην) Βαχχιάδα [ἀντὶ τοῦ λοιποῦ ἡμίσ]ους μέρους τῶν προχειμένων κεφαλαίων προσ[?κριθ(έντα) εἰς αὐτὴν καὶ ἐγγόνου?]ς καὶ κληρονόμους*. Die Ergänzungen Z. 16ff. natürlich nur dem Sinne nach. Z. 14/15 kann man vermuthen, dass ihr abgesprochen wird die Befugniss, ihn zu belangen wegen seiner Weizen-Arure, in *τόπῳ* (so, nicht *τόλῳ*) *Παμενίσκους*; und sie soll ihn nicht belangen (etwa *μὴ οὔσης τῆς πράξεως* oder *μηδενὸς δικαίου ὄντος*) *τῇ Πτολεμαΐδι χάρις* (für *χάριν*) *ἧς ἔχει* (scil. Heras). — So beschränkt Brit. Mus. II, 204, 23 die Forderung der Empfängerin auf 160 Drachmen: *διὰ τὸ τὰς εἰς συμπλήρωσιν τῶν τοῦ ἀργυρίου δραχμῶν διακοσίων* (des Kaufpreises) *δραχμὰς τεσσαράκοντα προαπεσχηκέναι* (Verkäufer von der Käuferin). — Die subscriptio bietet (Z. 21) in Ziffern die Hälfte der Getreidemengen, welche der Tenor (Z. 9) anführt; beim Weizen ist nicht *χ'*, sondern *λ'* zu lesen = 31½. = 63/2.

III. Kaufverträge.

A. Normaler Kauf.

Protokolle:		Kaiser:	Briefe:	Kaiser:
87. ὁμολογεῖ subscriptio: ὁμολογῶ	κάμηλοι β	Pius	13. (κάμηλος) ὁμολογοῦμεν ἐπερωτ., ὡμολ. ἄπερ ἀπέσ- [χ]αμεν	Diocl.
153. ὁμολογεῖ subscriptio: ὁμολογῶ	κάμηλος	Pius		
228. Erhalten nur: subscriptio: ὁμολογοῦμεν	ὄνος	2/3. Jahrh.	71. (τόπος) ὁμολογοῦντες καὶ ἀπέχομεν	Comm.
177. [ὁμολογοῦσι sicher) subscriptio verloren	ἄρουραι	Claud.		
? 282. Verloren, subscriptio fehlt	οἰκία, αὐλή αἴθρον.	Marcus	100. (κάμηλος) ὁμολογῶ καὶ ἀπέχω	Pius
350. ὁμολογεῖ (hier sehr oft subscriptio ὁμολογῶι wiederholt Z. 17 τὰ διομολογημένα)	μέρος τοί	Trajan		
373. Ohne Datum ὁμολογεῖ. ἐπερωτ ὠμ. subscriptio: πέπρακα irregulär	πῶλος	Diocl.		

Offenbar sind hier die Protokolle die Regel, und wiederum ist ὁμολογεῖν auch in den subscriptiones üblich gewesen. Die Briefe haben ebenfalls ὁμολογεῖν in dem Theil, der den Kauf selbst betrifft, aber das ἀπέχειν — die Quittung des Kaufpreises — ist hier ebenso wie bei den Darlehensquittungen unabhängig hingestellt.

B. Ἀρραβών. Protokolle.

80 = 446. [ὁμολογεῖ sicher zu ergänzen] — subscr.: unsicher: ἀπ[έχω?] αὐλῆς μέρος   Pius. κλήρου ἄρουραν

240. [ὁμολογεῖ sicher zu ergänzen] subscr.: fehlt. (Erbtheilung?) Marcus.

C. Παραχώρησις. Protokolle.

94, 5. [ὁμολογεῖ] subscr.: verstümmelt. ἐπερωτ. ὁμολ.				ἄρουραι	Diocl.
231.	Allzusehr verstümmelt.			θυ?	Hadr.
233.	ὁμολ[ογεῖ]	subscr.: verloren.		ἄρουραι	Divi frr.
236.	Ebenso, doch scheint hier [ὁμολογεῖ] ἀπέχειν		unsicher.	κλῆρος	2. Jahrh.
*282 [1]).	Verloren.	subscr.: fehlt.		ἄρουραι	Marcus

---

1) S. oben unter A.

*240 [1]). ὁμολογεῖ sicher zu er-
    gänzen   subscr.: fehlt. (Erbtheilung?) Marcus.

Offenbar sind es die Protokolle, die bei den complicirteren Urkunden unter B und C ausschliesslich und allein auftreten; und wiederum ist es die Regel gewesen, dass die subscriptiones das Wort ὁμολογῶ wiederholen. (Sichere Ausnahme nur die diocletianische No. 373). Weiter ist es bezeichnend, dass die subscriptiones der Protokolle wie die Briefe zwar den Verkauf (πεπρακέναι) erklären lassen, aber die Inempfangnahme des Preises, des ἀπέχειν hier ebenso unabhängig hinstellen, wie dies mit dem ἀπέχειν bei den Quittungen geschieht. Das mir vorliegende Material zeigt keinen Fall, wo an ὁμολογῶ πεπρακέναι sich etwa καὶ ἀπέχειν anschlösse, wie dies in dem Notariatsakt selbst nach ὁμολογῶ stets der Fall ist; sondern stets wechselt die Construction: ὁμολογῶ πεπρακέναι ... καὶ ἀπέχω ... (. καὶ βεβαιώσω).

IV. Συγγραφοδιαθῆκαι. Protokolle.

183. [ὁμολογεῖ sicher] ἔχειν   subscr.: ὁμολογῶ; zweimal:
                                   auch von der Mutter. Domitian.
232. ὁμ[ολογεῖ]   subscr.: verloren.   Trajan.
251. [ὁμολογεῖ sicher] ἔ[χ[ε]ιν subscr.: verloren.   Titus.
252. ὁμολογεῖ [ἔχειν]   subscr.: verloren.   Domitian.

V. Vergabung von Todeswegen. Protokolle.

86. ὁμολογεῖ.   subscr.:   ὁμ[ολογῶ] συγκεχωρη-   Pius.
                                        [κέναι].

Anhang: Miethe. Brief des Verpächters [2]).

349. ὁμολογῶ μεμιστωκαίναι subscr.: von gleicher Hand: Const.
    μεμίσθωκα.
    ἐπερωτηθεὶς ὡμολόγησα.

Verstümmelte Urkunden.

324, 5.   ὁμολογεῖ: Auf einem Papyrus, der eine andere Urkunde aus der Zeit des Marcus trägt.
319, 18/19.   ωμολο|γ.:   Ohne Beziehung zwischen Lücken, auf einer Eingabe aus dem 2/3. Jahrh.

---

1) S. oben unter B.
2) Auffallend ist, dass der Verpächter, wenn die Lesung richtig ist, sich 3. 9 als μισθωσάμενος bezeichnet, was auf den Pächter weisen würde.

75 ², 10.   ὁμολογούσης im Verlauf einer unzureichend überlieferten
            Urkunde.

76, 2.   ὁμολογεῖ: Protokoll: scheint Erbschaftsangelegenheiten
                       zu betreffen. — Aus dem 2/3. Jahrhundert.

91.   Anfang verloren. Freilassung. subscr.: ohne ὁμολογῶ; dann
      ἐπερωτ. ὡμολ. Diocl.?

Wechselseitige ὁμολογίαι. (Theilungen.)

Protokolle.

234. ὁμολογοῦσι ἀλλήλοις. Theilung von Grundstücken. subscriptio:
      verstümmelt. Hadrian.

241. [ὁμολογοῦσι] διειρῆσθαι. Theilung ererbter Grundstücke.
      subscr.: fehlt. Marcus.

Es ist die ausnahmslose [1]) Regel, dass bei allen Rechtsgeschäften
höchstens eine Partei ὁμολογῶν ist, die Mutter, die bei der συγγραφοδιαθήκη ein testamentum inter liberos macht, ist nicht Gegen-
contrahentin des Ausstellers, sondern eine zweite Ausstellerin, deren
Erklärung (συγχώρησις) sich nicht wie die des Sohnes an die
Schwiegertochter, sondern an alle Kinder richtet; darum wird sie
auch erst später mit παροῦσα δὲ καὶ ἡ τούτων μήτερ eingeführt.
— Dagegen ist ebenso regelmässig, dass bei den Theilungen beide
ὁμολογοῦντες sind: es ist gerade so wie in Rom bei den judicia;
so wie dort immer nur ein Kläger und ein Beklagtes sein kann,
mit Ausnahme der Theilungsklagen der judicia duplicia, bei denen
jeder jeden auf τὸ ἐπιβάλλον αὐτῷ μέρος verklagt, weil jeder von
jedem Stück einen ideellen Theil hat, so sind bei unseren Urkunden
die Theilungsgeschäfte gewissermassen negotia duplicia mit lauter
Ausstellern. Dies kommt in einer Weise zum Ausdruck, die uns
zu der Vorstellung eines wechselseitigen Kaufes führen kann: wie
beim Kauf der Verkäufer verspricht: μὴ ἐπελεύσεσθαι μήτε αὐτὸν
μήτε τοὺς παρ' αὐτοῦ ἐπὶ τὸν (Käufer), so versprechen sich beide
ὁμολογοῦντες und Theilanktoren: μὴ [ἐπελεύσεσθαι τὸν ἕτ]ερον ἐπὶ
τὸν ἕτερον περὶ τοῦ ἐπιβεβλη[κότος ²); die βεβαιώσεις werden
wegrasirt. Sicherlich wurden hier die subscriptiones (mit ὁμολογῶ)
von beiden Theilen geleistet. Die Eigenschaft als Vorinhaber, die
beiden Contrahenten gleichmässig innewohnt, ist es, die beide als
ὁμολογοοῦντες erscheinen lässt; als Empfänger schweigen sie beide.

----

1) No. 297. Quittung für Ammenlohn, enthält ὑπογρ]αφεὺς τῶν ὁμολογούντων (Name); dies halte ich für die Bezeichnung der Ausstellerin und des
κύριος, weil nachher noch ein anderer Name kommt.

2) So statt Vierecks ἐπιβεβλη[μένον zu ergänzen.

Es ergiebt sich, dass die vorliegenden Urkunden zwar neben Ergebniss.
der regulären Form des notariellen Aktes auch die des Briefes vor-
weisen, dass aber von dieser Formfrage abgesehen der Charakter
der ist: eine Partei giebt der anderen etwas zu, sei es empfangen
oder verkauft zu haben, sei es von ihr zu besitzen oder wieder-
zuhaben, sei es ihr leisten zu wollen; bei den Theilungsgeschäften
ist nur deshalb jede von beiden *ὁμολογῶν*, weil jede beide Rollen
spielt. Die vorzugsweise Richtung auf die Zukunft kommt nur
darin zum Ausdruck, dass die subscriptiones, die sonst zum Überfluss *ὁμολογῶ* bieten, es bei Quittungen vermeiden.

Unter diesem Gesichtspunkt tritt eine von Mitteis beobachtete *ἐπερωτηθεὶς*
Erscheinung in ein anderes Licht: zu den Wirkungen, welche die *ὡμολόγησα.*
Ertheilung des Römerrechtes an alle Gemeinden durch Caracalla
auf das Leben in den Provinzen hatte, rechnet Mitteis[1]) das Auf-
kommen römischer Rechtsformeln gewiss mit Recht; und wiederum
ist ihm darin beizupflichten, dass unter diese Formeln zu stellen:
ἐπερωτηθεὶς ὡμολόγησα, womit stipulante ... spopondit wiedergegeben wird. Allein statt, mit dem Entdecker dieses Zusammen-
hangs, in der von ihm nachgewiesenen Anwendung der erwähnten
Formel auf nichtobligatorische Rechtsgeschäfte eine Entartung der
Stipulation zu erblicken, meine ich, dass sich in der Übernahme
der Formel, mit Hülfe des griechischen Ausdruckes, eine sinnge-
mässe und durch die Worte suggerirte Erweiterung des römischen
Begriffes vollzogen hat. Der Grieche sieht im stipulari nichts mehr
als fragen, und in spondere nichts anderes als „mit ja antworten;
ja sagen". Er sieht, mit anderen Worten, in dem von den Römern
für Obligationen geschaffenen Institut nur die Form der Frage und
Antwort. — Dass spondere nur für die Zukunft gemünzt, dass es
promissorischen Charakters ist, bleibt für ihn ausser Betracht; er
ersetzt es durch sein althergebrachtes, assertorisch und promissorisch
gleich verwendbares *ὁμολογεῖν*. *Ἐπερωτηθεὶς ὡμολόγησα* heisst
nur: „auf Befragen zugegeben" und bildet bei schriftlichen Urkunden
einen ebenso wohlgeeigneten Abschluss jedes Rechtsgeschäftes, wie
unser technisches „vorgelesen, genehmigt". Es fordert im ursprünglichen Wortsinn vielleicht Anwesenheit der Parteien, aber niemals
einen bestimmten Charakter des Rechtsgeschäfts. Schon die griechische Übersetzung hat den Begriff des erfragten Gelöbnisses

---

1) a. a. O. S. 485 ff. — Sein frühestes Beispiel ist aus dem Jahre 235;
UBeM. 667, 18 ist noch etwas älter, vgl. meine Ergänzung S. 30, wo übrigens
665 statt 667 steht.

erweitert zu dem des erfragten Zugeständnisses, nicht eine un-
wissende Praxis ihn degenerirt.

Die Griechen haben also nicht durch die Praxis die Stipulation
degeneriren lassen, sondern schon durch ihre Übersetzung den Begriff des römischen Gelöbnisses zu dem der Erklärung auf Befragen erweitert, und so die zufällige Schranke beseitigt, welche
in Rom dem Contrahiren durch Frage und Antwort gesetzt war.

Die Pachturkunden sind im Gegentheil gebildet durch zwei
aufeinander folgende Erklärungen: und zwar offerirt der Pächter,
und der Verpächter bewilligt in Gnaden. Ausnahmen kommen vor;
aber der Typus der Miethsurkunden aus der Zeit, die wir die
klassische des römischen Rechts nennen, ist folgende:

1) Der Form nach sind zu unterscheiden Briefe des Pächters
an den Verpächter, welche offenbar die Regel bilden, und Protokolle, deren uns eins aus der Zeit des Tiberius vorliegt (No. 197).
Die Briefe (No. 39. 166. 227. 253. 393, Pacht eines $\varkappa\alpha\mu\eta\lambda\dot\omega\nu$) unterscheiden sich von der bei Darlehen und Quittungen üblichen
Form dadurch, dass an Stelle der Grussformel: „A. dem B. Gruss“
die respektvollere Schreibweise tritt: „An B. vom A.“ Es folgen in
grosser Ausführlichkeit die Bedingungen, denen der Pächter sich
unterwerfen will, und am Schluss pflegt es zu heissen: $\grave\epsilon\grave\alpha\nu\ \varphi\alpha\acute\iota$-
$\nu\eta\tau\alpha\iota\ \mu\iota\sigma\vartheta\tilde\omega\sigma\alpha\iota\ \grave\epsilon\pi\grave\iota\ \tau o\tilde\iota\varsigma\ \pi\varrho o\varkappa\epsilon\iota\mu\acute\epsilon\nu o\iota\varsigma$ [1]). Hieran anknüpfend pflegt
Verpächter zu vermerken: „ich, der B.“: $\grave\epsilon\mu\acute\iota\sigma\vartheta\omega\sigma\alpha\ \varkappa\alpha\vartheta\grave\omega\varsigma\ \pi\varrho\acute o\varkappa[\epsilon]\iota\tau\alpha\iota$.

Das Protokoll (No. 197) vermeidet den Ausdruck $\acute o\mu o\lambda o\gamma\epsilon\tilde\iota\nu$ [2])
und ist eine Erklärung von Seiten des Verpächters, der die ihm
gehörenden $\acute\alpha\varrho o\upsilon\varrho\alpha\iota$ vergiebt, offenbar nach dem Muster der
Kaufverträge stilisirt. — Sehen wir von solchen Urkunden ab, so ist
die Form der Mietherträge eine ganz eigenartige. Der zweiseitige
Contract, der durch Consens zu Stande gekommen, beide verpflichtet,
zeigt sich in ihnen, und in ihnen allein: die vorliegenden Be-
dingungen ($\tau\grave\alpha\ \pi\varrho o\varkappa\epsilon\acute\iota\mu\epsilon\nu\alpha$) verpflichten Pächter und Verpächter,
darum kein $\acute o\mu o\lambda o\gamma\epsilon\tilde\iota\nu$, sondern Offerte und Annahme.

2) Der Inhalt entspricht der Form; während der Kaufcontract
eine Reihe von Verpflichtungen des Verkäufers festlegt, und den
Kaufpreis als erlegt angiebt, ist umgekehrt der Miethvertrag wesentlich die Aufzählung der Verpflichtungen, die vom Miethsmann
übernommen werden, und der Lasten, die er allein oder in Gemein-

----

1) Vgl. 237, 17. 227, 22 und 39, 22 haben $\mu\iota\sigma\vartheta\dot\omega\sigma\alpha\sigma\vartheta\alpha\iota$, was offenbar
nachlässige Redaktion ist.

2) Vielleicht zufällig.

schaft mit dem Vermiether tragen will. Man würde, wenn man
den Begriff der *ὁμολογία* zur Vergleichung heranziehen dürfte,
weit eher den Pächter zum *ὁμολογῶν* machen müssen, als den Verpächter. Es ist dieser Vertrag mehr eine erbetene concessio, wie die
des precarium, als eine Beliebung zweier ebenbürtiger Parteien, und
die ganze Inferiorität der *γεωργοί* tritt uns auch in ihm entgegen. —

§ 18. *Διαγραφαί.*

Die Bedeutung von *διά* c. gen., welche in der Vermittelung
besteht, findet im Rechtsverkehr mannigfache Anwendung und
Äusserung. Wenn die Zahlung geschehen kann *διὰ χειρὸς* oder
διὰ τῆς (z. B. ῎Αρει) *τραπέζης*, so findet die Einschätzung statt
διὰ τῶν βιβλιοφυλάκων (No. 379, 7, wo auch *παραχωρῆσαι*), so
tritt der Vorkäufer auf *διὰ φροντιστοῦ* (No. 427, 9, irregulär!), so
auch die Partei *δι᾽ ἐκδίκου* (No. 136, 4); *δι᾽ ἐμοῦ* sagt (No. 200, 1);
ein Mann für eine Frau; so findet der Verkauf gewöhnlich statt
διὰ τοῦ ἀγορανομείου, wo wir „vor“ dem Notar oder „durch“
notariellen Akt sagen. Eine eigenthümliche Commentation dieser
Vermittelung findet sich in der *διαγραφή*[1]), in der uns eine neue
Urkundenform entgegentritt.

Es kann nämlich die Urkunde ausgestellt werden von dem
Bankhaus, durch dessen Vermittelung das Rechtsgeschäft zu
Stande kam.

Von solcher *διαγραφή* ist zunächst zu sagen, dass sie eine
Zahlung durch eine Bank enthält: No. 44, 8 enthält die Interimsquittung, die ein Vater für die Forderung des Sohnes ausstellt. *ἃς
ὀφίλατε τῷ υἱῷ μου Ἀμωνίῳ κατὰ διαγρα[φὴ]ν τραπέ]ζης τετε-
λιωμένης* (Datum): „die Ihr schuldet meinem Sohne gemäss der
Bankverschreibung, die (am ..) ausgestellt wurde.“ Die Summe
sei zurückgezahlt und der Vater wird den Sohn exhibiren: *παρέξομαι διδόντα ἡμῖν* (für *ὑμῖν*) *ἀποχὴν καὶ ἀνδιδοῦντα τὴν διαγραφὴν εἰς ἀθέτησιν καὶ ἀκύρωσιν.* Also der Sohn soll eine Quittung ausstellen und die Verschreibung herausgeben zur Vernichtung
und Cassirung. Zufällig ist uns diese *ἀποχή* selbst in No. 415
erhalten. Vergleichen wir die Formation der Interimsquittung mit
derjenigen der *ἀποχή* selbst:

---

1) Dies Wort steht nicht auf allen solchen Urkunden.

No. 44. Interimsquittung:

Ἥρων Ἀμμωνίου Ὡρίω[νι
Σαταβοῦ]τος (etc. noch 7 Namen
im Dativ) τοῖς ὀκτὼ χαίρ[ειν].
Ἀπεχω παρ᾽ ὑμῶν ἃς ὀφίλατε
(dann die Erklärung und Datirung).

No. 415. Hauptquittung:

Ἀντίγραφον [δ]ιαγρα(φῆς)
ἀπὸ τῆς (2 Namen) τραπέζης.
(Datum). Ὡρίων (und noch 7 Personen im Nominativ) οἱ ὀκτὼ
Ἀμμωνίῳ Ἥρωνος ἀπέχειν αὐτὸν
τὰς ἴσας ὧν ὠφειλήκασι κατὰ
διαγραφὴν τῆς Φίλου τραπέζης
etc. Dann Subscriptio: Ἀμμώ[
νι]ος Ἥρωνος ἀπέχω παρὰ [τῶ]ν
προγεγρ[α]μμένων τὰς τοῦ (etc.).

Die Epistel und Interimsquittung ist gerichtet an die Schuldner, denen der Vater des Gläubigers den Empfang bekennt; dies
stimmt zu den bisher beobachteten Formen. Die Hauptquittung ist
eine Mittheilung angeblich der Schuldner an den Gläubiger, wonach
er von ihnen empfangen hat, was sie ihm schulden. Obwohl die
Urkunde in der dritten Person redet, das Datum an der Spitze
trägt und eine regelrechte subscriptio hat, ist sie adressirt von
Contrahent zu Contrahent, und der angebliche Aussteller ist nicht
der ὁμολογῶν, der unten subscribirende Gläubiger, sondern die
schuldnerische Achtzahl. Es ist also hier das Schema des Protokolls verlassen; nichts wäre unrichtiger, als hinter den Namen und
οἱ ὀκτὼ etwa ὁμολογοῦσι einschalten zu wollen, denn nicht die
ὀκτὼ sind die ὁμολογοῦντες; es handelt sich nicht um ein Zugeständniss von ihrer Seite, wie es bei der Akte der ὁμολογῶν, beim
Brief der Briefsteller giebt, im Gegentheil, die acht legen dem
Adressaten ein Anerkenntniss auf. Der Grund ist meines Erachtens
folgender: Unser Rechtsgeschäft ist nicht direct von Partei zu Partei,
sondern durch die Bank geschehen; diese ist es, die in der Datirung
erwähnt ist: Ἀντίγραφον διαγραφῆς ἀπὸ τῆς τραπέζης. Sie hat
also die Sache vermittelt und schickt dem Gläubiger ein Formular
zur subscriptio, in dem sie als Rubrum ihre Kunden dem Gläubiger
gegenüber nennt, und dann dem Gläubiger deren Desiderata entwickelt. Es mag sein, dass diese Form vorgezogen wurde für den
Verkehr unter Abwesenden, jedenfalls ist sie da im Gebrauch, wo
eine Zahlung durch die Bank erfolgt, und die Bank das Geschäft
selbst protokollirt.

Auftrag
zur sub
scriptio,
nicht Er
klärung
des Sub
scribiren
den.

Noch zweimal finde ich diese Form wieder, bei der sich scheinbar nicht der ὁμολογῶν an den künftigen Inhaber der Urkunde
wendet, sondern dieser an jenen, und beide Male ist es eine Bank,
die hier die Vermittelung macht. Man kann diese Form so be

greifen: Der frühere Schuldner fordert den früheren Gläubiger zu der Erklärung auf, er habe von jenem zurückerhalten, u. s. w. Und diese Erklärung liefert der frühere Gläubiger in der subscriptio. Die beiden Urkunden sind: No. 427: (Datum) διὰ τῆς Σαραπίωνος τραπέζης Γυμνασίου. Στοτοῆτις etc. Ἀμμωνίωι etc. διὰ φροντιστοῦ Πανεφρέμμεως etc. πεπρακέναι αὐτὸν τῷ Στοτοῆτι κάμηλον ...; der Papyrus schliesst hieran noch Bestimmungen, die aus der zufälligen Besonderheit sich erklären, dass für den Verkaufsherrn ein curator eintritt; aber die subscriptio liefert Ἀμμώνιος (der Verkäufer) διὰ φροντιστοῦ Πανεφρέμμεος. Es ist also auf den ersten Blick ein Kauf, bei dem nicht der Verkäufer ὁμολογεῖν vornimmt, sondern der Käufer dem Verkäufer eine Erklärung giebt. In Wirklichkeit handelt es sich gar nicht um den Kaufcontract, sondern um die Quittung über den Restbetrag: nur τὰς λοιπὰς τῆς τειμῆς ἀργ(υρίου) (δραχμὰς) ἑκατὸν, nicht einen Kaufpreis erwähnt die Urkunde wie die Subscription. Eben diese Restzahlung erfolgte durch die Bank, und von ihr geht die Urkunde aus, denn das διὰ τῆς τραπέζης ist hier ein anderes als die gewöhnliche Klausel bei ἀπέχειν: διὰ χειρός (z. B. No. 228, 7. 282, 31. 350, 8) oder διὰ τῆς Ἄρει τραπέζης (No. 177, 10; vgl. 193, 16). Es bezieht sich nicht auf das einzelne ἀπέχειν, sondern auf die ganze Urkunde, welche durch die Bank ausgestellt ist. Und wiederum ist die Form die: erst die Rubrik: der Zahler dem Gläubiger; dann der Inhalt der Erklärung, die der Zahler wünscht; dann diese Erklärung selbst als subscriptio desjenigen, der in der Rubrik im Dativ genannt ist.

Ganz ebenso die andere, No. 4, nur dass hier, noch deutlicher, die ganze Urkunde beginnt mit: Ἀπὸ τῆς ... τραπέζης.

Nicht ganz so durchsichtig ist die Beziehung auf eine Bank bei No. 281: Die Form ist dieselbe: (Datum.) Τερπῶτος etc. Σαραπιάδι etc. ἀπέχειν αὐτὴν παρὰ τῆς Τερπῶτος τὰς ἴσας ὧν ὄφιλεν ὁ τετελευτηκὼς αὐτῆς ἀδελφὸς Σαμβᾶς ὁ καὶ Εὗς κατὰ διαγραφὴν τῆς Ἀ.......ς τραπέζης Φρέμει .... Es handelt sich wieder um eine Quittung, zu deren Ausstellung die Gläubigerin von der Schuldnerin aufgefordert wird. Indess fehlt hier die subscriptio, weswegen die Urkunde als eine inperfekte zu erachten ist. Sie ist gedacht als Quittung für eine Schuld, welche κατὰ διαγραφὴν τῆς .. τραπέζης begründet wurde, also unter Beihülfe der Finanzoperationen einer Bank, und dies ist allerdings der einzige mir ersichtliche Punkt, der auch unsere Urkunde dem Bankwesen zuweist.

Jedenfalls ergiebt sich für Quittungen, seien es Darlehensquittungen oder Kaufgeldrestquittungen, eine weitere Form neben [1]) der ὁμολογία: Die Anzeige der im Bankverkehr geleisteten Zahlung und deren Bestätigung durch Handschrift des Destinatärs. Dass diese Form wesentlich auf den Bankverkehr beschränkt ist, ergiebt schon die Thatsache, dass nur eine durch Anweisung erfolgte Rückzahlung vom Schuldner gemeldet wird: eine direkt geleistete bekennt eben der Gläubiger ἐξ αὐτομάτου [2]) [3]).

§ 19. Ὑπογραφή.

A. Datirung.

Die Rechtsgeschäfte, um die es sich hier handelt, gehören zu den Schriftstücken, die einer Datirung bedürfen. Die Datirung erfolgt principiell am Schluss bei den Briefen und daher auch bei

---

1) Ebendarum ist auch No. 427, 12 nicht mit Viereck ὁμολογεῖ zu ergänzen, von ὁμολογεῖν ist hier gar nicht die Rede. Übrigens hätte ὁμολογεῖ, wenn es zu dieser Urkunde gehörte, Z. 5 vor Στοτοῆτις seinen Platz. Berl. Philologische Wochenschrift 1896 S. 1967 stellte ich dies so dar: „No. 427, 12 ist die Anmerkung: ergänze ὁμολογεῖ, unrichtig. Die Urkunde ist eine διαγραφή: die Bank benachrichtigt oder durch die Bank benachrichtigt Stotoëtis den Ἀμμώνιος, dass Ἀμμώνιος zu erklären habe, er habe verkauft und den Preis erhalten, wie dann auch Ἀμμώνιος unterschreibt und bekennt. Wäre die Ergänzung ὁμολογεῖ richtig, so hätte Στοτοῆτῖς zu unterschreiben: es ist aber keine ὁμολογία, bei der die Unterschrift von dem geliefert wird, der oben gesprochen „hierdurch erkläre ich“, sondern eine διαγραφή; „angesichts dieses wollen Sie erklären“, und unten erklärt der Adressat des oberen Textes, was ihm oben vorgeschrieben war. Dies wird auch dadurch bewiesen, dass Στοτοῆτις Käufer ist, ὁμολογῶν stets der Verkäufer, und endlich dadurch, dass die Urkunde Στοτοῆτις ... Ἀμμωνίῳ .. [wenn ergänzt würde ὁμολογεῖ] πεπρακέναι αὐτὸν τῷ Στοτοήτι κάμηλον ergeben würde: Στοτοῆτις bekennt dem Ἀμμώνιος, dass er (Ἀμμώνιος) dem Στοτοῆτις verkauft habe, und dass Πανεφρέμμις (Vormund des Ἀμμώνιος) das Geld empfangen hat: während doch dies der Verkäufer, nicht der Käufer zu bekennen hat.“

2) Eine Urkunde (No. 88), die überschrieben ist: (Datum.) Διὰ τῆς πρὸς τῷ Σεβαστ(είῳ) Θέωνος τραπ(έζης), bietet nichts besonderes. Sie ist eine Notiz über einen Kameelkauf.

3) Diesen Abschnitt gebe ich unverändert nach dem Manuscript von 1895, inzwischen habe ich in dem S. 33 Anm. 1 citirten Aufsatz diese Form der Urkunde ausführlicher erläutert. — Diese Urkundenform findet sich, ausser in manchen, von Wilcken in seiner Übersicht am Schluss des zweiten Bandes von UBeM. zusammengestellten Berliner Papyri z. B. Brit. Mus. II, 199, wo sie Kenyon mit: differs slightly from the usual form, being addressed by the purchasers to the vendor, instead of the other way, kennzeichnet.

den ὑπομνήματα [1]), am Anfang bei den Protokollen und διαγραφαί. Von Besonderheiten ergeben sich folgende:

1) Briefe: Hinter der Datirung steht noch eine Bemerkung von zweiter Hand. No. 69: Darlehen (χιρόγραφον); der Empfänger schreibt eigenhändig: Οὐα[λ]έρις ὁ προγε[γραμ]μένος ἔλαβον ἄθὼς πρόκιται. No. 187: Quittung; zweite Hand? Μελανᾶς [2]) ὁ προκίμενος ... ραχα [3]) τὸ σῶμα. Dahin gehört auch der Schluss der nach Consulatsjahren datirten irregulären Pacht aus constantinischer Zeit, welcher den Briefsteller (der hier der Verpächter ist) nach der Datirung fortfahren lässt: No. 349, 17. Αὐρήλιος Πασίων μεμίσθωκα ὡς πρόκιται. Dann folgt: Αὐρήλιος Ἀμώνιος ἔγραψα ὑπὲρ (αὐτοῦ).

2) Protokolle: Die Datirung am Schluss nach den Unterschriften wiederholt sich No. 153 (Kauf) von der Hand des Registranten.

B. Ὑπογραφεῖς.

Bei den Protokollen ist es Regel, bei den Briefen Ausnahme, dass hinter dem in sich abgeschlossenen Thema der Erklärung eigenhändige Bemerkungen des Ausstellers folgen, in denen er sich resumirend zu dem Inhalt der Urkunde bekennt. So begreiflich es ist, dass die Protokolle, welche von einem Schreiber aufgenommen sind, noch die Unterschrift und das Bekenntniss des Ausstellers zu liefern haben, um für ihn verbindliche Kraft zu gewinnen, so überflüssig erscheint dies bei holographischen Urkunden, wie es die Episteln sind. Es ist daher anzunehmen, dass, wo sich solche Vermerke finden [4]), den rechtsunkundigen Verfasser die Analogie der Protokolle verwirrt hat. — Im Zusammenhang mit dieser Erscheinung steht folgendes: Der Tenor der Protokolle endet häufig mit dem Wort ὑπογραφεῖς, dem wohl der Zusatz folgt τοῦ (τῆς) ὁμολογοῦντος (-΄σης) Name (ὁ ἐπιγραψάμενος κύριος). Diese Schlussphrase giebt die Namen derer an, die für die des Schreibens unkundigen Aussteller oder Destinatäre schreiben. Vgl. die folgenden Urkunden.

Kaufverträge:

No. 87: ὑπογραφεῖς· (2. H.?) Σῦχος ὁ καὶ Παπῆες Νείλου ὡς ∟ μ οὐλ(ὴ) με ..... (3. H.) Ταουῆτις Ἁρπαγάθου μετ[ὰ

----

1) Vgl. S. 92 ff.

2) Der Name des κύριος der Briefstellerin.

3) Viereck ergänzt [πέπ]ραχα.

4) UBcM. 69 Darlehen. 71 Kauf; vor der Datirung steht: Τοῦ Ἀκύλα (der eine der beiden Mitverkäufer) ὑπογράποντος: α[ὐ]τὸ κ[ύ]ριον ἔστω ἐν τημοσίον κατακεχω[ρ]ισμένον.

κ]υ[ρ]ί[ο]υ τοῦ συγγενοῦς Στοτοήτεως τοῦ Στοτοήτεως ὁμολογῶ etc. [...].. [.] ἔγραψα ὑπὲρ αὐτῆς (4. H.) ἐντέτακ(ται) διὰ γρα-φ(είου) Σοκνο(παίου νήσου).

No. 153: ὑπο(γραφεῖς) τῆς αὐτῆ(ς) Διδύμης· Ἰγχο(ρίμφις) ὁ προ-γ(εγραμμένος) τῶ(ν) δὲ ἄλλ(ων) Ἁρπα[γάθης]. 2. H. Διδύμη (die Ausstellerin) etc. μετὰ κυρ[ίου τοῦ] ἀνδρὸς Ἀγχορίμφιος etc. Ἀγχο-ρῖμφ[ις] ἔγραψα καὶ (nämlich auch für sich, als κύριος) ὑπὲρ αὐτῆς μὴ εἰτύεις γράμματα. (1. H.) Die Käufer reden und dann: ἔγραψα ὑπὲρ αὐτῶν Ἁρπαγάθης Παχύσεως (da es 1. Hand, ist dies der Schreiber der Urkunde) μὴ εἰδότων γράμματα. (3. H.) Datum, dann ἀναγέγραπ(ται) διὰ γραφείο[υ] Διονυσι[άδος?].

No. 350: ὑπογραφεῖς τοῦ μὲν ὁμολογοῦντος Διοσ[κόρος etc., τῆς ἄλλης ὁ ἐπιγραψάμενος κύριος. (2. H.) Aussteller; der Name des für ihn Schreibenden ist verloren gegangen. (3. H.) Käuferin; dann: Ὀννόφρις (Name des κύριος) ἔκραψα etc. (4. H.) Ἐ[ντ(έ-τακται) δ]ι(ὰ) τοῦ κ(ώμης) Νείλου πόλ(εως) γραφείου Br. M. CLIV ὑπο(γραφεὺς) Κόραξ Ἀπ(ολλωνίου) etc. (2. H.) Aussteller, nebst endocirender Mutter; dann: ἔγρα(ψα) ὑπὲρ αὐτῶν Κόραξ Ἀπολ-λωνίου δι[ὰ τὸ μὴ εἰδέναι γράμματα]. 3. H. Käufer. 4. H. Wieder-holtes Datum und ἀναγέγραπται διὰ τοῦ ἐν Καρανίδι γραφίου.

No. 80 (= 446): ὑπογραφεῖς τῆς μὲ]ν ὁμολογούσης βραδέα γρα-φούσης ὁ ἐπιγραψάμε[νος κύριος etc.]. (2. H.) Käuferin durch den κύριος: Εἰρηναῖ]ος ἄγραψα καὶ ὑπὲ τη μητρώς μο[υ] βρατὲ γαρ-φούσης Σωτηρία Εἰρηναίο[υ] ... (3. H.) Käufer.

Offenbar anklingend die Epistel No. 71. (1. H.) τοῦ Ἀκύλα ὑπογράποντος· α[ὐ]τὸ κ[ύ]ριον ἔστω ἐν τημοσίου κατακεχω[ρ]ισ-μένον. Dann Datum.

Dagegen giebt das irreguläre Protokoll (von 298) No. 373 nach dem Enddatum und in dritter Hand die Schlussbestätigung des Verkäufers und dann Αὐρήλιος Ἥρων ἔγραψα ὑπὲρ α[ὐτο]ῦ ἀγραμ-[μάτου], ohne die Bemerkung ὑπογραφεύς vorher aufzuweisen. Offenbar sind hier χειρόγραφον und ὁμολογία vermischt. Das ἀντί-γραφον ὠνῆς No. 193 bietet gar keine Schlussbestätigung, sondern sagt (in erster Hand) ἔγρ(αψα) ὑ(πὲρ) τῶν ὁμολογούντων Σαρα-πίων Σενίου etc. Es kann dies der Name des Abschreibers sein, und die Abschrift sich auf den Tenor beschränkt haben; es kann aber auch bedeuten, dass der Genannte in der Haupturkunde für die zwei Frauen geschrieben hat: mir ist das erstere unwahrscheinlich.

---

1) ὑπογραφή ist auch bei Eingaben der Bescheid, also ebenfalls das Wichtigste; vgl. UBeM. 161, 29. — ἐπὶ ὑπο[γρ]αφῆς ἡμῶν UBeM. 13, 16.

Quittungen:

No. 196. Alles 1. Hand; schliesst mit: ὑπο[γ]ραφεῖς τῆς μὲν Θεναπῦγχις καὶ τοῦ κυρίου etc., τ[ῶν] δ᾽ ἄλλ[ω]ν etc.; ist also nicht vollzogen.

No. 297. Alles 1. Hand; bricht ab mit [ὑπογ]ραφεὺς τῶν ὁμο- λογούντων. Personalien in ziemlicher Verstümmelung.

No. 77. Alles 1. Hand: ὑπογραφεὺς τῆς ὁμολ(ογούσης) ὁ προ[γεγρ᾽ κύριος] etc.; dann ὑπογρ(αφή?) Ausstellerin bekennt; (Name des κύριος) ἐπιγέγρ(αφα?) τῆς γυ[ναικός etc.).

No. 78 (= 445). [ὑπογρα]φεύς der Ausstellerin; dann deren Bekenntniss in zweiter Hand.

No. 394. ὑ]πογραφε[ὺ]ς Εἰρηναῖος Ἀρφ[α]ήσεως [ὥ]ς ⌐ ν etc. 2. Hand: Ausstellers Schlussbekräftigung, an deren Ende der Papyrus abbricht.

Συγγραφοδιαθήκη.

No. 183. ὑπογραφεὺς τοῦ μὲν ὁμολογοῦντος (folgt Name) καὶ τῆς Ἐριέας καὶ τοῖ κυρίου (Name) καὶ [τ]ῆς Σ[αταβοῦτ]ος καὶ τοῦ κυρίου (Name); Dann 2. Hand: Schlussbericht des ὁμολογῶν, für den sein ὑπογραφεύς schreibt; 3. Hand: Schlussbericht der Gattin; 4. Hand: ebensolche der Mutter, und da in den beiden letzten Fällen stets der κύριος mitzuhandeln hat, so sagt der ὑπογραφεύς hier: ἔγραψεν ὑπὲρ αὐτῶν etc. statt αὐτῆς.

Συγχώρημα.

No. 86. ὑπογραφεὺς τοῦ ὁμολογοῦντος Ἁρπαγάθης etc., der dann 2. H. die Schlussbekräftigung für den ὁμολογῶν bringt und hinzufügt: Ἁρπαγάθης Πακύσεως γέγραφα ὑπὲρ αὐτοῦ etc. [1]).

Hiernach [2]) ist es klar, dass die Schlussberichte gewöhnlich nicht von den Parteien gezogen wurden, namentlich nicht von Weibern, vielmehr wurde deren Unkenntniss im Schreiben durch befreundete Kräfte ausgeholfen. Diese Freunde wurden bereits am Schluss des Hauptprotokolls mit Namen und Personalbeschreibung aufgeführt, damit wenigstens über die Person und ihre Berechtigung kein Zweifel obwalten konnte. Es war eine solche Feststellung aber auch nothwendig; denn die Erlaubniss für den ὑπογραφεύς, zu zeichnen, war gewissermassen der Schluss der Erklärung des

---

1) Dann nochmals δ[ι]εθ[έμ]ην, καθὼς πρόκ[ειται] καὶ ἐσφράγισα γλύμ- ματι (Z. 45) durch dieselbe Hand.

2) Das Darlehensprotokoll No. 339, 25 bietet ὑπογρ. ohne Namen. Es scheint, dass hier ὑπογρ(αφαὶ) aufzulösen; es folgt die Subscription verstümmelt.

ὁμολογῶν; und wie diesem letzteren zweifellos das Protokoll vorgelesen werden musste, namentlich wenn er des Schreibens und dann gewiss meistens auch des Lesens unkundig war, so musste ihm auch die letzte Verfügung, die er dabei traf, die Delegation der Unterschreibung als protokollirt kundgethan werden: ebendies leistet die im Protokoll von erster Hand — der der Notariatsperson — am Schluss aufgenommene Namhaftmachung der ὑπογραφεῖς nebst Angabe der durch sie vertretenen Personen. Wir müssen in ihr eine stillschweigende Billigung der ὑπογραφή durch den Vertretenen erblicken [1]). — So finden wir denn auch in den Urkunden, in denen ausnahmsweise noch der Destinatär mitunterschreibt, stets erwähnt, wer dessen ὑπογραφεύς [2]) ist, und in ihren Subscriptionen erwähnen die ὑπογραφεῖς (durch ὑπὲρ αὐτοῦ, αὐτῆς, αὐτῶν), für wen sie eintreten. Mehr als diese Schreibhülfe hatten sie aber nicht zu gewähren; mit dem Wesen des Rechtsgeschäftes standen sie in keiner Beziehung, ausser etwa, zufällig, als κύριοι. — Sie finden sich hinter allen grösseren Protokollen, wo sich überhaupt Unterschriften zeigen; aber wie No. 193. 196. 297 ergeben, hat man Abschriften von aufbewahrten Urkunden nicht bloss in der Weise gefertigt, dass die ganzen Originalien copirt wurden, sondern auch so, dass man nur die Notariatsakte wiedergab, die Schlussberichte aber durch eine kurze Angabe der ὑπογραφεῖς ersetzte, damit sich die Parteien eventuell an diese als Zeugen wenden konnten.

C. Bedeutung der subscriptio.

Wenn sich auch, wie wir sahen, hie und da bei Episteln eine Unterschrift findet, so wird dies als offenbare, und bei überschriebenen Briefen zwecklose Analogiebildung hier beseite gelassen. Eine eigenhändige oder durch den Vertrauensmann geleistete Unterschrift, durch die man sich zu seiner Erklärung bekennt, ergiebt

---

1) Gesetzt, man hielt dem ἀγράμματος später die Urkunde vor, so konnte er sich, wenn darunter stand XX ἔγραψα ὑπὲρ τοῦ ὁμολογοῦντος, stets darauf steifen, dass für diesen XX die Vollmacht aus der Urkunde nicht ersichtlich sei. Stand ὑπογραφεύς in der Urkunde, so war so viel Beweis für diese Vollmacht geliefert, wie es in Ermangelung von Handzeichen eine schriftliche Urkunde gegen einen Analphabeten nur irgend liefern kann. — Vgl. die Sicherungen, die B. G. B. § 2244 fordert.

2) No. 350. 153 τῶ(ν) δὲ ἄλλ(ων) Ἁρπα[γάθης]. — 196. 183. — UBeM. 446, 19 ist wohl zu ergänzen: τοῦ δ' ἄλλου ἴδια γράμματα; vgl. 538, 26.

der Begriff des Protokolls, in dem die notariellen Akte nicht ein
Ersatz der Privatschrift, sondern nur die über jeden Zweifel gesicherte Feststellung ihres Inhaltes ist: man kann sagen, dass die
Unterschrift die Sanction ist[1]). — Nun ist offenbar unser Gebrauch,
nach dem das blosse Einsetzen des eigenen Namens die Absicht
ausdrückt, die Urkunde gegen sich gelten zu lassen, eine conven-
tionelle Erleichterung, die irgendwo anders vorauszusetzen wir
nicht berechtigt sind. Die Sache erheischt streng genommen den
eigenhändigen Vermerk: „Was da steht, das ist wahr“, oder, „das
gelte“; und so ist der nothwendige Inhalt der subscriptio für irgend-
welches Rechtsgeschäft: *ὁμολόγησα καθὼς πρόκειται.* An Stelle
dieses Abstraktum tritt aber allemal der Typus des Rechtsgeschäftes,
und die leersten subscriptiones von *ὁμολογοῦντες* sind die der
Darlehensurkunden, bei denen selbst der Name des Gebers fehlte:
No. 238: *Σαράπων Δημητρίου Ἀλεξανδρέως ἀνίρημαι τὰς τοῦ
ἀργυρίου δραχμὰς ὀγδοήκοντα τέσσαρες καὶ ἀποδώσω μετὰ τῶν
τόκων ὡς πρόκιται,* wonach die offenbar analogen Reste von
No. 190 (Z. 10 ff.) zu ergänzen sind: *Στοτοῆτις*(?) *Απυγχέως ἀνίρημαι*
(oder *ἔλαβον*) *παρὰ Σαταβοῦτος] τοῦ Ἀρ[πα]γάθ[ου διὰ χιρὸς ἐ]ξ
[οἴ]κου τὰς τοῦ ἀργυρίου* etc. — Vgl. den Schluss der durch einen
Freund des Nehmers geschriebenen Darlehensepistel No. 69: *ἔ[γ]ραψα
ὑπὲρ α[ὐ]τοῦ ἐρωτηθὶς διὰ τὸ βρα[δ]ύτερα αὐτὸν γράφιν αὐτοῦ γράφοντος [τὸ] ὄνομα.* ⌊ *δ̄ Ἀδριανοῦ Καίσαρος [το]ῦ κυρίου Πα[ῦνι]
κη.* 2. Hand: *Οὐα[λ]έρις Λόγγος ὁ προγε[γραμ]μένος ἔλαβον κθὼ̄ς*
πρόκιται. Hier hat der „minder geübte“ Schreiber nur seinen
Namen darunter setzen sollen; aber selbst in dieser Verkürzung
zeigt sich noch der Charakter der subscriptio, die das wesentliche
eigenhändig zusammenfasst: „empfangen, wie es dasteht“[2]). — Es ist

---

1) Vgl. Bekker, ZSSt. 15, 12.

2) No. 228. *[Ὀνν]όφρις πέπρακα, καθὼς πρόκειται* kommt hier nicht
in Betracht; denn es ist nur eine anschliessende, überflüssige oder ergänzende
zusätzliche subscriptio einer der beiden Verkäuferinnen zu der von beiden gemeinsam abgegebenen, unmittelbar vorangehenden subscriptio; wer das voran-
gehende geschrieben, ist nicht überliefert, doch wird, da die eine Verkäuferin [Ὀνν]όφρις noch den kurzen Vermerk nachliefert, die andere die
grössere subscriptio für beide geschrieben haben. Noch weniger sind die
knappen Erklärungen der Käufer, denen wir hie und da begegnen, heranzuziehen; denn die Käufer sind nicht *ὁμολογοῦντες,* sondern schreiben bloss
hinter diesen zum Überfluss ihr Wörtchen: UBcM 350, 24: *ἠγόρακα καθὼς πρόκειται,* oder: UBcM 153, 40 (Namen) *ἠγοράκαμεν κοινῶς τὴν προκειμένην
κάμηλον ἣν καὶ ἀπογραψόμεθα ἐν (τ)ῇ τοῦ ἑκκαιδεκάτου ἔ[τ]ου(ς) ἀπογραφῇ
[καμήλ(ων)] καθὼς πρόκειται* etc. und andere.

also die subscriptio eine kurze Inhaltsangabe, die das in der Akte stehende für den ὁμολογῶν verbindlich macht. Sie giebt [1]) nie mehr, als in der Urkunde steht, aber sie kann deren Umfang sich in einer Weise nähern, die an die scriptura exterior bei den römischen Urkunden erinnert [2]). Bei Kaufverträgen enthält sie Preis, Gegenstand (unter Hervorhebung der Qualität als ἀναπόριφον) und βεβαίωσις. —

Eben weil die subscriptio lediglich den genannten Zweck hat, ist nicht nothwendig die Unterschrift des Destinatärs, nur als ein accidentale steht auch das ἠγόρακα des Käufers unter dem Akt, und vielleicht ausgehend von solchen Fällen, wo dem Käufer in der Urkunde die Verpflichtung zur ἀπογραφή auferlegt ist, er also auch eine Art von Haftung übernimmt, zu der er sich durch Unterschrift bekennt: Es fehlt die subscriptio des Käufers in No. 87. (193.) 228. 427; sie findet sich: No. 153 (3.=1. Hand:) Ἁρπαγάθης καὶ Σαταβοῦς ἀμφότεροι Σαταβοῦτος τοῦ Ἁρπ[αγάθου] ἠγοράκαμεν κοινῶς τὴν προκειμένην κάμηλον ἣν καὶ ἀπογραφόμεθα ἐν (τ)ῇ τοῦ ἑκκαιδεκάτου ἔ[τ]ου(ς) ἀπογραφῇ [καμήλ(ων)] καθὼς πρόκειται. Ἔγραψα ὑπὲρ αὐτῶν Ἁρπαγάθης Πακύσεως μὴ εἰδότων γράμματα.

No. 350, 22 (3. Hand): [Τανε]φρύμις ἡ [κ]αὶ Θενῦρις Πανεφρύμιος μετὰ κυρίου τοῦ ἀν[δρός μου Ὀννόφριος τοῦ] .... ἠγ[όρακ]α καθὼς πρόκιται. Ὀννόφρις ἔγραψα ὑπὲρ τῆς etc.

Brit. Mus. II, 180, 27 (3. Hand): Φιλήμων Πτολεμαίου ἠγόρακα καθὼς πρόκειται.

Die ordentliche Form für die subscriptio des Destinatärs scheint aber gewesen zu sein: γέγονε εἴς με ἡ ἀποχή, ὁ ἀραβών, ἡ εὐδόκησις etc., vgl. Brit. Mus. II, 185, 35. 204, 26. UBeM. 446, 26.

Das erste Mal ist die Verpflichtung zur ἀπογραφή übernommen und in der subscriptio anerkannt; in den beiden anderen Fällen obligirt sich der Käufer weder im Text noch in der subscriptio.

---

1) Ordentlicher Weise! Wenn in der συγγραφοδιαθήκη UBeM. 183, 36 ἐκ τοῦ πρὸς βορρᾶ μέρους steht, und Z. 14 fehlt, so ist dies letztere offenbar Versehen; ebenso, dass κλεινὰς τέσσαρας (Z. 44) in Z. 20 fehlt.

2) So ist bei dem ägyptischen Testament No. 86 die subscriptio (Z. 34): Στοτοῆτις Ὥρου ὁμ[ολογῶ] συνκεχωρη[κέναι] μετὰ τὴν ἐμὴν τελευτὴν το[ῖ]ς τέκν[οις ἐμ]οῦ Ὥρου καὶ Παβοῦντι τ[ῷ μὲν] Ὥρῳ δίμιρων μέρος τῶν προγεγραμμένω[ν] πάντω[ν] καὶ τῷ Παβοῦτι τὸ λοιπὼν τρίτων [μ]έρος τῶ[ν] αὐτῶν καὶ τῇ γυναικὶ ἐ[μ]οῦ Θασή[τ]ι, ἐφ᾽ ὃν χρόνων ἄγα[μός ἐστιν], κατὰ μῆνα ἕκαστων πυροῦ ἀρτάβας ἥμισον δέκα[τ]ον καὶ ἐλέου κοτύλας δύο καὶ καθ᾽ ἔτος ἰς λόγον ἱματισμ[ο]ῦ ἀρκυρίου δραχμὰς εἴκοσι καὶ σφραγιῶ καθὼς πρόκειται. Ἁρπαγάθης Πακίσεως γέγραφα ὑπὲρ αὐτοῦ κτλ. sehr ausführlich.

Mag sich die eigenhändige Erklärung des Käufers hier zum Uber-
fluss befinden, oder der Sicherheit wegen beigefügt sein, etwa um
die causa des Rechtsgeschäftes gegen eine etwaige Bestreitung zu
sichern, jedenfalls zeigen die Urkunden, in denen diese subscriptio
fehlt, dass sie nicht nothwendig war.

Die Darlehenssubscriptionen beschränken sich, wie schon erwähnt, auf das Bekenntniss des Empfängers der bestimmten Summe
und das Versprechen der Rückgabe (mit Zinsen, zum Termin)[1].
Die subscriptiones bei Quittungen scheinen die Individualisirung
der Schuld, deren Empfang bekannt wird, und die Generalklausel
aufgenommen zu haben: καὶ οὐδὲν .. ἐνκαλῶ περὶ μ[ηδ]ενὸς
ἁπλῶ[ς πράγ]ματος μέχρι τῆς [ἐ]νεστώσης ἡμέρας. No. 415, 23.

Ganz eigenartig ist die Unterschrift bei den συγγραφοδιαϑῆκαι,
wie No. 183 sie bietet. Zunächst giebt der Mann als ὁμολογῶν
ein Résumé über seine Erklärung, wobei er, gerade wie beim Darlehen, sich sehr kurz fasst, und z. B. den ganzen Vertrag über
seine Pflichten bei Auflösung der Ehe nur höchstens in dem Wort
φέρνη und allenfalls in dem καϑὼς πρόκειται am Schluss an-
deutet: Ὧρος etc. ὁμολογῶι ἔχειν παρὰ τῆς συνούσης καὶ προμούσης
μου γυναικὸς Ἐ[ρι]έ[ας] etc. μετὰ κυρίου etc. τὰς τῆς φέρνης
ἀργυρίου δραχμὰς εἴκοσι καϑὼς πρόκειται; ihm schliesst sich die
Frau mit der Erklärung an, sie habe die φέρνη(dos) im genannten
Betrag gegeben: diese Erklärung, die geeignet ist, der Frau Rechte
zu sichern, nicht zu nehmen, und welche also auf einer Linie steht
mit dem fakultativen ἠγόρακα des Käufers, erschien vielleicht um
desswillen besonders zweckmässig, weil sie — unwahr, und die dos
nur fiktiv war[2]. Dann kommt die Erklärung der Mutter: ὁμολογῶ
συγκεχωρηκέναι μετὰ τὴν ἐμὴν τελευτήν: d. h., ich erkläre, letzt-
willig vergeben zu haben, nebst einer Wiederholung der Legats-
gegenstände, ohne Angabe der Modalitäten, und ohne die wichtige
Schlussklausel der Haupturkunde: ἐφ' ὃν χρόνον ζῶσα ἠ[3] Σαταβοῦς, ἔχειν αὐτὴν τὴν ἐξουσίαν τῶν ἰδίων πάντων πολεῖν ὑποτί-
ϑεσϑαι διαϑέσϑαι οἷς ἐὰν βούληται ἀπαρατίστως, die übrigens
auch in No. 86, 25 durch Ergänzung hergestellt ist. Diese Schlussklausel ist die griechische Objectivirung der Regel: ambulatoria est
voluntas defuncti usque ad vitae supremum exitum.

Die subscriptio ist hiernach die Sanction des in der Notariats-
erklärung festgestellten Vertragsinhalts; herbeigeführt wird diese

---

1) No. 190. 238.
2) Mitteis, Reichsrecht und Volksrecht S. 270 ff.
3) Krebs: ἠ. Ebenso 86, 34.

Sanction durch eigenhändige oder von einem beglaubigten ὑπογραφεύς geleistete Wiederholung der Hauptstücke, und durch die im
καθὼς πρόκειται liegende Übernahme des ganzen Vertragsinhalts
auf den Subscribenten oder seinen dominus negotii.

C. Personen.

§ 20. Aussteller und Destinatär.

Die Kaufverträge sogar gewinnen dadurch einen einseitigen
Charakter, dass die Verpflichtung aus der Urkunde entweder ganz,
oder in überwiegendem Maasse den einen Contrahenten trifft, der
dadurch zum ὁμολογῶν wird; indessen finden sich doch beim Kauf
Ansätze zu einer Gegenseitigkeit der Verpflichtungen. Vgl. S. 64
und S. 103.

Mehrere Aussteller und Destinatäre.

1) Kauf. Mehrere Verkäufer: No. 13. No. 71. No. 177. No. 228.
No. 233 (παραχώρησις). (No. 193 s. S. 62). Hier ist bezeichnend
für die Eigenart der Verträge die Thatsache, dass bei den Urkunden,
die Miteigenthum vorauszusetzen scheinen, die Theilrechte der Verkäufer am Gegenstand gar nicht abgegrenzt werden; den Preis
haben beide empfangen, und sie werden: βεβαιώσειν πάσῃ βεβαιώσι.
Im Einzelnen ist zu unterscheiden: No. 13, vorgeschriebener Brief,
vom J. 289, giebt einfach eine Kaufurkunde, bei der alles, was die
Verkäufer angeht, im Plural steht. No. 71, obwohl selbstgeschrie-
bener Brief, vom J. 189, giebt ausserdem noch die reguläre Wort-
fügung τὸν ὑπάρχοντα ἡμῖν (ψειλὸν τόπον) und lässt so die
Verkäufer sich das Miteigenthum zuschreiben. No. 177 endlich
lässt die mehreren ὁμολογοῦντες verkauft haben: 4 ἕκαστος τ[ὰς]
ὑπαρχούσας αὐτῶι γῆς ἀμπελείτιδος ἀρούρας τέσσαρες, und ebenso
10 (ἀπέχειν . .) ὧν ἕκαστος πέπρακεν τιμὴν πᾶσαν und 12 (βεβαιώσειν . .) ἕκαστος ὧν πέπρακ[εν.
Hier haben also mehrere in derselben Urkunde Nachbarland
gemeinsam verkauft, höchst wahrscheinlich Theile, die ihnen im
Erbgange pro partibus divisis hinterlassen waren[1]). Es ist eine
Mehrzahl von Objecten, die hier verkauft wurden, und der Raum-
ersparniss wegen wird bloss eine Urkunde aufgenommen. Jeder

---

1) Z. 7: πατρικός bezieht sich vielleicht nur auf den unmündigen Neffen.
Vgl. No. 183, 12 ff., wo die Beerbung sich auflöst in institutiones ex re certa,
bei denen in einer uns auffallenden Weise die Bruchstücke von Bruchstücken
an die einzelnen Kinder vergabt werden.

hat seinen Preis, und jeder garantirt für sein Land. Sehr zu beklagen ist es, dass keine der Urkunden, die mehrere Verkäufer haben, ein vollständiger Aufsatz ist; es kommt so nie zu der Conventionalstrafe für den Fall ungenügender βεβαίωσις. Erst aus dieser: ἐὰν δὲ μὴ βεβαιοῖ, ἀποτισάτω würden wir die Frage entscheiden können, ob Solidarhaftung oder Theilhaftung besteht, ob jeder Verkäufer auf den ganzen Preis belangt werden kann, oder jeder nur auf seine Hälfte. Im Zweifel würde ich das erstere annehmen.

2) Kauf. Mehrere Käufer. No. 153. No. 233 (παραχώρησις. Verstümmelt). — No. 153 erwähnt die Mehrzahl der Käufer: 8. 9. durch die Aufzählung der Destinatäre; 13. beim Verkauf; 17. bei der Tradition; 21. bei der Quittung über den Preis; 25. bei der Verpflichtung zur Neuanmeldung. Dann: 33. in der subscriptio der Verkäuferin; 39 ff. in der der Käufer. — Das Wichtigste dabei ist die Erwähnung: πεπρακέναι κοινῶς ἐξ ἴσου [1] Z. 13, wie sich denn κοινῶς bei der Preisquittung Z. 20, und je einmal in jeder subscriptio wiederholt. Hiernach sind die Käufer Miterwerber ex aequis partibus, und danach würde sich wohl ihre Aktivlegitimation bei der Klage wegen mangelnder βεβαίωσις geordnet haben. Leider ist in diesem vollständig erhaltenen Instrument die βεβαίωσις äusserst dürftig normirt: 28 καὶ βεβαιώσιν τὴν Διδύμην πάσῃ βεβαιώσι καὶ ἀπὸ δημοσίων ταύτης etc.; es sieht so aus, als sei vor καὶ etwas weggelassen. Immerhin wird man den Rückschluss wagen dürfen, dass, wenn hier κοινῶς viermal erwähnt ist, einmal mit ἐξ ἴσου, damit die Preisvertheilung auf je die Hälfte klar werde, umgekehrt bei mehreren Verkäufern die Verpflichtung zur βεβαίωσις eine solidarische Haftung zur Folge hatte und darum das Verhältniss ihrer Betheiligung nicht erst erwähnt wurde.

3) Quittungen: No. 44 und 415 geben 8 Schuldner an, ohne dass ein Besonderes zu bemerken wäre. No. 196 mit zwei Schuldnern hat noch bei der Generalquittung Z. 24 die Wendung, der Gläubiger werde einen Anspruch erheben weder gegen die eine und die andere, noch gegen eine von beiden: μὴ ἐπελεύσεσθαι μήτε αὐτὴν Θεναπῦγχιν μηδὲ τοὺς παρ᾽ αὐτῆς ἐπὶ τὴν Ἡρακλοῦν καὶ Θερμοῦδιν μηδὲ ἐπὶ ὁποτέραν αὐτῶν etc. — Dies setzt die

---

1) Ebenso hinterlässt No. 183, 15, die Mutter Σαταβοῦς zwei Kindern einen Hausantheil κοινῶς ἐξ ἴσου, wie sie denn auch allen Enkeln (den zwei Kindern, und zwei Enkeln der dritten Stirps) Z. 24 κοινῶς ἐξ ἴσου τὴν προσήκουσα τῇ Σαταβοῦτος ταφὴν καὶ σκηδίαν ἀνεγλόγιστα (ita ut ne reddant rationem) aufträgt.

Möglichkeit einer Klage gegen mehrere voraus, wie z. B. No. 136 und No. 19 sie uns vorführen. —

Das Bild zeigt uns Nachlässigkeit in der Frage der Theilung. Nur die eine No. 177 genügt den Anforderungen, die an eine notarielle Urkunde zu stellen sind. No. 153 huscht über den wichtigen Punkt hinweg.

§ 21. Beistände und Vertreter.

Der Geschäftsherr, der nicht selbst voll wirksam handeln kann, muss sich fremder Hülfe bedienen. Das Römische Recht unterscheidet zwischen tutores und curatores; die ersteren handeln als Beistand mit dem Geschäftsherrn zusammen, die letzteren handeln als Vertreter statt seiner, sie ersetzen ihn, so dass durch ihre Thätigkeit der Erfolg der Rechtshandlung für ihn herbeigeführt wird: die Urkunden trennen beides durch die Präpositionen: μετὰ „mit“ und διὰ „durch“.

A. Wer einen Beistand hat, erscheint mit ihm und handelt selbst, so die Weiber.

B. Wer einen Vertreter hat, lässt ihn handeln, so die Unmündigen.

A. 1) Alle Weiber in ὁμολογίαι haben ihren κύριος, für den die Formel ist (Διδύμη) μετὰ κυρίου. Diese Formel findet sich in dem Aufsatz wie in der subscriptio wieder. Der κύριος hat nicht mit zu unterschreiben, und eine über das μετὰ hinausgehende Bemerkung finde ich nur No. 153, 38: hier ist Ἀγχορῖμφις, Ehemann der Ausstellerin (Z. 6) und ihr κύριος, zugleich der ὑπογραφεύς [1]) (Z. 29), und er beendet seine subscriptio Z. 37 mit den Worten Ἀγχορῖνφ[ις] ἔγραψα καὶ ὑπὲρ αὐτῆς μὺ εἰτύεις γράμματα (quippe quae litteras nesciat). Hier zeigt nun das καὶ an, dass der Mann und Schreiber sich als κύριος in der subscriptio auch seinerseits

κύριος.

---

1) Wie es in solchen Fällen sonst heisst: ὁ ἐπιγραψάμενος κύριος, in unserem Fall ὁ προγ(εγραμμένος). — Zur Erklärung des ἐπιγραψάμενος Oxyrh. LVI, 13, wo eine Frau einen ʻholder of various municipal officesʼ (wohl [διὰ τὸ τ]ὸν διαδεχόμενον τὴν στρατηγίαν βασιλικὸν γραμματέα μὴ ἐνδημεῖν, wegen Abwesenheit des kaiserl. Schreibers und vicariirenden Strategen) bittet, (da sie δανειζομένη εἰς ἀναγκαίας μου χρείας unter Hypothek für nothwendige Bedürfnisse Geld leihen will) ihr einen gewissen Ἀμοιτᾶς: ἐπιγραφῆναί μου κύριον πρὸς μόνην ταύτην τὴν οἰκονομίαν: nur für diese eine Urkunde (vergleiche UBeM. 301, 14) ihr als κύριος ʻzuzudictirenʼ. Hierzu passt das mediale ἐπιγραψάμενος nicht grammatisch, aber sachlich.

betheiligt fühlt, und er hebt das (Z. 30) zu Anfang der subscriptio stehende μετὰ κυρίου nochmals durch die bezeichnete Partikel hervor. — No. 350, 23. 24 fehlt in ähnlichem Fall (es handelt sich um die Destinatärin) dies καί, welches also ein eigenes Erzeugniss des Selbstgefühls von Ἀγχορῖμφις zu sein scheint.

Hiernach ist der κύριος nicht der handelnde, ja selbst nicht der mithandelnde Theil, sondern er hat nur passive Assistenz zu leisten und scheint eine noch traurigere formelle Rolle gespielt zu haben, als der in Rom die tutores mulierum bei der Veräusserung der res mancipi dienten [1]).

Überblicken wir nun die Reihe der Personen, die den κύριος abgeben: In 22 Fällen, von denen zwei dubiös bleiben, kommt vor: 1) ἀνδρός sechsmal. 2) συγγενοῦς viermal. 3) ἀδελφῆς υἱοῦ dreimal. 4) υἱοῦ zweimal. 5) ἀδελφοῦ zweimal. 6) πατρός, ἀδελφῆς ἀνδρός, κατὰ μητέρα θεῖον je einmal. — Bedenkt man, dass so verschiedene Personen vorkommen, darunter etwa ¹/₅ bloss als συγγενοῦς bezeichnet, und dass sogar einmal der Mann der Schwester, also ein Affine von der minderen Art, diese Stelle verwaltet, so scheint die Vermuthung begründet, dass hier nicht ein ständiges Amt vorliegt, sondern dass einfach ein jedes Weib irgend einen männlichen Verwandten mitbringen musste, etwa wie es für manche Dinge nothwendig ist, dass ein Nichtgrundbesitzer Caution leistet [2]).

In der That fordert der Begriff der weiblichen Rechtsunerfahrenheit nicht einen ständigen Berather, sondern nur eine jedesmalige Berathung, für die dann heut dieser, morgen jener Mann aus dem Verwandtschaftskreise von unverehelichten oder verwittweten Weibern gewählt werden konnte — bei Ehefrauen in der Regel [3]) wohl der Mann sorgte [4]).

---

1) Gaj. I, 190: mulieres enim quae perfectae aetatis sunt, ipsae sibi negotia tractant, et in quibusdam causis dicis gratia tutor interponit auctoritatem suam. cf. 192. 193.

2) Mitteis S. 220 vermuthet, dass die Sitte der κύριοι in Ägypten nicht heimisch war.

3) No. 183, 4. 5 in Verbindung mit 30/31 giebt keine Ausnahme: hier erscheint als κύριος der Mutter (die 36 Jahre alt ist) bei ihrem Schriftchevertrag mit dem Vater (Παχῦσις τοῦ Ὧρου heisst der Sohn, Ὧρος Τεσενούφιος τοῦ Τεσενούφιος, übrigens Πέρσης τῆς ἐπιγονῆς, der Gatte, also ist es wohl ein Sohn aus dieser Ehe) der Sohn (der 22 Jahre alt ist). Allein hier musste für den Gatten jedenfalls ein Anderer eintreten; in der Rolle des tutor praetorius.

4) Wenn No. 136, 4 der Mann als ἔκδικος der Frau im Process auftritt, so spricht auch dies nicht für ein ständiges Amt als κύριος; denn in diesem Falle würde man sie auch im Process μετὰ κυρίου erwarten.

ἔκδικος der Kinder.

2) Der ἔκδικος No. 361, 14 steht insofern mit den κύριοι formell auf einer Linie, als er neben dem Kinde erscheint, sachlich ist er Ersatzmann. (Vgl. S. 160). —

φροντιστής.

B. Vertreter. 1) φροντιστής. No. 71, 4. No. 88, 5. No. 427, 9. 28 [1]). Dieser, im Gegensatz zum κύριος, ist Contrahent; er schliesst den, Vertrag, unter Umständen vorbehaltlich der Genehmigung durch den Geschäftsherrn, aber immer durch seine eigene Handlung. Das Wesen dieser Figur zeigt No. 427. Z. 9 ff.: Στο[τ]οῆτις etc. Ἀ[μ]μω-[ν]ίωι etc. διὰ φροντιστοῦ Παν[ε]φρέμμεως etc. π[ε]πρακέναι αὐτὸν [scil. Ἀμμώνιον] τῶι Στοτοῆτι κάμηλον κτλ. καὶ ἀπέχειν τὸν Πανεφρέμμιν τὰς λοιπὰς τῆς τειμῆς etc. καὶ παρέξεται τὸν [Ἀ]μμώνιο[ν] εὐδοκοῦντ[α] τῇδε τῇ πράσει καὶ β[ε]βαιώσει πάσῃ [βε]βαιώσει etc. (2. Hand). Ἀμμώνιος Ὠριγένους etc. διὰ φρον- τιστοῦ Πανεφρέμμεως πέπρακα τὸν κάμηλον etc., καὶ ἀπέχω τὰς λοιπὰς τῆς τιμῆς etc.

Die Tratte [2]) wird auf den Geschäftsherrn gezogen, aber der Tenor des Vertrages auf den φροντιστής gemünzt. Wenn der Geschäftsherr διὰ φροντιστοῦ der αὐτός ist, der gekauft hat (Z. 13), so ist es der φροντιστής, der ἀπέχει (Z. 18) den Restkaufpreis, der βεβαιώσει (Z. 22), und er: παρέξεται τὸν Ἀμμώνιον εὐδοκοῦντα τῇδε τῇ πράσει. Dies παρέχειν (sistere), „stellen", scheint technisch für die Beibringung des Hauptbetheiligten: No. 44 begegnet es in der Interimsquittung des Vaters für den Sohn, den er: (Z. 13 ff.) παρέξομαι διδόντα ἡμῖν ἀποχὴν καὶ ἀνδιδοῦντα τὴν διαγραφὴν εἰς ἀθέτησιν καὶ ἀκύρωσιν [3]). In unserem Falle will er ihn stellen

---

1) UBeM. (und wohl 604, 1) Οὐαλερίᾳ Γαΐου αὐτῇ διὰ Προβινκιαρίου φροντιστ(οῦ) παρὰ Ἀμμωνᾶτος κτλ. liegt der Fall vor, dass ʻeine gegenüber einem Anderen abzugebende Willenserklärung dessen Vertreter gegenüber erfolgtʼ. UBeM. 164, 3.

2) Der Anschaulichkeit wegen wähle ich diesen, natürlich auch wenn man ʻzahlen Sie an michʼ im Auge hat, nur bildlich zu nehmenden Ausdruck, vgl. Berl. Phil. Wochenschr. 1896 S. 1967: "..... χειρόγραφα (Briefe mit ... τῷ ... χαίρειν), ὑπομνήματα (Briefe mit παρά, vgl. Wilcken, Hermes XXII S. 4 ff.) ὁμολογίαι (notarielle Urkunden, in denen der Aussteller erklärt (ὁμο- λογεῖ) und unterschreibt) und διαγραφαί (Bankurkunden, bei denen der künftige Destinatär den künftigen Aussteller anweist, zu unterschreiben, und der letztere unterzeichnet). Der Unterschied der beiden letzten Klassen in der Form ist der nämliche wie zwischen unserem Eigenwechsel und unserer Tratte, und da die διαγραφαί stets daran kenntlich sind, dass der im Tenor der Urkunde Angeredete unterschreibt, und daran, dass das Wort ὁμολογεῖ fehlt, so ist die Entscheidung leicht und sicher zu treffen."

3) Vgl. παριστάναι vor Gericht stellen, S. 15, Z. 3.

zum Zwecke des εὐδοχεῖν, der ratihabitio, die in unseren Urkunden sich in verschiedenen Anwendungen findet.

Was nun die subscriptio angeht, so ist zu beachten, was schon oben bemerkt wurde, nämlich dass sie und nur sie bei διαγραφαί, deren eine hier vorliegt, die Verpflichtung oder das Zugeständniss begründet, gerade so wie bei unseren Wechseln das Accept. Es ist also erst die subscriptio die Ratification der obenstehenden Tratte durch den Bezogenen; erst durch sie wird die Urkunde vollzogen, welche im Schreiben vorbereitet wurde. Die Frage ist: wer liefert die subscriptio, der dominus oder der φροντιστής. Für den dominus scheint zu sprechen die Ausdrucksweise Ἀμμώνιος etc. διὰ φροντιστοῦ, wie Διδύμη etc. μετὰ κυρίου. Allein dies ist nur Schein; wer διὰ φροντιστοῦ spricht, spricht nicht selbst, sondern der φροντιστής für ihn, so wie wer διὰ τραπέζης zahlt, eben die Bank zahlen lässt, bz. an sie zahlt. Man kann auch heranziehen den Pap. Erzh. Rainer (Mommsen, ZSSt. 12 S. 286) (Z. 6) τοῦ Ἀ[φ]ροδεισίου διὰ Σωτηρίχου ῥήτορος εἰπόντος etc., da doch nicht Ἀ. durch Σ., sondern Σ. spricht, und nur durch den Mund des Σ. der Ἀ. erklärt. Es ist also die subscriptio nicht etwa schon die εὐδόχησις des dominus, sondern die Erklärung des φροντιστής. Wer ein εὐδοχεῖν vornimmt, der sagt das auch (No. 193, 28 εὐδοχεῖ. No. 101, 23. No. 96, 17 ff. steht immer εὐδοχῶ): hier erklärt einfach Ἀμμώνιος etc. διὰ φροντιστοῦ Πανεφρέμμ[εως] er habe verkauft; die εὐδοχία wäre in einer zweiten Urkunde zu geben und sie in gleicher Weise als εὐδόχησις zu bezeichnen, wie in No. 415 in der subscriptio die Bedingungen der παράσχεσις von No. 44, 13 ff. erfüllt sind. Vgl. No. 44, 13: καὶ παρέξομαι (den Sohn und Gläubiger) διδόντα ἡμῖν (verschrieben für ὑμῖν, den Gläubigern) ἀποχὴν καὶ ἀνδιδοῦντα τὴν διαγραφὴν εἰς ἀθέτησιν καὶ ἀκύρωσιν. Und No. 415, 25 ff.: (subscr.) (der Sohn) ἀπέχω κτλ., ἣν [scil. διαγραφὴν] καὶ ἀναδέδωκα ἰς ἀκύρωσιν κτλ. — Eine εὐδόχησις ist Brit. Mus. II, 184.

Wenn nun hier der φροντιστής subscribirt, da es doch heisst Ἀμμώνιος διὰ φροντιστοῦ, sollte da etwa auch z. B. bei Διδύμη μετὰ κυρίου auch der κύριος subscribiren? Nein, denn dies widerlegt sich schon durch die Präposition μετά, und ist sodann noch faktisch dadurch beseitigt, dass z. B. No. 350 (und 80, 24) den κύριος (Z. 18) als ὑπογραφεύς nennt, und ihn dann (Z. 24) sagen lässt ἔγραψα ὑπὲρ τῆς Τανε[φρέμμιος μὴ εἰδυίης γράμ]ματα. Denn käme ihm die Unterschrift zu, so würde er nicht sagen, er leiste sie statt der schreibunkundigen Frau!

Im Übrigen wird ein φροντιστής noch genannt: 1) No. 88 in

einer Bankurkunde: bescheinigt wird, (Z. 4) Χαιρή(μων) habe (Z. 5) Ἰσιδώρᾳ ἀφήλ(ικι) διὰ φροντ(ιστοῦ) τοῦ πατρός verkauft. Das Kind muss hiernach Sondervermögen gehabt haben. Näheres ersehe ich aus der sehr kurz gehaltenen Urkunde nicht. 2) No. 352, 7: (Es handelt sich um die Anmeldung dreier Kameele beim στρατηγός und βασιλικὸς γραμματεύς) Οὓς ἀπεγρ(αψάμην) τῷ διεληλυθ(ότι) κ (ἔτει), ἔτι ἀφῆλιξ ὢν, διὰ φροντιστ(οῦ) Πανούφεως etc., (Z. 12) ἀπογρ(άφομαι) καὶ εἰς τὸ ἐνεστὸς κα (ἔτος) κτλ. — Da er noch unmündig war, meldete er durch den φροντιστής, d. h. der φροντιστής für ihn: nunmehr, mündig geworden, thut er es selbst. 3) Ebenso No. 71 wird ein Kaufbrief gerichtet an (Z. 2) Γαίατι [Λ]ονγίνου μητρὸς Θαήσεος ἀπὸ κώ[μ]ης Καρανίτος διὰ φροντι- σ(τοῦ) Πτολεμέ(ου) [το]ῦ καὶ Ἀγαθοδέμο(νος). Es liegt gar kein Grund vor, hier an einen Minderjährigen zu denken, vielmehr wird jugendliches Alter gewöhnlich bei der Benennung des Betreffenden hervorgehoben. 4) No. 360: Ἀντίγραφον ἐπιστολῆς. Εὐδαίμων φρωντιστὴς Κλαυδίωι Ἀντωνίνου giebt den Pächtern auf, die Pacht für die Scholle des Κλαύδιος Ἀντωνῖνος an die Käufer zu zahlen. Nichts spricht dafür, dass der dominus unmündig oder ent- mündigt ist; der φροντιστής dürfte ein procurator sein. Der φρον- τιστής ist also nicht wesentlich der Vormund (im Falle der No. 427 kann er es nicht füglich sein, da der dominus das εὐδοκεῖν liefern soll), sondern auch der Stellvertreter, nicht bloss der curator, sondern auch der procurator [1]). Ausschlaggebend ist in dieser Richtung No. 300, Brief eines Veteranen an den anderen: (Z. 3) Συνέστησά σοι κατὰ τοῦτο τὸ χειρόγραφο(ν) φροντιοῦντά μου τῶν ἐν Ἀρσι- νοείτῃ ὑπαρχόντων καὶ ἀπαιτήσαντα τοὺς μισθωτάς, κἂν δέον ᾖν, μισθώσαντα ἢ αὐτουργήσαντα καὶ ἀποχὰς προησόμενον αὐτοῖς ἐκ το[ῦ] ἐμοῦ ὀνόματος καὶ πάντα τῇ ἐπι[τρο]πῇ ἀνήκοντα ἐπιτελέ- σαντα κτλ. (Z. 11) καὶ [ε]ὐδοκῶ, οἷς ἐὰν πρὸς ταῦτα ἐπιτελέσῃ: κτλ. (Z. 16) Ποιήσεται δὲ καὶ τῶν τῆς φροντιζομένης ὑπ᾽ ἐμοῦ θυγατριδοῦς μου Λογγινίας Τασουχαρίου καὶ τῶν ὑπαρχόντων αὐτῆς φροντίδα καὶ ἀπαίτησιν κτλ. — Hier ist wieder an eine cura, die wegen mangelnder Handlungsfähigkeit des dominus einträte, um desswillen nicht zu denken, weil dieser die Vollmacht selbst ertheilt; es ist eine Generalbevollmächtigung, vielleicht per regiones divisa, und der

---

1) Es wäre immerhin möglich, dass der φροντιστὴς καὶ κύριος, durch den (διὰ) die Ausstellerin in der bei Mitteis S. 155 abgedruckten subscriptio handelt, ihr Geschäftsführer und κύριος war. — Den Basiliken ist der procu- rator zwar im Titel D. 3, 3 προκουράτωρ, aber z. B. D. 26, 7. 46 pr. (Bas. 37, 7, 45) ist κουράτωρ = curator, φροντιστής = procurator.

φροντιῶν ein procurator. Den Doppelsinn des Wortes φροντίζειν, oder vielmehr seine Unabhängigkeit von dem Unterschied zwischen gewähltem und nothwendigem Vertreter zeigt Z. 18, wo wahrscheinlich an Altersvormundschaft überdies nicht zu denken ist. Nun fehlt allerdings hier das Wort φροντιστής, allein die Fassung dieser Urkunden macht die oben vorgeschlagene Deutung dieses Ausdruckes für No. 300 so gut wie sicher.

Die Vollmacht wird begründet durch συνιστάναι αὐτόν. Solcher Vollmachtsurkunden sind uns vier erhalten, UBeM. 300, Brit. Mus. II, 118, Oxyrh. XCIV und XCVII. Alle vier sind ὁμολογίαι des Principals an den Vertreter, und zwei (UBeM. 300 und Oxyrh. XCVII) tragen auch die Unterschrift des Destinatärs, während dies bei der dritten (Brit. Mus. II, 119) nicht sicher, bei der vierten ausgeschlossen ist; gemeinsam ist drei Urkunden (darunter der Urkunde ohne Unterschrift des Vertreters) die Bemerkung:

Excurs: συνιστάναι.

UBeM. 300, 11: 8 .... πάντα τῇ ἐπι[τρο]πῇ ἀνήκοντα ἐπιτελέσαντα.
Oxyrh. XCIV, 13: καὶ τὰ ἄλλα περὶ αὐτῶ[ν] περιοικονομήσοντα
   XCVII, 16:   καὶ πάντα ἐπιτελέσοντα

 300 καθ' ἃ κἀμοὶ παρόντ[ι ἔ]ξεστιν, (11) εὐδοκῶ οἷς ἐὰν πρὸς
XCIV καθ' ἃ καὶ αὐτῷ[1]) παρόντι ἐξῆν,   εὐδοκεῖν γὰρ αὐτὸν
XCVII καθ' ἃ καὶ τῷ ὁμολογοῦντι ἐξῆν,   εὐδοκεῖν γὰρ ἐπὶ

 300 ταῦτα ἐπιτελέσῃ.
XCIV ἐπὶ τούτοις ἐφ' ᾧ.
XCVII τούτοις.

Man darf sich durch den Umstand, dass in der Processvollmacht Oxyrh. XCVII, 24 der Vertreter und Bruder die Vollmacht nicht mit dem Worte συνέσταμαι[2]) annimmt, sondern mit εὐδοκῶ, nicht verleiten lassen, auch das εὐδοκεῖν in der Urkunde selbst auf den Vertreter zu beziehen; vielmehr ist es die vorherige Zustimmung des Herrn zu den künftigen Handlungen des Vertreters, und darum auch ἐφ' ᾧ 'unter der Bedingung', dass der Vertreter reliqua reddere (UBeM. 300, 9 ἐφ' ᾧ τὰ περιεσόμενά μοι ἀποκαταστῆσι μοι ἐνθάδε παραγεναμένῳ) bez. den Erlös des oder der verkauften Sklaven abliefern muss (XCVI, 15 τὴν δοθησομένην αὐτῷ τούτων

---

1) Dann der Name des Geschäftsherrn.

2) συνέσταμαι sagt der Vertreter UBeM. 300, 24. — συνέστησα sagt UBeM. 300, 20 und Oxyrh. XCVII, 21 der Geschäftsherr; der Vertreter tritt hier passivisch auf, während der Pächter medial: μισθώσασθαι, im Gegensatz zu dem activen Verpächter. — Auffallend ist, das Oxyrh. XCVII, 24 nicht eine dritte Hand beginnen soll.

ἢ τοῦ ἀπ᾽ αὐτῶν πραθησομένου[1]) τιμὴν ἀποκαταστείσειν τῷ (domino)), oder bloss ἐπὶ τούτοις (XCVII, 18). Man kann kaum irgendwo die Thatsache, dass unsere Urkunden als richtige cautiones die naturalia, ja essentialia des negotii, die als Regeln ins Gesetzbuch gehören, ihrerseits uns vorführen, so klar sich spiegeln sehen, wie darin, dass ausdrücklich die Verpflichtung des Beauftragten zur Herausgabe dessen, 'was er aus der Geschäftsbesorgung erlangt' in der einzelnen Urkunde erwähnt wird. Umgekehrt sieht sie nicht vor, was beim Sklavenkauf wichtiger war: 'Verwendet der Beauftragte Geld für sich, das er dem Auftraggeber herauszugeben ..... hat, so ist er verpflichtet, es von der Zeit der Verwendung zu verzinsen' (B.G.B. § 668). — In dieser εὐδόκησις stimmen also die Generalvollmacht (UBeM. 300), die Processvollmacht (Oxyrh. XCVII) und die Kaufermächtigung (Oxyrh. XCIV) überein; die erstere ist noch dadurch complicirt, dass eine Vollmacht für die Angelegenheiten des vom Aussteller bevormundeten (φροντιζομένης) 'Tochterkindes' unter gleichen Bedingungen beigefügt wird, und zwar (Z. 16—20) hinter dem Datum, also wohl ursprünglich vergessen. —

Ein ganz anderes Bild gewährt Brit. Mus. II, 118/119, welches die Anwerbung eines gewissen Σατορνεῖλος durch einen πράκτωρ ἀργυρικῶν (Geldsteuererheber) des Dorfes Herakleia Namens Στοτοῆτις betrifft. Auf zwei Jahre hat Στοτοῆτις ihn angestellt — συνεστάκαμέν σοι[2]) sagen auch Brit. Mus. II, 117, 10 die Ältesten, die dem πράκτωρ, den sie ordnungsmässig anstellten, Decharge ertheilen —; der Angestellte muss nicht bloss die Bücher führen und das Papier und die übrigen Auslagen aus Eigenem bestreiten, sondern er hat folgendes zu thun:

(ὁμολογεῖ Στοτοῆτις κτλ.) 8 τὸν ὁμολογοῦντα συνεστακέ-
ναι τὸν Σα[το]ρνῖλον πρακτορεύοντα ἀπὸ τοῦ ἰσιόντος
⌊_ Ἀντ[ωνίν]ου Καίσαρος τοῦ κυρίου ἐφ᾽ ἔτη δύω καὶ δια[γρά]-
    φοντα εἰς τὸ δημόσιον τὸ ἐπιβάλλον
τῷ Στοτοῆτι τρίτον μέρος τῆς προκειμένης πρακ-
τωρίας, [τ]οῦ Σατορνίλου π[λη]ροῦντος κατὰ ἀρίθμησιν ὁμοίως τὸ ἐπιβάλλον αὐτῷ τρίτον μέρος κτλ.

---

1) Denn verkaufen darf er den sich darbietenden Käufern (τοῖς προσελευσομένοις τῶι ἀγορασμῷ) unter Festsetzung eines Gesammtpreises oder einzeln (ὑφ᾽ ἕν ἢ καθ᾽ ἕνα) ohne Limite (ἧς ἐὰν εὕρῃ τιμῆς). — Die βεβαίωσις, die Haftung wegen Mangels im Recht (περὶ κυρείας) trifft den dominus wie Rechtens.

2) Es ist abzutheilen: ἐπὶ (= ἐπεὶ) συνεστάκαμεν, wie UBeM. 50, 3: ἐπὶ πέπρακα.

Dafür bekommt er in Dreimonatsraten jährlich 252 Drachmen, und in Nothfällen wird der Auftraggeber mit ihm die Arbeit theilen. Abweichend von Kenyon, der annimmt, der Ertrag der πρακτωρία sei so gross gewesen, dass man für 252 Drachmen jemand anstellen und doch noch möglicherweise etwas überbehalten konnte, nehme ich folgendes an:

Die πρακτωρία ἀργυρικῶν ist eine Liturgie: UBeM. 18^{I}, 8: ἀνέδωκεν αὐτὸν πράκτορα ἀργυρικῶν τῆς ἰδίας κώμης εἰς ἄλλην λειτουργίαν. Die Liturgieen sind gemieden[1]) und bevorzugte Klassen sind von ihnen befreit[2]). Daher ist nicht anzunehmen, dass diese munera besoldet waren, sondern sie waren unentgeltliche Selbstverwaltungsposten. Daher ist, wenn es heisst: UBeM. 25: Δημητρίῳ στρ. Ἀρσ. Ἡρακλ. μερίδος παρὰ Ἁρπάλου κ[α]ὶ μετόχ. πρακ. ἀργ. κώμης Σοκνοπ. Νήσου. [Δ]ιεγρ.[3]) ἐπὶ τὴν δ[η]μοσίαν τράπεζαν εἰς ἀρίθμησιν μηνὸς Παῦνι τοῦ ἐνεστῶτος ηͱ̣ ὑπ. φόρου βοῶν δραχμὰς τετρακοσίας ⟨ ζυ.
(Datum. Nachtrag.)

anzunehmen, dass die πράκτορες ἀργυρικῶν, die dem Strategen hier ihre Meldung machen (Ἅρπαλος und Consorten), auf die Gemeindebank zur Rechnung des Monats Pauni alles gebucht haben, was sie an Steuer für Rinder eingetrieben hatten, und dass sie officiell nichts für sich behielten.

Wie für eine lästige Dienstpflicht den Stellvertreter, und nicht wie einen Vicar für eine Pfründe, hat Stotoëtis den Satorneilos bezahlt, und letzterer die Verpflichtung, die Eingänge für des Stotoëtis Drittel (da drei πράκτορες waren, wie auch Kenyon annimmt) zu buchen (d. h., durch Umschreibung zu zahlen) und, was nach der Rechnung fehlt, ʻvoll zu machenʼ. Es wäre danach ganz fein, wenn das Drittel zunächst bei der Rechnung als das des Stotoëtis, bei der Haftung für ein Deficit als das des Satorneilos bezeichnet wird. Satorneilos ist wohl, wie Wilcken 273, 7 vortrefflich ergänzt: κατακολ(ουθῶν) πράκ(τωρ). — Hier handelt es sich also um Dienstmiethe, nicht um Auftrag.

2) Πρόδικος nennt sich ein Vormund, der uns in No. 168, 2 in einer Eingabe entgegentritt: Ἀν]τίγρ(αφον) [ἀν]αφορίο[υ. Ἰο]υλίῳ

---

[1]) UBeM. 159, 5: μετὰ δὲ ταῦτα ἀνα[δοθέντο]ς μοι εἰς δ[ημοσία]ν λειτουργίαν βαρυτάτην οὖσαν ἀπέστ[η]ν τῆς κώμης οὐ δυνόμενος ὑποστῆναι τὸ βάρος τῆς λειτουργίας.

[2]) Veteranen 5 Jahre nach der missio: UBeM. 180, 3. Priester 194, 8—10. Und öfters).

[3]) διεγρ(άψαμεν) Wilcken.

Καπιτω[λεί]ῳ τῷ κρα(τίστῳ) [ἐπ]ιστρα(τήγῳ) παρὰ Ἰου[λίο]υ Ἀπολι[να]ρίου οὐετρανοῦ προδίκου Ἀπολιναρίου καὶ Οὐαλερί[ου . . . .] ρανου [ἀ]φηλί[κω]ν Ἀντινοέων. — Dieser ist der Pfleger der Minderjährigen, denn er sagt (Z. 17), dass nach dem Tode von deren Eltern, als eine Person Namens *Θατρῆς* unter dem Vorgeben, des Vaters Vaterschwester zu sein, das Gut an sich riss, der *στρατηγός*, an den er sich gewandt: *παραδοὺς ἐμοὶ τὰ δουλικὰ σώματα ἐκέ-[λ]ευ[σε]ν ἀποκατασταθῆναί μοι τὴν ἐνδομενίαν καὶ [τ]ῶν ὑπ[αρ]-χόντ[ων] ἀντιλαβέσθαι με.*

ἔκδικος. 3) *Ἔκδικος* heisst der Processvormund einmal der Gattin: No. 136, 4 *Ταποντὼς δι᾽ ἐκδίκου τοῦ ἀνδρὸς*[1]) *Πασίωνος πρὸς Φανομγέα καὶ Πεθέα, Βερνεικιανοῦ ῥήτορος εἰπόντος* etc., sodann eines Kindes: No. 361[I], 14: . . *παρόντος Ἰσιδώρου Τιβερίνου ἀφή-λικος, συνόντος αὐτοῦ Λονγείνου Χαιρημονιανοῦ ἀδελφοῦ ὁμο-μητρίου καὶ ἐγδίκου Φιλώτας ῥήτωρ ὑπὲρ Κασίου εἶπεν.* Es ist beachtenswerth, dass ausser dem Redner der *ἔκδικος* auftritt, der also die Aufgabe hat, die Processfähigkeit der Partei zu vervoll-ständigen. —

Endlich mag erwähnt werden der Anfang der Urkunde No. 200. *Διδαὶς ἡ καὶ Θαὶς [τ]ῆς*[2]) *[Ἰσ]ιδώρου δι᾽ ἐμοῦ Σαραπίωνος Σαρα[πίωνος τ]ουπ [.]ποραιν[. .]α*[3]) *ἀδελφῷ χαίρειν. Ἀπέχω παρά σου, ἃς ἐπεστάλης ὑπὲρ φορέτρων τοῦ πατρὸς ἡμῶν Ἰσιδώρο[υ] (ἀρταβῶν) τριάκοντα μιᾶς ἡμίσους τρίτον (δραχμὰς) διακοσίας πεντήκοντα τέσσαρας τετρώβολ(ον).* (Datum: 27. Dec. 183 n. Chr.)

Sicher ist, dass die Schwester an den Bruder schreibt durch Vermittelung eines Mannes *Σαραπίων; Σαραπίων* ist lediglich der Schreiber, der also regelmässiger Weise zu unterschreiben hätte: *ἔγραψα ὑπὲρ αὐτῆς,* der aber durch die von ihm gewählte Form die Gleichung bestätigt, welche wir aus den Processprotokollen herleiten können. No. 361, 17: *Φιλώτας ῥήτωρ ὑπὲρ Κασίωνος εἶπεν* = *τοῦ Ἀφροδεισίου διὰ Σωτηρίχου ῥήτορος εἰπόντος* (Pap. Erzb. Rainer 1492, ZSSt. 12, 286).

§ 22. *Εὐδοκεῖν.*

Εὐδοκεῖν heisst Wohlgefallen äussern, und kann insofern ver-wendet werden zur Bezeichnung der Thätigkeit sowohl des Aus-

---

1) Auch das übersetzte Rescript über die longi temporis praescriptio No. 267 ist gerichtet an (Z. 5): *Ἰουλιανῇ Σω[σθ]ενιανοῦ διὰ Σωσθένους ἀνδρός.*

2) Brinkmann vermuthet einen Nominativ *Θαισ [.]ῆς.*

3) Brinkmann vermuthet nach Brit. Mus. II, 33, 163 *Π[ε]πορᾶ Ἱν [. .] ᾳ.*

stellers, dem der Entwurf gefällt, wie auch des Zeugen, Bürgen,
Mitberechtigten, der sich der vollzogenen Urkunde anschliesst. Hat
in concreto *εὐδοκῶ* die erste Bedeutung, so ist für die zweite
συνευδοκῶ ein passender Ausdruck[1]).

In unseren Urkunden hat *εὐδοκῶ* stets die Bedeutung der Zustimmung eines Dritten zur vollzogenen Urkunde. Die Verhältnisse,
die zur *εὐδόκησις* veranlassen, sind mannigfach.

Fälle.

a) Am nächsten der von Mitteis geschilderten Zustimmung der
Erben zur Freilassung steht No. 96, wo die Mutter, und vor ihr
wahrscheinlich Brüder des Patrons zu einer Erklärung sich ver-
sammeln, des Inhalts: *εὐδοκῶ καὶ βεβαιῶ τῇ γ[ε]νομένῃ ἀπελευ-
θερώσει τοῦ Νομηνίου ὑπὸ τοῦ Μάρωνος καὶ οὐκ ἐπελεύσομαι
κατ᾽ οὐδένα τρόπον*[2]). Der Anfang der Urkunde, der Aufsatz, ist
verstümmelt, doch ist ersichtlich, dass diese Urkunde nur von den
εὐδοκοῦντες, nicht vom Patron, ausgestellt wird.

b) Hieran reiht sich ein Kauf, No. 193, bei dem leider die
subscriptiones nur in dem bei *ἀντίγραφα* möglichen Auszug ange-
deutet sind: (Z. 3) *Ὁμολογεῖ [Σ]εγᾶθις κτλ.* (Z. 4) *καὶ ἡ ταύτης
[μήτη]ρ Θασῆς κτλ.* (Z. 9) *ἡ μὲν Σεγᾶθις πεπρακέναι* etc. (Z. 11)
τὸ ὑπάρχον τῇ Σεγάθι οἰκογενὸς δουλικὸν ἔγγονον Σωτᾶν etc.
(nun ist nur von *Σεγᾶθις* die Rede bis zum Schluss (Z. 28): *ἡ δὲ
Θασῆ[ς ε]ὐδοκῖ τῇδ[ε τῇ] πράσε[ι]· ἔγρ(αψεν) ὑ(πὲρ) τῶν ὁμολογούντων*[3]) *Σαραπίων κτλ.*

Auch hier handelt es sich um ein Sklavenkind, und da dies
der einzige Sklavenkauf ist, und wiederum *Σεγᾶθις* die einzige
Eigenthümerin (s. oben Z. 11), so mag die Genehmigung durch die
Mutter, für welche Vormundschaftsverhältnisse nicht der Grund
sind, aus der Thatsache zu erklären sein, dass auch käufliche Über-
lassung von Sklaven unter Zuziehung der Hausgenossen zu geschehen
pflegte, um das zu verhindern, was durch das römische Edikt gegen
den qui sciens liberum se venire passus est geahndet wurde. An
ein eigentliches Miteigenthum möchte ich nicht denken, da die oben
(S. 150) besprochenen Nummern, die von den zwei Verkäufern handeln, ganz anders aussehen. — Zweifelhaft bin ich im folgenden Falle:

c) No. 101 enthält in Briefform ein Darlehensbekenntniss nebst

---

1) Vgl. die oben citirte Urkunde bei Mitteis S. 156, und die Citate bei
Mitteis S. 373, Anm. 1.

2) Von Z. 16 an; die einzelnen Erklärungen sind verstümmelt, doch so,
dass Wilcken den Text sicher herstellen konnte.

3) Das heisst, die *Σεγᾶθις* als Verkäuferin, und die *Θασῆς* als Rati-
habentin, nicht etwa „der Contrahenten“.

pactum antichreticum: (ὁμολογῶι) (Z. 5) ἀντὶ τῶν τούτων τόκων συνκεχωρηκέναι σοι σπείρειν καὶ καρπίζεσθαι καὶ ἀποφέρειν εἰς τὸ ἴδιον τὸ ἥμισυ μέρος ἐξ οὗ ἐὰν αἱρῇ μέρους τῶν ὑπαρχόντων μοι περὶ Κερκεσοῦχα ἀρουρῶν δύο etc. (Z. 23) Ἥρων εὐδοκῶ τῇδε τῇ καρπίᾳ καθὼς πρόκειται etc.

Dieser Ἥρων ist sonst in der Urkunde nicht erwähnt; seine Genehmigung erklärt sich wohl aus dem ἥμισυ μέρος (v. 8): Der Aussteller wird nicht allein haben verfügen können, und den Mitberechtigten Ἥρων zur Genehmigung veranlasst haben. Es ist zu bedenken, dass die Urkunde ein eigenhändiger Brief ist, und in solchen die Unklarheiten sich nicht immer auf die Rechtschreibung beschränken; doch scheint Folgendes klar: es handelt sich um ein Darlehen, welches nur von Φιλήμων, dem Aussteller, aufgenommen ist. Er allein hat Veranlassung zu der ἀντίχρησις, und er gewährt sie in Folge dessen allein. Wenn nun Ἥρων sagt: εὐδοκῶ etc., so ist dieser Ἥρων dem Destinatär der Urkunde bekannt gewesen, nicht nur seinem Namen, sondern auch seiner Stellung zum Grundstück nach; an eine persönliche Beziehung zu Φιλήμων ist nicht zu denken; diese wäre, auch im Brief, in der Adresse zum Ausdruck gekommen, folglich dürfte Ἥρων Miteigenthümer sein.

d) Verheissen wird eine εὐδόκησις in No. 427, 21. Es kann wohl aus den eben besprochenen Urkunden, die sämmtlich das Wort εὐδοκεῖν als technisches haben, für sicher gelten, dass die Vollziehung in No. 427 nicht εὐδοκία des dominus, sondern einfach ὑπογραφή für den φροντιστής ist. Über Brit. Mus. II, 184, vgl. S. 155.

e) Endlich giebt die Generalvollmacht No. 300, 11, welche den Vertreter bestellt τῇ ἑαυτοῦ πίστι[1]), zugleich die Erklärung, dass der dominus im Voraus alle künftigen Handlungen des Vertreters billige, καὶ εὐδοκῶ, οἷς ἐὰν πρὸς ταῦτα ἐπιτελέσῃ.

Die Formel für das εὐδοκεῖν der Genehmigung ist: (Name) εὐδοκῶ τῇδε τῇ (Rechtsgeschäft), wenn die Genehmigung unter der Haupturkunde steht (No. 193. 101); τῇ γενομένῃ (Rechtsgeschäft), wenn eine besondere Urkunde vorliegt (No. 96). —

Συνευδοκῶ für εὐδοκῶ im Sinne von Vollziehen bietet No. 419, 21 aus der Zeit des Probus (Πρόβος). —

---

1) Dieser Ausdruck kehrt wieder z. B. No. 322, 6: ἐπίτροπον ἐποίησα τῇ ἑαυτοῦ πίστει, u. No. 86, 27: τῆς περὶ πάντων πίστεως ο[ὔσ]ης περὶ τ[ὸ]ν Παβοῦν (dem Vormund). — Vom beauftragten Strategen 388 II, 9. 13.

<h1 style="text-align:center">§ 23.</h1>

<h2 style="text-align:center">D. Gegenstand der Kaufverträge.</h2>

Die römische mancipatio, von den Sklaven ausgegangen, ist auf Res man-
cipi. Thiere naturgemäss, auf Grundstücke (für welche die in jure cessio sich mehr eignete) sinnwidrig und mehr symbolisch ausgedehnt worden; wenn die Grundstücke solent absentia mancipari, so ist vom Handgriff nichts mehr da als die ihn begleitenden Worte und die Zeugen, und, wenn an die Stelle der in solchem Fall abwegigen Worte die Zeugenurkunde tritt, eben diese Urkunde; und sie mag hier immerhin die Formel: emit mancipioque accepit enthalten. Daher ist in der That für Grundstücke die καταγραφή, die uns in unseren ὁμολογίαι entgegentritt, ein ähnliches Ding wie die spätere, sogenannte Grundstücksmancipation.

Die Analogie der Schriftverträge mit dem Handgriff geht aber noch weiter, sie erstreckt sich auf die Objecte. Wie viele Urkunden vom Kauf auch erhalten sind, es sind verkauft nur Land, Hausthiere, Sklaven. κάμηλοι, καμηλόνες, ὄνοι, δουλικὸν ἔγγονον, ἄρουραι, αὐλή, οἰκίαι, kurz was nach römischem Landrecht res mancipi wäre, das findet sich, entsprechend der örtlichen Verschiedenheit, als Kaufgegenstand.

Folglich werden dies die Sachen der ὠνή gewesen sein, die Sachen, für die, mit Ausschluss aller anderen, man οἰκονομίαι (instrumenta) aufnahm: Es sind nun die einzelnen Kaufobjecte zu untersuchen, wobei a potiori vom Grundstück auszugehen wäre, wegen der grösseren Einfachheit aber mit den animalischen res begonnen wird.

A. Die Sklaven. No. 193, 12: οἰκογενὸς δουλικὸν ἔγγονον A. Sklaven. Σωτᾶν, ὡς ∟ η, ἄσημον, τοῦτο τοιοῦτο ἀναπόριφον πλὴν ἐπαφῆς καὶ ἱερᾶς νόσου.

Die Worte τοῦτο τοιοῦτο ἀναπόριφον, kehren bei jedem Verkauf beweglicher Sachen wieder, und haben nichts mit der Bezeichnung des Objectes zu thun, sondern bedeuten, dass Verkäufer das Object abgiebt, wie es geht und steht, und eine Rücknahme ablehnt (vgl. S. 60). Es bleibt als demonstrativ der erste Satz: dieser nennt „das Sklavenkind" οἰκογενός als Ersatz der Nationalität, und hat, in der Bezeichnung ὡς ∟ η ἄσημον, das nämliche Beschreibungsprincip, das uns die Beurkundung freier Persönlichkeiten aufwies.

B. Bei weitem complicirter ist die Beschreibung bei den B. Thiere Kameelen; wenn bei den Menschen der Grundstock der Individua-

11*

lisirung durch Namen und Alter gebildet wurde, zu denen ausnahmsweise die Farbe, regelmässig die $οὐλή$ trat, so ist bei den Kameelen vor Allem Angabe des sexus nöthig. Alle Urkunden geben diesen an erster Stelle, nach der Angabe, wieviel Objecte verkauft sind, und UBeM. 153, 15 schiebt vorher noch das Wort $τελείαν$ ein; aber auch diese bringt es bei der subscriptio hinter $θήλειαν$ (v. 32); alle Urkunden, $ὁμολογίαι$, $διαγραφαί$, $χαίρειν$-Briefe, haben die Bezeichnung des sexus (fünfmal $θήλειαν$, zweimal $ἄρρενα$) und auch die subscriptiones wiederholen sie.

Daneben ist die Bemerkung, dass das Thier ausgewachsen, $τέλειον$, sei, relativ selten (No. 153, 15 u. 33; No. 88, 6), und ebenso die der Farbe fakultativ (No. 88, 6; No. 153, 15 u. 33), so dass diese nicht als officielle Kennzeichen zu erachten sind. Dagegen findet sich überall noch eine Art Merkmal, die genau demjenigen entspricht, was bei den Personen die $οὐλή$ ist: das dem Körper gewaltsam aufgedrückte Merkmal.

$χαράσσειν.$ Die Procedur wird bezeichnet bald als $χαράσσειν$ (No. 100, 4. 153, 15. 33. 416, 3. 427, 14), wonach No. 88, 7 sagt: $ἔχοντα$ $χαρακτῆρα$, und No. 13, 8: $ἀχάρακτον$, oder auch wohl als $σφραγίζειν$ (No. 87, 12. 26), was an $σφραγῖδα$ $ἐπιβάλλειν$ $ἑκάστῳ$ $ὄνῳ$ (No. 15², 21) erinnert.

Wenn am menschlichen Körper man die Narben nehmen muss wie sie liegen, so ist dagegen für die Charakterisirung der thierischen Verkaufsobjecte der rechte Schenkel und die rechte Kinnlade die officielle Stelle. ($μηρόν$ $καὶ$ $σιαγόνα$ No. 88, 7. 153, 16. 34. $μηρόν$ No. 87, 13. 416, 4. 427, 15. $σιαγών$ 100, 5.) Die $ὁμολογίαι$ sind auch hier prägnanter als die Briefe, indem sie noch die Kennzeichen selbst anführen; es sind Buchstaben.

No. 87: $νῦ$ $καὶ$ $ἦτα$.

No. 153: $μηρῷ$ $θῆτα$ $ἓ$ $καὶ$ $νῦ$ $ἦτα$, $σεαγόνι$ $κὰκ$ $λὰμ$ $ἄλφα$,
      in der subscr. kürzer: $θε$ $καὶ$ $νη$... $κλα$;
      ebenso die ausführliche $διαγραφή$ No. 427, 15: $ἲ$ $νῦ$ $ἦ$ $τα$.

Die Esel werden in den beiden Urkunden No. 228, 3 (subscriptio der $ὁμολογία$) und No. 373 (irreguläre $ὁμολογία$ von 298) nicht so, sondern einfach nach dem sexus und der Farbe bezeichnet.

No. 228, 3: $ὄνην$ $θήλειαν$ $λευκομνόχρουν$

No. 373, 7: $ὄνον$ $πῶλον$ $μικρὸν$ $μέλανα$,
      Z. 19 in der subscriptio nur $πέπρακα$ $καὶ$ $ἔσχον$ $τὴν$ $τιμὴν$
      $πλήρης$ $ὡς$ $πρόκιται$.

Offenbar dient auch die in No. 15², 21 angeordnete Stempelung öffentlichen Zwecken, nicht dem der Identification für den Fall der Vindication. Dagegen ist die Tätowirung der Kameele die unterschei-

dende Charakterisirung, während für ὄνος unsere Urkunden nicht
strikt beweisen, da die eine nur subscriptio, die andere irregulär ist.

Die Charakterisirung der Kameele könnte man in Verbindung
bringen wollen mit der jährlichen ἀπογραφή, von der die Berliner
Sammlung einige Beispiele aufweist. Indess ist diese Beziehung
nicht vorhanden, da bei der ἀπογραφή nur die Zahl der Thiere, die
den Eigenthümer gewechselt haben, nicht die Signatur dieser Stücke
angegeben wird.

C. Bei Grundstücken erfolgt die Individualisirung folgendermassen: es wird das Dorf oder der τόπος genannt, dem das Kauf-
object angehört; dann wird die Grösse nach Aruren festgestellt,
und dabei die Qualität als Brachland, Weinland, Olivengut, oder
Stadtgrundstück [1]) hervorgehoben; endlich werden die Nachbar-
grundstücke aufgeführt [2]).

Gelegentlich werden Theile [3]) von Grundstücken erwähnt, die
so complicirt sind, dass nur das Rechnungssystem dieser Zeit sie
erklärt: Während z. B. No. 183 bei der συγγραφοδιαϑήκη der Mutter
folgende Theile vergabt werden: (Z. 11) τέταρτον μέρος ἑτέρας
οἰκίας καὶ αὐλῆς, πρότερον Ψενταπιάμιος, καὶ πέμπτον δέκατον
μέρος ἑτέρας οἰκίας καὶ αὐλῆς πρότερον Πατουμότος, etc., so ist in
der Erbtheilung No. 234 zu lesen: (Z. 11) ἀρούρης τέταρτον ὄ(γ)-
δοο[ν] ἐκκαιδέ[κατον] τετραεξηκοστ[ό]ν; ähnlich Z. 15: dort würde ich
nicht mit Wilcken μ [..] δύο [ἐκκαιδέκατον τετρ]ακαιεξηκο[στόν ...
ergänzen, sondern ἥμ[ισυ] δυο[καιτριακοστὸν τετρ]ακαιεξηκο[στόν
$= \frac{32+3}{64}$, wozu Z. 10. $\frac{16}{64} + \frac{8}{64} + \frac{4}{64} + \frac{1}{64} = \frac{29}{04}$ addirt $\frac{32+3+29}{64} =$
1 Arure, allerdings auf verschiedenen τόποι, wird. Diese auch
sonst vorkommenden Brüche verhalten sich zu unserm Zahlensystem
wie eine altmodische Wage mit einzelnen Gewichten und Gewicht-
chen, welche das Volumen des zu wägenden Gegenstandes mühsam
und annähernd allmählich finden lässt, zu den Schiebewaagen, die mit
vollkommener Genauigkeit bei allmählicher Verschiebung anzeigen.

C. Grund-
stücke.

Theile.

---

1) Über Katökenboden (ἐν κατοικικῇ τάξει) vgl. Meyer, Philologus LVI,
S. 189 ff.

2) Vgl. dazu S. 83. Es werden Nachbarn genannt sowohl von den
σφραγῖδες (den Parcellen) als auch von den μέρη (den Parcellentheilen, die
in Folge der in Frage stehenden Theilung entstehen).

3) Wenn No. 350, 5 u. (in der subscriptio) 20 die Rede ist von einem
τρίτον μέρος οἰκίας καὶ αὐλῆς καὶ αἰθρίου ὄ (subscr. ὤ) δι᾽ ἀπογραφῆς τέταρτον μέρος, so bedeutet dies wohl, dass das Stück ein Drittel ist, aber in
der ἀπογραφή als ein Viertel angegeben ist.

Die complicirtesten Theile am Grundstück bei Testamenten
werden als ideelle zu denken sein, indem aus dem verpachteten
Grundstück vom jährlichen Zins ein Bruchtheil an die Erblasserin
kam, und dieser Theil nun wieder gespalten wurde.

ὑπάρχον   Gemeinsam ist den sorgfältiger abgefassten Urkunden, namentlich den meisten ὁμολογίαι, dass der Gegenstand als τὸ ὑπάρχον
τῷ (ὁμολογοῦντι) bezeichnet wird. Bei der Erbtheilung No. 234
ist in ähnlicher Weise von (Z. 8) τὸ ἐπ[ι]βάλλον αὐτ[ῷ μέρος] und
(Z. 13) εἰς τὸ καὶ αὐτῷ ἐπιβάλλον μέρος die Rede.

Indices.

I. Conträr-Index.

(Enthält die kleingeschriebenen Worte der Indices zu UBeM I und II (hier B), Oxyrhynchos I (hier O), British Museum II (hier K), geordnet nach dem Wortende. — Wo nichts bemerkt, steht das Wort bei BOK.

B ῥογά	K καλαμουργία	B ἀτέλεια	B μεσιτεία
B λάμβδα	BO λειτουργία	OK συντέλεια	δεσποτεία
B στρατόπεδα	B λιτουργία	K νικοτέλεια	B ἀρχιδικαστεία
K πρέδα	BO γεωργία	BO εὔκλεια	B λιμναστεία
BK οἶδα	B ὑ(γ)ία	B δουλεία	B δυναστεία
K ἀκανθέα	B τρυγία	K προθυμεία	B λῃστεία
B πώλεα	O δουλαγωγία	B ἐμφάνεια	O ὑπερφυεία
O γενεά	B δέδια	BK λαχανεία	O συνάφεια
B νεύρεα	BK ἀηδία	B ἁγνεία	O τροφεῖα
B δωρεά	B σκηδία	O εὐγένεια	O ταριχεία
O περσέα	O ἀπαιδία	BO ἀσθένεια	B λοχεία
τράπεζα	O μεθοδία	B εὐμένεια	K καλοκἀγαθία
O ὄβρυζα	O κωστωδία	B μνεία	O ἀφιλοκἀγαθία
K καθά	B εὐλάβεια	B λεσωνεία	B ἀνδραγαθία
K ἐνταῦθα	B εὐσέβεια	BO μεγαλοπρέπεια	O ἀπειθία
BK εἴωθα	B ἀκρίβεια	B καρπεία	O παραμυθία
B ἴα	BK λογεία	BK ἱέρεια	O σιτοποιία
BK ἐλαία	OK ἄδεια	B δυσχέρεια	K οὐγκία
βία	B ἔγδεια	K εὐχέρεια	K ἀδωσιδικία
O χλωροφαγία	O κηδεία	ἐπήρεια	O φιλονεικία
B δραγματηγία	B παιδεία	BK πορεία	BO ἡλικία
BO στρατηγία	B ἀρδεία	K πρακτορεία	K ἐρημοφυλακία
BO ἐπιστρατηγία	B θεία	O κυρεία	K διχ(οινικία)
BO εὑρεσιλογία	ἀλήθεια	χρεία	οἰκία
BK εὑρησιλογία	B συνήθεια	B προχρεία	B πανοικ(ίᾳ)
K ἀντιλογία	βοήθεια	OK παραβασεία	BK συνοικία
ὁμολογία	OK ὑγίεια	BO πλατεῖα	BK κατοικία
B σιφωνολογία	OK ἐπιείκεια	B γραμματεία	O φασκία
B ἀπολογία	B οἰκεία	B κωμο-γραμματεία	B φιλοκαλία
B φορολογία	O λεία	BK ὑπατεία	O κλάλια
O εὐλογία	K φιλοκαλεία	BO στρατεία	B ἀνωμαλία
B καλλιεργία	ἀσφάλεια	K πενταετεία	O παραγγελία
B ῥᾳδιουργία	OK ἀμέλεια	K μεσειτεία	BO γενέθλια
B ἐλαιουργία	ἐπιμέλεια	BK πολιτεία	B δειλία
κακουργία	O ἐμμέλεια		B φαμιλία

O κοιλία
B φιλία
B θεοφιλία
K ἀοίλια
O σπερμοβολία
B ἡμιολία
B βουκολία
B εἱμιτυλία
BK πενταφυλία
O μία
B ἐπιγαμία
BK καλαμία
BO ἐπιδημία
BO ζημία
B γαστροκνημία
K ἐρημία
B ἀνοικοδομία
K ἀνομία
B παρανο[μία]
οἰκονομία
BO κληρονομία
O προνομία
προθεσμία
K εὐγενία
O εὐθενία
ἐνδομενία
BO ξενία
B εὐθηνία
BK γεωμηρία
B ἑρμηνία
O σχινία
BO ἀμεριμνία
O τυραννία
B τριωνία
B κονία
ἡγεμονία
B κηδεμονία
K γειτνία
BK λιχνία
O ὄθνη
B ἁλωνία
K ἑρμοτελωνία
B κολωνία
BO κοινωνία
K καρπωνία
O συμφωνία
O πλεονεξία
K ἀμαξία

ἄγνοια
πρόνοια
B πισσοκοπία
B ἐπικαρπία
BK φιλανθρωπία
B ἀρία
B ἐγγαρία
O παραθηκαρία
B φωκαρία
O φρουμαρία
O ὑδρία
B θερία
BO ἐλευθερία
B εὐημερία
OK ὁλοκληρία
B μισοπονηρία
O ἱκετηρία
B εὐετηρία
σωτηρία
BO εὐκαιρία
B διμοιρία
B ἑβδομοιρία
B πικρία
B γεωχωρία
O ὁδοιπορία
O ἐμπορία
O εὐπορία
K ἐξακτορία
B πρακτορία
O κοπρία
B ὕβρια
B τρία
γεωμετρία
BO προκτήτρια
B κυρία
B κεντουρία
K κεντρία
O μαρτυρία
BK διαμαρτυρία
B θεωρία
B τιμωρία
B δημοσσωρία
B ἐργασία
B ἀπεργασία
K ἀπελασία
B ὀνηλασία
B χειμασία
B ἑτοιμασία

B κωμασία
B ξηρασία
B πρασία
B ἐνεχυρασία
OK ζυγοστασία
O προστασία
εὐεργεσία
O λογοθεσία
O τοποθεσία
B νουθεσία
O ἱκεσία
B γενέσια
BO ὑπηρεσία
O ἀλειτουργησία
K πανοικησία
BO ἐκκλησία
O προνοησία
B ἡμερήσια
O δικαιοκρισία
BK δικαιοδοσία
BK ἀκαθαρσία
B θυσία
οὐσία
O περιουσία
ἐξουσία
B ἀπουσία
B μετουσία
B ἀγνωσία
B κάτια
B δωδεκαετία
O ἐξαετία
B τετραετία
B διετία
B οἰκετία
BO αἰτία
B αὐθεντία
O ἀρρωστία
B δεκαπρωτία
O ἀγυιά
BK λαογραφία
B λοιπογραφία
OK χειρογραφία
B πλαστογραφία
K σκευογραφία
B νεκροταφία
B γαλακτοτροφία
K τρίχια
O ὑδροπαροχία

B ..... αρχία
B ἀραβαρχία
B νομαρχία
B ἐπαρχία
τοπαρχία
BK ἑκατονταρχία
B ῥαβδουχία
BK κληρουχία
B ἡσυχία
K εὐτυχία
O δυστυχία
B λυγραψία
B ἀνεψιά
B δωσοληψία
B ἐποψία
O ἡνίκα
K ὁπηνίκα
O γυμνικά
O τελωνικά
O ἀρχαρικά
B ἅλα
B γάλα
B τάβλα
B ταβέλλα
B κέλλα
K ἅμιλλα
OK ἔπιπλα
K τουρλα
B ἄμα
B ἐπιθυμίαμα
B κατέαγμα
O μάλαγμα
B στάλαγμα
συνάλλαγμα
BO χάραγμα
BK πρᾶγμα
K τάγμα
B διάταγμα
B ὑπόταγμα
O στάγμα
B πρόσταγμα
OK δεῖγμα
K ὑπόργημα
B διάψευγμα
βῆμα
B τρώγημα
O ὁμολόγημα
B [χαλκο]ύργη[μα]

ᴮ ὑπογραφή
ᴮ προγραφή
ᴮ ταφή
ᴮᴷ ἀδελφή
ᴮ τροφή
ᴮ διατ[ροφή]
ᴮ ἐπιστροφή
ᴮ καλυφή
ᴮ διδαχή
ᴮ ἀλλαχῇ
ᴼ μάχη
ᴮᴷ πανταχῇ
ᴷ λόγχη
ᴮ παραδοχή
ᴼ ἐπιδοχή
ᴷ ἐκδοχή
ᴼ ὑποδοχή
ᴮ περιοχή
ᴼ ἐνοχή
ᴷ συνοχή
  ἀποχή
ᴮ μισθαποχή
ᴮ ἐποχή
ᴼ ὑπεροχή
ᴮ κατοχή
ᴮᴼ ἀρχή
ᴮ ἀπαρχή
ᴮ εὐχή
ᴼ ἀμυχή
ᴷ ἀπουχή
  τύχη
ᴷ ψυχή
ᴷ ζωή
ᴼ πρίαμαι
ᴮᴷ δύναμαι
ᴮ ἀντικαθίσταμαι
ᴮ ἀνθίσταμαι
ᴮ ἀνίσταμαι
ᴮ ἐνίσταμαι
ᴮ ἐξίσταμαι
ᴮᴼ ἐπίσταμαι
ᴮ ἀφίσταμαι
ᴮ ἐφίσταμαι
ᴮ ὑφίσταμαι
ᴮ τίθεμαι
ᴮ πάλαι
ᴮᴼ διατίθεμαι
ᴼ μεταδιατίθεμαι

ᴮ παρατίθεμαι
ᴮ συμπαρατίθεμαι
ᴮ παρα-
  κατατίθεμαι
ᴮ συγκατατίθεμαι
ᴮ ἀποτίθεμαι
ᴮ προτίθεμαι
ᴮ ὑπερτίθεμαι
ᴮᴼ κάθημαι
  εἴρημαι sie-
  he αἱρέομαι
ᴮ διείρημαι
ᴮ ἐπείρημαι
ᴮᴷ κεῖμαι
ᴮᴷ διάκειμαι
ᴮᴷ ἀνάκειμαι
ᴷ ἐπανάκειμαι
ᴮᴷ παράκειμαι
ᴮ προπαράκειμαι
ᴷ μετάκειμαι
ᴮᴼ ἔγκειμαι
ᴮ ἐπίκειμαι
ᴮ ἔκκειμαι
ᴮᴼ ἀπόκειμαι
  ὑπόκειμαι
ᴷ ὑπερπόκειμαι
ᴮᴷ πρόκειμαι
ᴮ πρόσκειμαι
ᴼ αἰτιάομαι
ᴮ ἀλάομαι
ᴮ συντιμάομαι
ᴮ ὁρμάομαι
ᴮ πλανάομαι
ᴼ μνάομαι
ᴼ πειράομαι
ᴮ ἐφοράομαι
  χράομαι
ᴮ ἀποχράομαι
ᴮ προχράομαι
ᴮᴷ κτάομαι
ᴮ ἐπικτάομαι
ᴮᴼ ἐγγυάομαι
ᴼ ἀπάγομαι
ᴮ διαλέγομαι
ᴼ ἐπείγομαι
ᴮ ἥδομαι
ᴼᴷ ψεύδομαι
ᴮᴼ διαψεύδομαι

ᴮ [ἐργο]λαβέομαι
ᴮ εὐλαβέομαι
ᴮᴼ ἡγέομαι
ᴮᴷ διηγέομαι
  δέομαι
ᴮᴼ προσδέομαι
ᴮ ἀντιποιέομαι
ᴮ ἐμποιέομαι
ᴮ λογοποιέομαι
ᴮ μαρ-
  τυρο[ποιέομαι]
ᴮᴼ ἀσχολέομαι
ᴼ διασχολέομαι
ᴼ ἀπασχολέομαι
ᴮ εὐσχολέομαι
ᴷ καθικνέομαι
ᴮ ἀφικνέομαι
ᴮ ἀρνέομαι
ᴮᴷ ὑπισχνέομαι
  ὠνέομαι
ᴼ διανοέομαι
ᴼ ἀπονοέομαι
ᴮ διαιρέομαι
ᴮ ἀναιρέομαι
  ἐπαναιρέομαι
ᴮ ὑπεξαιρέομαι
ᴮ προσαιρέομαι
ᴮ ἐφαιρέομαι
ᴮ ἀντι-
  μαρτυρέομαι
ᴼ αἰτέομαι
ᴼ συναιτέομαι
ᴮ σιτέομαι
  ἐργάζομαι
ᴮ συνεργάζομαι
ᴮ ἀπεργάζομαι
ᴮ δικάζομαι
ᴮ διαδικάζομαι
ᴮᴷ ἀσπάζομαι
ᴷ ἐπασπάζομαι
ᴷ λογίζομαι
ᴮ διαλογίζομαι
ᴼᴷ παραλογίζομαι
ᴼ καταλογίζομαι
ᴼ ἐκλογίζομαι
ᴷ συλλογίζομαι
ᴮ ἀπολογίζομαι
ᴮ ἀγανδίζομαι

ᴮ δατέομαι
ᴮ ἀγανίζομαι
ᴮ καρπίζομαι
ᴼᴷ χαρίζομαι
ᴮ σφετερίζομαι
ᴮ χωρίζομαι
ᴮ διασώζομαι
ᴮ συμπείθομαι
ᴮᴷ οἴομαι
ᴮ [ἀπο]
  στερίσκομαι
ᴮ ἐντέλλομαι
ᴮᴷ βούλομαι
ᴮ νέμομαι
ᴮ συν[αν-
  αλαμ]βάνομαι
ᴮ προσ-
  αναλαμβάνομαι
ᴮ κατα-
  λαμβάνομαι
ᴮ ἀντιλαμβάνομαι
ᴮᴼ πυνθάνομαι
ᴮ αἰσθάνομαι
ᴮ γίγνομαι
ᴮ παραγίγνομαι
ᴮ καταγίγνομαι
ᴮ μεταγίγνομαι
ᴮ ἐπιγίγνομαι
ᴮ περιγίγνομαι
ᴮ ἀπογίγνομαι
ᴮ προσγίγνομαι
ᴼ μαίνομαι
ᴮ εὐφραίνομαι
ᴮ φαίνομαι
ᴮ ἀποφαίνομαι
ᴷ γίνομαι
ᴼ διαγίνομαι
ᴼᴷ παραγίνομαι
ᴷ καταγίνομαι
ᴷ ἐγγίνομαι
ᴷ ἐπιγίνομαι
ᴷ προσγίνομαι
ᴮ ἐποκλίνομαι
ᴮ ἀποκρίνομαι
ᴮ σίνομαι
ᴮ τίνομαι
  διαβεβαιόομαι
ᴮ μειόομαι

ᴮᴼ σημειόομαι
ᴮ παρα-σημειόομαι
ᴮ ἀποσημειόομαι
ᴮ ζημιόομαι
ᴮ ἐξομοιόομαι
ᴮ ἐναντιόομαι
ᴮ κληρόομαι
ᴮ κυρόομαι
ᴮ ἐλαττόομαι
ᴼ ἕπομαι
ᴮ διαπέμπομαι
ᴮ προαναφέρομαι
ᴮ ἐμφέρομαι
ᴮ προφέρομαι
ᴷ ἀποδύρομαι
ᴮ διαπράσσομαι
ᴮ σκέπτομαι
ᴮ ἐπισκέπτομαι
ᴮ γεύομαι
ᴷ νωθρεύομαι
ᴮ πορεύομαι
ᴮ ἐπιπορεύομαι
ᴮᴼ πραγματεύομαι
ᴮ στρατεύομαι
ᴮ πολιτεύομαι
ᴼ συμπολιτεύομαι
ᴷ προπολιτεύομαι
ᴮ ν(ομιτεύομαι)?
ᴷ ῥύομαι
ᴮ ἀναγράφομαι
ᴮᴼ ἀπογράφομαι
ᴮ συν-απογράφομαι
ᴮ προ-σαπογράφομαι
ᴮ ἀναστρέφομαι
ᴮ ἐπιστρέφομαι
μέμφομαι
ᴼ μάχομαι
ᴮ ἔχομαι
δέχομαι
ᴮᴼ διαδέχομαι
ᴮᴼ ἀναδέχομαι
παραδέχομαι
ᴮ καταδέχομαι
ᴮᴼ ἐπιδέχομαι
ᴷ ἐκδέχομαι

ᴮ ἐνδέχομαι
ᴼᴷ ὑποδέχομαι
ᴮᴼ προσδέχομαι
ᴮ ἐνέχομαι
ᴮ ἀντέχομαι
ᴮᴷ παροίχομαι
ᴮ ἄρχομαι
ᴮᴷ ἔρχομαι
ᴮᴷ διέρχομαι
ᴷ περιέρχομαι
ἀνέρχομαι
ᴮ συνανέρχομαι
ᴮ ἐπανέρχομαι
ᴮ συνέρχομαι
ᴮᴷ ἐξέρχομαι
ᴮ συνεξέρχομαι
ᴮ ἐπεξέρχομαι
ᴷ κατεξέρχομαι
ᴮᴼ προέρχομαι
ᴮᴷ ἀπέρχομαι
ἐπέρχομαι
ᴮᴼ παρέρχομαι
ᴮᴷ εἰσέρχομαι
ᴮ συνει[σέρχομαι]
ᴮ ἐπεισέρχομαι
ᴼ ὑπεισέρχομαι
ᴮ κατεισέρχομαι
ᴮᴼ προσέρχομαι
ᴮᴷ κατέρχομαι
ᴮᴷ εὔχομαι
ᴼ ἐπόμνυμαι
ᴮ ἵδρυμαι
ᴼ ωκαιατι
ᴷ αἰεί
ᴼ εἰσαεί
ᴮ πανδημεί
ᴷ ἀσπερμεί
ᴷ νηνεί
ᴮᴼ μέλι
ᴮ χλι
τίθημι
ᴷ διατίθημι
ᴮ ἀνατίθημι
παρατίθημι
ᴮᴷ κατατίθημι
ᴷ συγκατατίθημι
ᴮᴷ μετατίθημι
ᴮᴷ ἐπιτίθημι

ᴼ ἐντίθημι
συντίθημι
ᴼ ἀποτίθημι
ὑποτίθημι
ᴮᴼ προτίθημι
ὑπερτίθημι
προστίθημι
ἵημι
ᴮ κάθημι
ᴮ παρίημι
ᴮ προΐημι
ἀφίημι
ᴷ πίμπλημι
ᴮ ἐμπίπρημι
ἵστημι
καθίστημι
ᴼ ἀντικαθίστημι
ἀποκαθίστημι
μεθίστημι
ᴮ ἀνίστημι
ᴼ μετανίστημι
ἐνίστημι
συνίστημι
ᴷ ἐπισυνίστημι
ᴮ ἀποσυνίστημι
ᴷ ἐξίστημι
ᴮᴷ προΐστημι
παρίστημι
ᴮᴼ ἀφίστημι
ᴮ ὑφίστημι
ᴮᴷ φημί
εἰμί
περίειμι
ᴮᴷ ἔνειμι
ᴮᴷ σύνειμι
ᴮᴷ ἔξειμι
ᴮ πρόειμι
ᴮᴷ ἄπειμι
ᴼ ὕπειμι
ᴮᴷ πάρειμι
ᴼᴷ συμπάρειμι
ᴷ εἴσειμι
πρόσειμι
ᴮᴼ πρόσειμι
ᴮᴼ μέτειμι
μέτειμι
ᴮ ἀπόλλυμι
ᴮ παραπόλλυμι

ᴷ πήγνυμι
ᴮ καταρρήγνυμι
ᴮ μίγνυμι
ᴮ συμμίγνυμι
ᴮ ἀνοίγνυμι
ᴮ ἐπανοίγνυμι
ᴮᴷ δείκνυμι
ᴮ καταδείκνυμι
ᴷ ἐπιδείκνυμι
ᴮᴷ ἀποδείκνυμι
ᴮ ὑποδείκνυμι
ᴮ ὄμνυμι
ᴮ διόμνυμι
ᴮᴷ ἐπόμνυμι
ᴮ [ἀμφι]έννυμι
ᴮᴷ ῥώννυμι
ᴼ στρώννυμι
ᴮ συγχώννυμι
δίδωμι
ᴮᴼ διαδίδωμι
ἀναδίδωμι
ᴮᴷ παραδίδωμι
μεταδίδωμι
ᴼ προσμεταδίδωμι
ἐπιδίδωμι
ᴮᴷ συνεπιδίδωμι
ἐκδίδωμι
ᴮ ἐνδίδωμι
ᴮᴷ ἀποδίδωμι
ᴮ εἰσαποδίδωμι
ᴷ ἀνταποδίδωμι
εἰσδίδωμι
ᴮ ἐπεγνοι
ᴮᴼ ἤτοι
ᴮ πρῶτοι
ᴷ σίναπι
ᴮ ἐπί
ᴮ ἔγκοπι
ᴷ ἀκαιρί
ᴮ δεχρί
ᴮᴷ κοῦρι
ᴷ ἄχρι
ᴷ μέχρι
ᴷ ἀναπαυμεσι
ᴮᴼ πέρυσι
ᴷ καθότι
ᴷ διότι
ᴷ δηλονότι

B ὀνομαστί
B κῦφι
B κάτωι

B πάνοιχ
K ἐάν
O κἄν
O ἀντιπέραν
O μακράν
BO ἔν
OK ἐν
K ὔθεν
B οἴκοθεν
K πάντοθεν
K ἔμπροσθεν
K ἐντεῦθεν
O ἀπεντεῦθεν
K ἀπάνωθεν
O ισην
BK ἐπίκλην
BK μήν
BK λιμήν
OK ποιμήν
B ἀρήν
BK ἄρρην
B μάτην
BO πρώην
B γεῖδαριν
BK εὐθύριν
K ἔφιγον
O ἄλογον
ἔργον
BO ζυγόν
οἰκόπεδον
στρατόπεδον
K εἶδον
K προεῖδον
K κατεῖδον
BK ἀνδράποδον
B τετράποδον
ἄμφοδον
K στιππίον
B ὕβριζον
B κόλλαθον
B σιτόκριθον
B καταλειον
BO κεφάλαιον
OK προσκεφάλαιον

ἔλαιον
O ῥαφανέλαιον
O συμβόλαιον
K μύλαιον
B ἡμιαρτάβιον
O μολόβιον
O κοινόβιον
BK ναύβιον
O ἐνταγίον
K ὑλιστάγιον
B στρατήγιον
K ἐλαιούργιον
K γεώργιον
K δορκάδιον
B ἐλάδιον
O ἀναβολάδιον
BK πεδίον
K γήδιον
παιδίον
K αἰγίδιον
B ἀγγείδιον
βιβλίδιον
B ὀξίδιον
B βοΐδιον
B ἀσπίδιον
K ὀψαρίδιον
B ἐρίδιον
B περιστερίδιον
B σπυρίδιον
BO μετεωρίδιον
B κωμόδιον
K παρόδιον
O σικύδιον
BK γλυκύδιον
O λιγούδιον
O ῥεπούδιον
B ζῴδιον
O μναεῖον
O κατάγειον
BK ἀγγεῖον
O καταλογεῖον
B ἐλαιουργεῖον
B στεμ-
φυλουργεῖον
B σπονδεῖον
BK ταμιεῖον
O μεγαλεῖον
K θυλεῖον

BO ταμεῖον
B σημεῖον
O πορθμεῖον
K γλωσσοκομεῖον
BO ἀγορανομεῖον
δάνειον
BO βαλανεῖον
BK γένειον
B ὑπογονεῖον
B χονεῖον
B ὑδρεῖον
B ἱερεῖον
B μαγειρεῖον
B ἰατρεῖον
B προάστειον
K θυεῖον
O μονεῖον
K βαφεῖον
γραφεῖον
B τροφεῖον
O στροφεῖον
B τάχειον
B ταριχεῖον
B ἐνδοχεῖον
B ὑποδοχεῖον
BK ἀρχεῖον
O εἰρηναρχεῖον
B χαλκουργεῖον
O ψάθιον
B καλάθιον
OK σπαθίον
B ὀρνίθιον
OK ληκύθιον
O μαγάκιον
BK πινάκιον
O δράκιον
O πιττάκιον
K δελφάκιον
B καμψάκιον
K συνθήκιον
K κορδίκιον
BO λωδίκιον
K χοινίκιον
K λευκοίκιον
ἐνοίκιον
ἐποίκιον
O χαλκίον
B βομβύκιον

O βούκιον
B ἐγκεφάλιον
B ἐπικεφάλιον
βιβλίον
B θεμέλιον
BO ψέλιον
BK καμήλιον
O ἐγκύκλιον
B πάλλιον
B σου-
βριχοπάλλιον
K φλαγέλλιον
B κέλλιον
B περικέλλιον
B ψέλλιον
B γενέθλιος
B θανάτιος
B παστίλλιον
K ἀμπούλλιον
O ὑπερβόλιον
B διαστόλιον
ἐπιστόλιον
K σκουτλίον
O στρογγύλιον
B συμβούλιον
B πεκούλιον
κεράμιον
ἀντικνήμιον
B ἀρίθμιον
O ἀγορανόμιον
B ἐντόμιον
BK φορμίον
K λαγάνιον
O ὀπτάνιον
O ὀχομένιον
B κτένιον
B σκρήνιον
B τρικλίνιον
σχοινίον
K χέννιον
BK ὀθόνιον
K κανόνιον
O κοινόνιον
O ἀρτίον
K λυχνίον
O γλωσ-
σοκωγάντιον
B κοδδώνιον

ᴷ νίτρον	ᴮᴼ μείζων	ᴼ ἰσάρχων	ᴷ σφαιρωτήρ
ᴮ κέντρον	ᴮᴼ αἰών		σωτήρ
ᴼ στέγαστρον	ᴮᴷ ἐλαιών	ᴷ ἄβαξ	χείρ
ᴷ κάστρον	ᴷ λεγιών	ᴮᴼ φύλαξ	ᴮᴷ ἀντίχειρ
ᴼ λίτρον	ᴮ φουγίων	ᴮ γαοφύλαξ	ᴮ ἀμίρ
ᴮᴼ λουτρόν	ᴷ πλείων	ᴮᴼ βιβλιοφύλαξ	ᴮ πῦρ
ᴮ μύρον	ᴷ κίων	ᴮ ὑποβιβλιοφύλαξ	ὕδωρ
ᴮ ἄχυρον	ᴮ οὐηξιλλατίων	ᴼ ἀγροφύλαξ	ᴼ ἐμβολάτωρ
ἐνέχυρον	ᴮ στατίων	ᴮ ὑδροφύλαξ	ᴮᴷ ἀπάτωρ
δῶρον	ᴷ ἰνδικτίων	ᴼ πρωτοφύλαξ	παντοκράτωρ
ᴮ δίχωρον	ᴮᴼ ὀπτίων	ᴮᴷ δέλφαξ	ᴮᴷ αὐτοκράτωρ
ᴮ τρίχωρον	ᴷ βραχίων	ᴷ ἅπαξ	ῥήτωρ
ᴮᴷ κομπρόμισσον	ᴷ ἀγκών	ᴷ ἐφάπαξ	ᴮ κτήτωρ
πρόβιτον	ᴮ ἄκων	ᴷ θώραξ	ᴮ ἐξσκουβίτωρ
ᴮᴷ ληγᾶτον	ᴮ διάκων	ᴮ φάλαγξ	ᴮ πρύκτωρ
ᴷ ῥογᾶτον	ᴮᴷ ἑκών	ᴼ ἕξ	ᴮ ἀλέκτωρ
ᴮ λίμιτον	ᴮ συκών	αἴξ	ᴼ ἐκσπέκτωρ
ᴼᴷ πάκτον	ᴮ ἅλων	ἀφῆλιξ	ᴼ πρωτέκτωρ
ᴼ ἡμίεκτον	ᴮᴷ ἀμπελών	ᴮ μάνιξ	ᴷ ἐκλήμπτωρ
ᴮ ἀλίβαντον	ᴷ ἀλλήλων	φοῖνιξ	
τάλαντον	ᴮ καμηλών	ᴷ ἀρτοφοῖνιξ	ἀββᾶς
ᴮ ἀντίφορτον	ᴷ πίλων	ᴼᴷ χοῖνιξ	ᴼ σκρείβας
ᴮ ἄσπαστον	ᴼ πυλών	προΐξ	ᴷ ρουβάς
ᴮ φιτόν	ᴷ κακοπράγμων	θρίξ	μέγας
ᴷ ἰχθύον	ᴮᴼ ἡγεμών	ᴮ εὐθίτριξ	ᴼ κολλήγας
ᴮ θρύον	ᴼ κηδεμών	ᴮᴷ νύξ	ᴼ φυγάς
ᴮ μεσόφρυον	ᴮ εὐσχήμων	ᴼ δούξ	ᴮᴼ κρέας
ᴷ ὀξύβαφον	ᴮ δαίμων	διῶρυξ	ᴼ ταμίας
ᴼ διάγραφον	ᴼ εὐδαίμων		ᴮᴼ ἀνδριάς
ᴷ σύγγραφον	ᴮᴷ γνώμων	ᴼ ὑπό	ᴮ τριάς
ἀντίγραφον	κακών	ᴷ δεῦρο	ᴮᴷ μυριάς
χειρόγραφον	ᴷ ληνών	ᴼ ἑβδομηκοστόδυο	ᴮᴷ τριακάς
ᴮᴷ πρόσγραφον	ᴼ ἄξων		ᴷ εἰκάς
ᴷ ὄψον	ᴼ αἴξων	ᴼᴷ φρέαρ	ᴼ μάκαλας
ᴮᴼ ᾠόν	ᴮ θεράπων	ᴮ καῖσαρ	ᴮᴷ μέλας
ᴼᴷ ζῷον	ᴷ τίρων	ᴮ ἄλειφαρ	ᴼ πέλας
ᴮ γῦν	ᴮᴷ πάτρων	ᴼ ὑπέρ	ᴷ ἀνθήλας
ᴼ γοῦν	ᴼ εὔφρων	ἀήρ	ᴮ ἀμμάς
ᴼ τοιγαροῦν	ᴷ ἥσσων	ᴮᴷ θυγάτηρ	ᴷ μονάς
ᴷ σύν	γείτων	ᴮᴷ πατήρ	ᴼ ἄρξας
ᴮ ἀραβών	ᴼ κρείττων	ᴼᴷ στατήρ	ᴮ πᾶς
ᴼᴷ ἀρραβών	ᴮ κιτών	ᴮᴷ μήτηρ	ᴷ πάπας
ᴮ σιαγών	ᴮ μελιτών	ᴮ χαρακτήρ	λοιπάς
ᴮᴼ λεγεών	ᴮᴼ κοιτών	ᴷ ζωστήρ	ᴮ λαμπάς
ᴮ λέων	χιτών	ᴷ ἀροτήρ	ᴮᴷ βορρᾶς
ᴮ πλέον	τέκτων	ᴷ ἐλιστήρ	ᴷ τετράς
ᴮ χρεών	ᴮᴷ ἐλάττων	ᴼ γνωστήρ	ᴮ κασᾶς
ᴷ μονάζον	ᴮᴼ ἄρχων	ᴷ χιλωτήρ	ᴮ κορσᾶς

Indices.

o δανειστής
B τυμπανιστής
K ἀφανιστής
o εἰκονιστής
B κιθαριστής
BO χειριστής
BO οἰνοχειριστής
B ἐλαιοχριστής
B χρηματιστής
o κτίστης
φροντιστής
B ἐπιψηφιστής
B ἀναγνώστης
BK χρεώστης
BO ναύτης
o ἐξαυτῆς
K πρεσβύτης
o πρεσβευτής
o πλινθευτής
BO βουλευτής
o λαχανευτής
B πραγματευτής
BK ταριχευτής
B σκύτης
B ἱματιοπλύτης
B βραχύτης
K πεγχύτης
o περιχύτης
BK μισθωτής
K βεβαιωτής
B κεφαλαιωτής
K λευκογιώτης
BK ἰδιώτης
BK ἀπηλιώτης
στρατιώτης
o ὑπερφυής
o εὐφυής
B σαφής
K θεοστεφής
B δεκαδάρχης
B ἀμφοδάρχης
B εὐθηνιάρχης
B γυμνασιάρχης
B πιγγατιάρχης
B νομάρχης
BO κωμάρχης
BO εἰρηνάρχης
o ἑκατοντάρχης

o δυστυχής
BO εὐτυχής
B βαΐς
παῖς
K ἶβις
B μαγίς
σφραγίς
B ζευγίς
K δίς
B κρυφάδις
o εἷς
K μηδείς
K οὐδείς
K μηθείς
κλείς
B κρει...ς
K σεμίδαλις
B σελίς
πόλις
μητρόπολις
B ἔπαυλις
B ζυθόπωλις
δίναμις
K περικνημίς
BO πρύτανις
B αὐτομενίς
K ατινις
K ὄρνις
o ἄπαξις
πρᾶξις
B ἔκπραξις
BO εἴσπραξις
τάξις
BO διάταξις
K σύνταξις
B πρόσταξις
K κάθεξις
B λέξις
B μετάνεξις
o λῆξις
ἀπόδειξις
K ὑπόδειξις
K ὀξίς
B ὕπαρξις
o προκάταρξις
B προκήρυξις
B λεπίς
B ἐλπίς

o εὔελπις
BK ῥίς
K σιτ[γουλά]ρις
B ἐπιτάρις
BK χάρις
BK ὕβρις
μερίς
B περιστερίς
B δεκετηρίς
o ἱματιοφορίς
BO πατρίς
o πανήγυρις
θυρίς
B κουρίς
OK σφυρίς
B χωρίς
B ἀνάβασις
B μετάβασις
K κονίασις
K κόλασις
πρᾶσις
o διάπρασις
ἐξέτασις
B ἀνά[στασις]
B κατάστασις
o ἀποκατάστασις
K ἀπόστασις
ὑπόστασις
B πρόστασις
σύστασις
B φάσις
BO ἀπόφασις
πρόφασις
B δέσις
θέσις
διάθεσις
BK παράθεσις
B συγκατάθεσις
BO ἔκθεσις
K ὑπέκθεσις
B ἀπόθεσις
K ὑπόθεσις
ὑπέρθεσις
K ἔχθεσις
o γένεσις
o συναίνεσις
o ἀποστέρεσις
B αἵρεσις

BK διαίρεσις
BO προαίρεσις
B παρείρεσις
BO ὑπόσχεσις
o συνείδησις
δέησις
K ἀντιποίησις
B ἐμποίησις
διοίκησις
BO ἐνοίκησις
o προσοίκησις
K εὐδόκησις
OK παράκλησις
B ἔγκλησις
B ἐπίκλησις
B βούλησις
K σύλησις
o ὄχλησις
B πώλησις
o ἐπινέμησις
BK ἀρίθμησις
BK ἐξαρίθμησις
BO μίμησις
B συντίμησις
o ἐνοικοδόμησις
B ἐπιγένησις
B τιθήνησις
B παραφρόνησις
o προσκύνησις
B ἀντιφώνησις
BK προσφώνησις
BK τήρησις
B ἐπιτήρησις
o ἀντίρρησις
o μέτρησις
B ἀναμέτρησις
χρῆσις
B ἀναχώρησις
B παραχώρησις
B συγχώρησις
K λυσιχώρη(σις)
o ὑποχώρησις
B κράτησις
BK ἀθέτησις
B ἀμφισβήτησις
B ζήτησις
B ἀναζήτησις
αἴτησις

B ψυγμός
O ἄνεμος
O δῆμος
K ἔρημος
ἄσημος
διάσημος
BK παράσημος
BK ἐπίσημος
BO πανεύφημος
K σταθμός
BK ἀριθμός
BK λόγιμος
.... ιμος siehe
auch ... ιμον
K χειραγώγιμος
B ἐδώδιμος
BO ἔθιμος
O ἀνάλκιμος
B εὐδόκιμος
BK νόμιμος
B ἕτοιμος
σπόριμος
BK φόριμος
B πρῖμος
B γνώριμος
αἰδέσιμος
B συγκολ(λήσιμος)
O στερήσιμος
B χρήσιμος
O ἐκδόσιμος
B προσδόσιμος
B ὑπόσιμος
O δρόσιμος
BK ἀπολύσιμος
B ἐπίτιμος
BK ὀφθαλμός
B μικρόφθαλμος
B εὐόφθαλμος
O σκιλμός
OK γόμος
K ἕβδομος
BK οἰκοδόμος
O ἱπποκόμος
νόμος
νομός
K ἄνομος
B παράνομος
BO ἀγορανόμος

O ἔννομος
BK οἰκονόμος
κληρονόμος
B ἀποκληρονόμος
δρόμος
τόμος
O λαοτόμος
K ἀκρότομος
O χαλκόστομος
B θερμός
O θέρμος
B τέρμος
K ὅρμος
K ἀποδασμός
OK ἐξοδιασμός
K πλεονασμός
B δρασμός
BO ἀγορασμός
B ἀπόδεσμος
O ἄθεσμος
O ἔκθεσμος
B ἐμπρησμός
BK διαλογισμός
B παραλογισμός
BK ἀπολογισμός
B ἐκδανεισμός
B ἁλωεισμός
O ἐνοικισμός
B στολισμός
B παρυλισμός
B βοτανισμός
K καινισμός
B εἰκονισμός
K καθαρισμός
B θερισμός
BK μερισμός
BK χειρισμός
B ὁρισμός
καταχωρισμός
O δειγματισμός
BO ὑπο
-μνηματισμός
χρηματισμός
BO ἱματισμός
BO σωματισμός
B χωματισμός
ἀναχρωματισμός
ποτισμός

O ἐκφορτισμός
BK πηχισμός
BO καταλοχισμός
BK κόσμος
B πρόθυμ[ος]
O ὁμοιώνυμος
B ὁμ(ν)ώνυμος
B δριμός
BK ὠμός
BK βωμός
BO ἰδιόχρωμος
B καμηλιανός
B πακανός
ἱκανός
B οὐετρανός
B συννουετρανός
O βάσανος
B στέφανος
K ὀρφανός
O ἁγνός
K στεγνός
γένος
O παρθένος
B ἀειπάρθενος
B ἀπο
-πεπλεγμένος
K τετρημένος
O προ
-πολιτευόμενος
O ἡγούμενος
O ὑπο(κε)χυμένος
ξένος
BK ληνός
B δωδεκάμηνος
B ἑξάμηνος
K τρίμηνος
κτῆνος
B ἔθνος
BK καινός
K καλλάινος
K αἴγινος
B δεινός
O ἐλεεινός
B κλεινός
O ταπεινός
K λίθινος
B ἐρίκινος
K κόκκινος

χάλκινος
K σύκινος
B βίβλινος
BK ξύλινος
B κάμινος
B συκάμινος
O λιβάνινος
B ῥαφάνινος
K διφάνιν(ος)
OK οἶνος
κοινός
O λευκόινος
O σχοῖνος
BK ἀνθρώπινος
O κασσιτέρινος
K ὀρινός
O βορινός
BO βορρινός
B πύρινος
B σίνος
K περυσινός
B χρύσινος
BK δερμάτινος
B κεράτινος
O σίτινος
O νοτινός
B κόφινος
O ὀνύχινος
BO ἄτεκνος
O ἄοκνος
OK στάμνος
O μέδιμνος
O λίμνος
B ἀμέριμνος
O ὕμνος
O τύραννος
ὄνος
BK ἔγγονος
B ἔκγονος
πρόγονος
O ἄφθονος
διάκονος
B ὑποδιάκονος
BK μόνος
K ἐπίμονος
O πόνος
BK χρόνος
B ὁμόχροονος

K ὕψος
B ἀείζωος
B μαμμῷος
BO ὑπερῷος
B πατρῷος
K σῶος
O γραῦς
B [πρέσ]βυς
BK βραδύς
B ἡδύς
K ἀγωγεύς
B καταγωγεύς
BO ἁλιεύς
O χαλκεύς
O σιδηροχαλκεύς
BO βασιλεύς
B διαστολ(εύς)
κεραμεύς
B δρομεύς
γονεύς
BO ἱππεύς
ἱερεύς
B συνιερεύς
B ἀρχιερεύς
B κατασπορεύς
K βοτρεύς
K κουρεύς
BO γραμματεύς
B συγγραμματεύς
BO κωμο
-γραμματεύς
OK σκυτεύς
βαφεύς
BK γναφεύς
BO κναφεύς
B παραγραφεύς
B ξυγγραφεύς
BK ὑπογραφεύς
γλυκύς
BK θῆλυς
B πολύς
O χλαμύς
O ὀξύς
BK βοῦς
O θυγατριδοῦς
B ἀδελφιδοῦς
K ἐρεοῦς
χαλκοῦς

B ἁπλοῦς
διπλοῦς
B τριπλοῦς
B εὔπλους
B νοῦς
πούς
B τετράπους
B τρίπους
K κατάσπους
B σιδηροῦς
BO ἀργυροῦς
BK λευκόχρους
K μελανόχρους
BK μυόχρους
BK λευκομνόχρους
B χρυσοῦς
OK χοῦς
BK χρυσοχοῦς
B βαρύς
O ἀντικρύς
ὀφρύς
BK ἥμισυς
BK πλατύς
μάρτυς
B βραχύς
πῆχυς
BO ἰσχύς
B ὀψύς
ὡς
K ἀκρειβῶς
B ἀκριβῶς
ἀλόγως
B ἀναμφιλόγως
O ὑπολόγως
B ἐνεργῶς
K αὐθάδως
B [ἀψ]ευδῶς
K ἕως
ἡδέως
K εὐθέως
B ὑπερπλέως
O ἀξιόχρεως
B ὑπόχρεως
O τέως
K καθώς
ὀρθῶς
BK ἀκολούθως
O βεβαίως

B μηνιαίως
BK ἀναγκαίως
K δικαίως
O ὑγιῶς
K ὁμοίως
O ἡμερησίως
O ἐτησίως
BK ἐνιαυσίως
BK ἑκουσίως
B ἐνουσιακῶς
B ἀδίκως
O ἰδικῶς
O γενικῶς
K κοινωνικῶς
O πικῶς
B κυριευτικῶς
B αὐτάρκως
B ἐνόρκως
OK ἴλως
BK καλῶς
O ἁπλῶς
O ἀσφαλῶς
O ἐπισφαλῶς
BK ἐπιμελῶς
K ἀναμφιβόλως
K ἁπλῶς
K ἀπαξαπλῶς
K ἐντείμως
B μονίμως
K ἑτοίμως
B ἐντίμως
O παρανόμως
O ἐμπροθέσμως
B προθύμως
K ἱκανῶς
B ἀσμένως
K προηγουμένως
O κοινῶς
O ἀπραγμόνως
K συμφώνως
K ἀνελλειπῶς
K πρωτοτύπως
K φιλανθρώπως
K εὐχερῶς
B πληρῶς
B ὀχληρῶς
K μισοπονήρως
O ἀκύρως

μελίχρως
B ἴσως
ἀνυπερθέτως
BK αὐθαιρέτως
BK ἐξαιρέτως
O ἀσυνειδήτως
B ἀμεταφρονήτως
B ἀμεμψι
-μοιρήτως
B ἀκοιλάντως
B πάντως
B ἑκόντως
B δεόντως
O διαφερόντως
B ἀναλογούντως
O εἰκότως
O ἐνωμότως
BO ἀδιαλείπτως
BO ἀμέμπτως
B κρυπτῶς
O ἀνενδοιάστως
BO προεστώς
BK ἀνεμποδίστως
OK πιστῶς
B ἀπαραποτίστως
BO ἀκαταγνώστως
K ὡσαύτως
K ἀκωλύτως
B ἀδιακωλύτως
K ἀμειώτως
B πρώτως
B φῶς
K ἀγράφως
O ἐγγράφως
B ἐνσαφῶς
O ἀδιαστρόφως
B συνεχῶς
OK εὐτυχῶς
K τ
K κόνδυ
B νῦ
γόνυ
K μεταξύ
OK ἰδού
K καθόλου
K πανταχοῦ
K ἀπανταχοῦ
O σύ

πωλέω
Ο γαμέω
Β προγαμέω
Κ ἀδυναμέω
ΒΚ ἐπιδημέω
Β παρεπιδημέω
Ο ἐκδημέω
ΒΟ ἐνδημέω
ΒΟ ἀποδημέω
ἀριθμέω
ΒΚ ἐξαριθμέω
Κ οἰκοδομέω
ΒΚ ἀνοικοδομέω
Β ἐνοικοδομέω
ἀγορανομέω
ΒΟ οἰκονομέω
Ο περιοικονομέω
Β ἐξοικονομέω
Β κληρονομέω
Β κοσμέω
Β ἐπιθυμέω
Κ εὐθυμέω
Β ὑπερηφανέω
ΒΚ ἀσθενέω
Ο συναινέω
Β παραινέω
κινέω
Β ὀκνέω
Β διακονέω
Β ἀμνημονέω
Ο ἀγνωμονέω
ΒΚ εὐγνωμονέω
Β πονέω
ΟΚ φρονέω
καταφρονέω
Ο περιφρονέω
Β χειροτονέω
Β δολοφονέω
Ο δειπνέω
Κ συνδειπνέω
ΒΟ προσκυνέω
Ο ἐκφωνέω
συμφωνέω
προσφωνέω
νοέω
Β ἀγνοέω
ΒΟ ὑπονοέω
ΟΚ προνοέω

ΟΚ ἐπισκοπέω
Κ ἀγκυλοκοπέω
Β λυπέω
Ο δυσωπέω
Ο βαρέω
Β ἀποστερέω
Κ προερέω
ΟΚ προσκαρτερέω
Ο ὑστερέω
Κ ὁλοκληρέω
Ο τηρέω
Β ἐπιτηρέω
Β συντηρέω
αἱρέω
ΒΚ διαιρέω
Β καθαιρέω
ΟΚ ἀναιρέω
Β ἐπαναιρέω
Ο προσαιρέω
ΒΚ ἀφαιρέω
Β ὑφαιρέω
Ο ἐγχειρέω
Ο ἐπιχειρέω
Β συνηγορέω
Ο παρηγορέω
Κ ἀδιαφορέω
Β στεφανοφορέω
Β πληροφορέω
Ο θαρρέω
Ο καταθαρρέω
Ο ἐπιρρέω
μετρέω
Β ἀναμετρέω
Ο παραμετρέω
Β ἐκμετρέω
Β ξυλομετρέω
Β προσμετρέω
Β γεωμετρέω
Ο συγκυρέω
Β προσκυρέω
μαρτυρέω
Ο ἐκμαρτυρέω
ΒΟ θεωρέω
Β ἐπιθεωρέω
Κ συνθεωρέω
Ο τιμωρέω
χωρέω
ΒΟ ἀναχωρέω

Ο ἐπαναχωρέω
Ο ὑπαναχωρέω
παραχωρέω
Κ καταχωρέω
συγχωρέω
Β παρασυγχωρέω
ΒΚ ἐπιχωρέω
Β ἐκχωρέω
Κ ἀποχωρέω
Ο ὑποχωρέω
ΒΚ προχωρέω
Ο νοσέω
Κ θαρσέω
Β ὀνηλατέω
Β περιπατέω
κρατέω
ΒΚ ἐπικρατέω
Κ ἐπιστατέω
Β ζυγοστατέω
ΒΚ εὐεργετέω
Κ ἐνενεργετέω
Β λογοθετέω
Β νομοθετέω
ΒΟ ὑπηρετέω
Ο ἐξυπηρετέω
Β ζητέω
Β ἐπιζητέω
ΒΚ αἰτέω
Β ἐπαιτέω
Κ ἐξαιτέω
ἀπαιτέω
Β παραιτέω
Β ὑπεραιτέω
Κ ἀσειτέω
Κ διαμφισβητέω
ΟΚ ζητέω
ΒΚ ἀναζητέω
ΟΚ ἐπιζητέω
Ο συνεπιζητέω
εὐχαριστέω
χρεωστέω
Ο ἀρρωστέω
Κ ἀποκυέω
Β παρασυγγραφέω
ΒΚ λαογραφέω
ΒΚ λοιπογραφέω
ΒΟ χειρογραφέω
Κ διασαφέω

Κ παρα-χειρογραφέω
ΒΚ γενη-ματογραφέω
Ο γνωσιμαχέω
Ο βιβλιομαχέω
Ο λιμαγχέω
Κ κατηχέω
στοιχέω
Β ἀβροχέω
Β ἀστοχέω
Ο παναρχέω
Β χει[λιαρχέω]
Β εὐθηνιαρχέω
γυμνασιαρχέω
γεουχέω
Κ κατακληρουχέω
Ο δυστυχέω
εὐτυχέω
διευτυχέω
Ο εὐψυχέω
Β συνευωχέω
Β ἐκβιβάζω
Β ἐμβιβάζω
Ο ἀποσυμβιβάζω
Ο προσβιβάζω
σπουδάζω
ΒΚ ἐπηρεάζω
Β ἰδιάζω
ΒΟ ἐξοδιάζω
ΒΚ ἐφοδιάζω
Κ φιλειάζω
Β σκιάζω
Κ πιάζω
Β μετριάζω
ΒΚ ἀναγκάζω
ἐπαναγκάζω
Κ καταναγκάζω
Β ἐκδικάζω
Β ἀγελάζω
Β κολάζω
Β σχολάζω
ΒΟ δοκιμάζω
Β ἑτοιμάζω
Β ὀνομάζω
Ο θαυμάζω
Β κωμάζω
Β γυμνάζω

ο μονάζω
Β σκεπάζω
ΒΚ ἁρπάζω
Β ἀναρπάζω
ΒΟ ἀφαρπάζω
ἀγοράζω
Ο συναγοράζω
Β προσαγοράζω
Ο ἀνετάζω
ΒΚ ἐξετάζω
Β κοιτάζω
Β ἑορτάζω
βαστάζω
Β διστάζω
ΒΟ παρασκευάζω
ΒΟ κατασκευάζω
ΒΟ ἐπισκευάζω
ΒΟ ἡσυχάζω
ΒΚ καθησυχάζω
Ο πορδουλέζω
ΒΟ χρῄζω
Β ἐγχρῄζω
Β προχρῄζω
Κ προσχρῄζω
σφραγίζω
Κ ἐπισφραγίζω
Β ἐπσφραγίζω
Β συσφραγίζω
Β ἀποσφραγίζω
ΒΟ λογίζω
Β ὀνειδίζω
Β ἐμποδίζω
δανείζω
Β ἐκδ(ανείζω)
Β καθίζω
Β αἰκίζω
Β προικίζω
Κ χαλκίζω
Β περιχαλ[κίζω]
Β ὁμαλίζω
Β κεφαλίζω
Β παρελίζω
κομίζω
Β παρακομίζω
Ο κατακομίζω
Β συγκομίζω
Β ἐκκομίζω
Β προκομίζω

Β [εἰσκο]μίζω
ΒΚ νομίζω
Β τηγανίζω
Κ ἀφανίζω
Ο σωφρονίζω
ΒΟ χρονίζω
Κ φερνίζω
Β ἐλπίζω
Κ καρπίζω
Κ ὑβρίζω
Β θερίζω
ΒΟ μερίζω
Β ἐπιμερίζω
ΟΚ χειρίζω
ΒΟ ἐγχειρίζω
ΟΚ προχειρίζω
ὁρίζω
Κ καθορίζω
Κ ἀνθορίζω
Ο προσπορίζω
Β παρορίζω
Κ ἀργυρίζω
ΒΚ γνωρίζω
ΒΚ χωρίζω
καταχωρίζω
Β συγκαταχωρίζω
χρηματίζω
Κ ἐγχρηματίζω
Β συγχρηματίζω
Β προχρημ[ατίζω]
Ο λημματίζω
Β σωματίζω
Ο στατίζω
Ο ἀπογαλακτίζω
Κ καταρτίζω
Β αὐθεντίζω
ΒΟ φροντίζω
Β ποτίζω
ἀπαρτίζω
Ο ἐκφορτίζω
Ο ψηφίζω
ΒΟ κουφίζω
Ο ἀνακουφίζω
περιτειχίζω
Β περισχίζω
Β ὑποσχίζω
ἁρμόζω
Ο γογγίζω

Κ ἐπικλύζω
ΒΟ σῴζω
Β διασῴζω
Κ παρασῴζω
Ο ἀποσῴζω
ΒΚ πείθω
Κ ἐκπείθω
Β συμπείθω
Ο κλαίω
Κ ἐγκλείω
Κ κατακλείω
Κ συγκλείω
Κ ἀποκλείω
Β σείω
Β ἐνσείω
Ο ἐσθίω
Ο κατεσθίω
Β ἐκπλέκω
Β συμπλέκω
Β ἥκω
καθήκω
ΒΟ ἀνήκω
Β προσήκω
Ο κατατήκω
Β καθέλκω
ΟΚ παρέλκω
Β ἀφέλκω
διδάσκω
Κ ἀναδιδάσκω
Ο διδράσκω
πιπράσκω
Β διαπιπράσκω
φάσκω
Ο ἀρέσκω
Κ συναρέσκω
Ο θνῄσκω
ΒΟ ἀποθνῄσκω
ΒΟ μιμνῄσκω
Ο ὑπομιμνῄσκω
ΒΚ ἀναλίσκω
ΒΚ εὑρίσκω
Ο ἐξευρίσκω
Β ἐφευρίσκω
Β γιγνώσκω
Β ἀναγιγνώσκω
Β καταγιγνώσκω
Β συγγιγνώσκω
Β ἐπιγιγνώσκω

Κ γινώσκω
Ο διαγινώσκω
Ο ἀναγινώσκω
Κ καταγινώσκω
Κ ἐπιγινώσκω
Ο διώκω
ΒΚ (ἐ)θέλω
Β μέλω
ὀφείλω
Ο ἐποφείλω
Ο προσοφείλω
Β βάλλω
ΒΟ καταβάλλω
ΒΚ ἐπιβάλλω
Β προσαντιβάλλω
ΒΟ ἐκβάλλω
Κ διεκβάλλω
ἐμβάλλω
Ο παρεμβάλλω
ΒΚ ἀποβάλλω
Κ ὑποβάλλω
Ο προβάλλω
Ο ἀπαγγέλλω
ἐπαγγέλλω
Β παραγγέλλω
Β εἰσαγγέλλω
ΒΚ προσαγγέλλω
μέλλω
ΒΚ ἐντέλλω
Β στέλλω
ΒΟ διαστέλλω
Κ ἀναστέλλω
ΒΚ ἐπιστέλλω
Β περιστέλλω
ἀποστέλλω
Κ ὑποστέλλω
Ο σκέλλω
Ο συσκέλλω
Κ γέμω
Κ κατανέμω
ΒΟ ἀπονέμω
ΒΟ λαμβάνω
ΒΚ διαλαμβάνω
Β συν-
-αλαμβάνω
Β προσαναλαμβάνω
Β προσ-
-αναλαμβάνω

B συμπράσσω
O εἰσπράσσω
O φράσσω
τάσσω
BO διατάσσω
B μετατάσσω
B ἐπιτάσσω
B ἐκτάσσω
ἐντάσσω
συντάσσω
BO ἀποτάσσω
ὑποτάσσω
O προτάσσω
προστάσσω
B πλήσσω
B ἐκπλήσσω
O συνελίσσω
B κηρύσσω
O προκηρύσσω
O ὀρύσσω
O περιορύσσω
K ἐνορύσσω
B τίκτω
O ὀκτώ
B σκάπτω
O βλάπτω
BO κλέπτω
K ἐπισκήπτω
B πίπτω
παραπίπτω
B καταπίπτω
K περιπίπτω
B ἐκπίπτω
K ἐμπίπτω
O συμπίπτω
B ὑποπίπτω
K εἰσπίπτω
B πρ[οσπί]πτω
K κόπτω
BK ἐκκόπτω
προκόπτω
O ἀνακύπτω
K φυλάττω
O εἰσπράττω
B σφάττω
B πλήττω
ἀπολαύω
B παύω

B ῥογεύω
B ἐμβαδεύω
B παιδεύω
BK ἐξοδεύω
BK εἰσοδεύω
K ἐφοδεύω
κυριεύω
O δημοσιεύω
O κοβαλεύω
K ἀναπαλεύω
K παρασαλεύω
BK κελεύω
O κατακελεύω
B νωχελεύω
K βασιλεύω
B ἐμβολεύω
B βουλεύω
B ἐπιβουλεύω
OK συμβουλεύω
BO δουλεύω
O χρησιμεύω
O πρυτανεύω
B ἁγνεύω
B ἑρμηνεύω
BO μεθερμηνεύω
OK κοσκινεύω
K ἐπινεύω
B συνεπινεύω
BK ἡγεμονεύω
κινδυνεύω
OK θεραπεύω
B τραυματο
-θεραπεύω
B ἐπιτροπεύω
B προεπιτροπεύω
O ἀγρεύω
K ἐνεδρεύω
O προσεδρεύω
B νωθρεύω
B ἀγορεύω
BK διαγορεύω
B ἀναγορεύω
B ἀπαγορεύω
BK ὑπαγορεύω
O προσαγορεύω
B καταγορεύω
O αὐτοκρατορεύω
K πρακτορεύω

K συμπρακτορεύω
K περισσεύω
B βατεύω
K ἐμβατεύω
B γραμματεύω
ἀρχιερατεύω
K στρατεύω
ἐξηγητεύω
BK κοσμητεύω
BO νομιτεύω
K (153, 15) μεσιτεύω
B ὑποπτεύω
O καταδυναστεύω
B πιστεύω
O καταπιστεύω
BK φυτεύω
K καταφυτεύω
K ζωφυτεύω
BO τροφεύω
BO ταριχεύω
BK θύω
O ἑλκύω
BK λύω
O διαλύω
O περιλύω
K συλλύω
. ἀπολύω
K ἐναπολύω
BK κωλύω
BK διακωλύω
K μηνύω
O δεικνύω
O ἐπιδεικνύω
O ἐνδεικνύω
OK ὀμνύω
ἀκούω
B διακούω
O ἐπακούω
ὑπακούω
O διακροΰω
B ἐρύω
B καταρτύω
O ἰσχύω
B ἐξισχύω
BK γράφω
διαγράφω
BK προσδιαγράφω
ἀναγράφω

B παραγράφω
BK καταγράφω
K συγκαταγράφω
K μεταγράφω
OK ἐγγράφω
ἐπιγράφω
B μετεπιγράφω
B περιγράφω
ἀντιγράφω
O ἐκγράφω
K ἀπογράφω
BK ὑπογράφω
BK προγράφω
K ὑπεργράφω
προσγράφω
BO τρέφω
O στρέφω
OK ἀναστρέφω
O ὑποστρέφω
B ἀλείφω
B [ἐξαλ]είφω
O ἀπαλείφω
K ἐλέγχω
B διελέγχω
O ἐπελέγχω
ἔχω
περιέχω
O ἀνέχω
B ἐνέχω
BK συνέχω
BK ἀπέχω
OK συναπέχω
K προαπέχω
ἐπέχω
B ὑπέχω
BK παρέχω
O τρέχω
O συντρέχω
B κατέχω
B προσκατέχω
προσέχω
OK κατέχω
O διακατέχω
B προκατέχω
OK ἀντέχω
O ἄρχω
BK ὑπάρχω
BK πάσχω.

II. Quellenregister.

A. Citierte Papyri.

UBeM.

No.	Seite	No.	Seite	No.	Seite
5	14. 19.	86	63. 91. 129. 135.	177	25. 31. 107. 108.
13	30. 59. 61. 63.		145. 148. 149. 162.		121. 127. 141. 150.
	108. 126. 134.	87	51 ff. 64. 108. 134.		152.
	144. 150. 164.		143. 148. 164.	179	84. 95 ff. 111. 112.
15	10. 11. 14. 28.	88	129. 142. 154. 155.		113. 118. 122. 131.
	164.		164.		132.
17	78.	94	86. 109. 116. 134.	180	16. 18. 19. 159.
18	18. 159.		136.	183	91. 115. 123. 128.
19	8. 9. 13. 14. 22.	96	8. 62. 123. 155.		135. 145. 146. 148.
	44. 152.		161. 162.		149. 150. 151. 152.
25	159.	100	134. 164.		165.
39	30. 138.	101	63. 72. 91. 100.	184	87. 87/88.
44	120. 121. 131.		110. 111. 115. 116.	187	38. 125. 143.
	139. 140. 151.		117. 122. 131. 132.	189	113. 131.
	154. 155.		155. 161. 162.	190	85. 114. 115. 131.
46	18.	112	87.		147. 149.
50	158.	114	210.	192	71.
52	71.	135	11.	193	31. 56 ff. 100. 107.
62	26.	136	9. 11. 13. 18. 20.		122. 123. 141. 144.
68	26. 31. 87. 132.		139. 152. 143. 160.		146. 147. 150. 155.
69	119. 125. 131.	153	64. 106. 127. 128.		161. 162. 163.
	143. 147.		134. 143. 144. 146.	194	159.
70	112. 119.		147. 151. 152. 164.	195	45/46.
71	38. 64. 108.	155	26. 32. 86. 132.	196	87. 120. 121. 132.
	134. 143. 144.		153.		145. 146. 151.
	150. 154. 156.	159	159.	197	30. 89. 138.
75	136.	161	144.	198	114. 115. 128.
76	136.	163	6. 11.	200	125. 132. 139. 160.
77	94. 131. 145.	164	154.	226	11. 18. 44.
78	114. 127. 132	166	138.	227	117. 138
	145.	168	6. 11. 16. 17. 18.	228	64. 126. 134. 141.
80	28. 60. 81 ff.		159.		148. 150. 164.
(= 446)	125. 127. 134.	172	25.	231	234.
	144. 155.	176	120.	232	123.

B. Behandelte Papyri.

1. Ex professo behandelte

2. Im Vorbeigehen behandelte.

C. Bruns, fontes[6].

D. Gai Institutiones. — Pauli sententiae.

E. Corpus iuris civilis.

F. Das B.G.B.

—

III. Verbesserungs- und Ergänzungsvorschläge.

(Die bisherige Lesung ist gesperrt gedruckt.)

UBeM.

77,22/23 erg. ἐπιγέ(γραμμαι) statt ἐπιγέ(γραφα) τῆς γυ[ναικός und μον κύριος καὶ ἔγρ(αψα) ὑπέρ nach Ox. LXXVI,24 ff. (So auch Kenyon Brit. Mus. II, 208, wie ich nachträglich ersehe).

135, 7 erg. τῶν περὶ σ[ὲ ὑπηρετῶ]ν.

136, 4 erg. [ἐπὶ τοῦ βήματ]τος.

153, 22 aufzulösen ὁ προγ(εγραμμένος) statt ὁ προγ(ίμενος).

179, 5 erg. [ἔχειν ἀπό.

7 erg. [μηνῶν εἴκοσι].

9 ἀπέσχες παρ'] ἐμοῦ für σμον.

11 erg. [τὰς λοιπάς].

231, 15 erg. ἥμ[ισυ] δυο[καιτριακοστὸν τετρ] statt μ[..] δύο [ἐκκαι-δέκατον τετρ].

241, 6 erg. [Τασοιχαρίον].

9 erg. ἀπὸ τῆς μετηλλαχυί]ας statt διὰ κληρονομί]ας

10 erg. λω(νίου) .... statt λωνίον.

11 erg. Κάστω[ρ τοῦ λοιποῦ τρί-τ]ου μέροις.

12 über der Zeile μὲν für ε. ε.

13 erg. hinter μην noch Καρανίδα. — ἀρούρ[α]ς für ἀρουρ[ῶ]ν.

14 [μεν σφραγῖδος ἀρο]υρῶν πέν-τ[ε] für [12. κλ]ήρων περὶ [.]. — τῆ[ς δὲ δευ]τέρας für τη-[. . . . .]τερις.

15 erg. ἀρούρης μιᾶς, ἀμφ]ο[τ]έ-ρων statt [. . . . πρ]ο[τ]έρων. — Am Schluss πε für πα.

16 erg. ρι τὴν Φιλοπάτορος τ]ὴν [καὶ].

17 erg. etwa [καὶ ἀπὸ τῶν ἐπὶ τὸ αὐ]τό.

(241) 18 erg. μὲν Ἀπολλωνίῳ εἰς] τὸ

19 erg. [μὲν προγεγραμμέν]ων τῶν [περὶ]. — π[ρώτῃ] αἱ ὑ für π[. . . .]ην.

20 erg. [σφραγεῖδι ἀρουρῶ]ν.

21/22 erg. [μεθ' ὃν] σειτικὰ ἐδάφη.

23 αἱ ὑπογεγραμμέ[ναι κ]αὶ ἐπιβεβληκυῖαι [τῷ Κά]σ für . . . .] γεγραμμέ[νοι]ς ἐπιβα[λ-λ.] . . . . . . [. .] . ς.

24 erg. τορι ἄρουραι δύο κ]. — erg. τὴ[ν Φι]λοπάτο[ρ]ος. — Θ[εο]γένοις für σ[υγ]γενοῦς.

25 erg. [ἀρούρας τρῖς. — ἑκάσ- für ἐκνό-.

27 erg. τὸ μὲν ἐκ statt τὸ ἐκ.

28 erg. [πον, ἐν ᾧ ἐλαῖαι? ?].

31 erg. μέναι καὶ statt μέναι.

33 erg. [περὶ τὴν Καρανίδα.

35 hinter [. φη erg. λιβός.

36 ἀπὸ τοῦ νῦν κρατεῖ]ν καὶ für [. . . . 12] . ι νωι.

37 erg. |βεβληχότος statt |βάλ-λοντος.

41 erg. [διαγράφοντος ἑκάσ]

42 erg. καθὼς καὶ τὸ? ?]. — τηδε für τῇ δὲ.

43 erg. διεληλυθότ]ος für [12]. ο.

350, 11 erg. ἐμ]ποιούμενον.

378, 16 erg. [τάδε] ἔλεγεν (Brinkmann).

427, 12 nicht ὁμολογεῖ zu ergänzen.

444, 8 ἐξ ἧς πεπ]οίηνται für ... δ[ι]οίκηται.

10 erg. ὃ ἐπανείρηται ἡ] Θαῆσις.

14 τὴν δ[ὲ Θαῆ]σιν für εἰς π[λ]ήρωσιν.

18 erg. κ(αι) Χ[αριδή]μον für κεχ[ωρισ]μέν(ον)?

444, 18 *Πετεσοῦχους* für *Πετεσούχου.*
19 *τοῦ ἐνόντος* für *μένοντος.*

446, 19 erg. *τοῦ δ' ἄλ[λου ἴδια γράμματα.*
26 *εἶκον ἴς μ[.]ς* für *εἰκονισμ[ό]ς.*

542, 14 erg. *αὐτή[ν τε καὶ] τὸν βεβαι[ω-
τή]ν [τῆς.*

592, 8 *ἡσυ[χίαν ἤγαγεν* für *...χι ἀν-
ήγαγεν.*

613, 12 *αὐτὸς* für *αὐτοῦ.*
παρενοχλοῦντας für *παρε-
νοχλοῦντος.*
15 *τὸ πρᾶγμ]α πέρας* erg. zu *ε ρ α ς.*
18 *παρατυχ(ὼν)* für *παρατυ-
χ(όντες).*
19 *ἐπὶ τὴ[ν σὴν δ]ιάγνωσιν* zu *δ]ιάγνωσιν.*
26 erg. *κ[αὶ τῆς ἀποφάσε]ως.*
31 löse auf: *πάτρων(ος) αὐτ(ῶν).*
32 *ε[ἰ]ς* statt *α[.]ς.*
συνεμπέπλεκταί τε τῶι statt
συνεμπέπλεκται λέγων.
36 *Ἐξῆλθεν* statt *ἀξιοῖ οὖν.*
38 erg. *εἶναι* nach *αὐτῶν.*

614, 10 *καταλο[γε]ί[ου(?)* für *καταλο[χι]σ[μῶν.*
14 *οὐ μετ' οὐ πολὺ δέ* für *⟨οὐ⟩
μετ' οὐ πολὺ δὲ* (Brinkmann).
16 erg. *ποιή[σασθαι εἰς τὴν].*
17 *ἀπέχειν τὸ προχρησθὲν(?)] ὑπ'
ἐμοῦ* statt *.....] ἐπ' ἐμοῦ.*
20 erg. etwa *ὅπως κληθέσθωσαν]
οἱ προχείμενοι.*
21 erg. *[διὰ τοῦδε ἐντυγχάνω.*
24 erg. *[τῶν πατρῴων μερίδα
οὖσαν].*
25 erg. *ἐπὶ σοῦ τοῦ τοῦ ἱερ]έως*
für *ἐπὶ τοῦ ἱερ]έως.*
27 *δικαίῳ καὶ ἐχρῆ[ν]* für *δικαίῳ
ἐχρῆν.*
erg. *ὑπαν[τήσαντας* für *ὑπαν-
[τῆσαι.*
28 erg. *μὴ ἐλαττουμέν]ου μοι.
ἔχω* für *ἔχει.
περὶ ὧν* für *παριὼν.*
erg. *ὀφ]είλι.*

650, 21 erg. *ἀπαρε]νόχλητον* statt
ἀνε]νόχλητον.
667, 12 erg. *παρέ[ξεται αὐτῷ ἀνέπαφον
καὶ ἀνεπιδάνειστο]ν* statt *παρ-
έ[δωκεν].*
16 erg. *καὶ ἐξαλλοτ]ριοῦντας.*
17 erg. *[ἐὰν δὲ μὴ βεβαιοῖ ...]*
18 erg. vor *καὶ εἰς τὸ δημόσιον*
noch *καὶ ἐπίτιμον (ἀργ.)
(δραχμάς) ( ).*
erg. *περὶ δὲ τοῦ ταῦτα [οὕτως
ὀρθῶς καλῶς γεγονέναι ἐρω-
τηθεὶς ὁ πατή]ρ*

741, 37 *καὶ ἀνέπαπον καὶ ἀν[επι]δά-*
für *ἀνυπαναναιαν ἀδά-.*
39 *ἐ[μποιο]ύμενον* für *ἐ[ᾶσαι
.]υμενον.*
48 erg. *ἀλλη[λέγ?]γυα* eher als
ἄλλη[ν ἔγ]γυα.

Brit. Mus. II.

153, 11 *κελε]υσον* für *υπον.*
12 *Ι[ου]λι[ανο]ς* für *Ι[......]ς.*
— *δυν[αται το πραγ]μα περας*
für *δυν[ ]μανερας.* —
13 *εχειν ελεσθε [ουν ον]* für *εχει
τ.. λεσας [....].*
erg. *με[σιτην* (oder *-σιτευειν*),
dann Namensanfang. —
14 *Δ.μ.* Namensanfang. — erg.
[καὶ] Αγριππει. —
15 *]νος* Ende des Namens.
16 *μεσιτευει* für *μ...τευσι
ε]ντος* für *πτος.* —
17 *δεκαπεντε ημερων* für *[..]κα-
.εντ. ημεων.* — *ζη[τημα]* für
α[ ]. —
17/18 *διαλεξο[μενου] τωι?*
172, 14 *υπεγραψε* für *ενεγραψε.*
16 *δε[ο]* für *δεδ[ο].*
17/18 *αξιωι τουτου τ[ο ισ]ο[ν]* für
αξιων τουτ[...].ο[.].
20 *διαστολη* für *διαστομι.*
21 *ενγρ[α]πτων* für *ενπ[ι]πτων.*
181, von Z. 11 an vgl. die Tafel zu
S. 32.
185, 24 erg. *η [πεποιην*
27 erg. *[εις την].*

(185) 28 *Ταμυσθαν* für *Ταμυσθας.*
erg. [μητρικων αυτων τεταρτου μερους.

29 erg. [ς και αυλης εν τη αυτη κωμη Διο].

30 erg. ν[υσιαδι επι ρυμης Λευκιου λεγομενης.

31 μετα κ[υ]ρι [ ] πρασει δια του εν κω[μη Διονυσι für μετα τε της προσ..διας ουλη κ, [δια του εν Διονυσι.

39 εγρ^α (= εγραψα) .... γρ^ς (= γραμματευς) τ^ (= του) προ^ (== προχειμενου) γρ[αφ]ειο (= γραφειου) für επαγεγρ της αυτης τ^ προ[..]..[....]ει.

189, 11 erg. εξ ης (für εξης) πεποιηνται εξ [ϝ]υδο[κουντος συμφωνου διαιρεσεως επανειρησθαι την.

12 erg. μερος [εκτον εκ του προς ?? μερους πηχεις??

13 erg. [λιβ.. επ απηλιωτην πηχεις??... συμ].

15 και für καμ, und erg. etwa α[υτην επανειρησθαι τα επιβαλλοντα αυτη.

19 των τη[ς? für ταιν τη.

20 erg. τ[ας ομολογουσας τοις προγεγραμμενοις statt τ[οις προγεγραμμενοις.

21 erg. etwa την περι [ων] επανε[ιρηται statt περι [..] επανε[ιρησθαι.

25 κυρια ειναι υ[π]ογρ[. für μειναι ω[ς] προ[κειται].

28 erg. ομολογουμεν διειρησθαι statt διειρηνται.

29 την υπ[αρχουσαν ημιν für α.[.....

31 lies δια του μεν Σωτ.αν β]ραδεα [γρα]ϝειν.

(189) 32 erg. επιγεγρα[μ]με της [γυναικος κυριος.

33 ε[τους] ιζ αυτ[οκρατορος κτλ. nach Z. 1.

215, 14 τῆς τῶν [ϝγκ]τήσεω[ν] für .ης των [...] της εκ[ει].

220, 10 διεγγυηματος für δι εγγυηματος.

12 erg. σωμα[τια] statt σωμα[τα].

14 erg. χρημα]τισαι statt ετεροις απο]τισαι.

15 erg. αποδωι?], nicht αποτιση]. [τη] προκιμενη προθεσμια für [τας] προκιμενας προθεσμιας.

16 το]κον? für]λον?

17 erg. ανυπερθετ]ως statt ως αυτ]ως.

18 παντων und υπαρχοντων umzustellen.

20 erg. ΕΓΓΥΟΥ ΤΟ]Υ statt ΕΓΓΥΗΤΟΥ ΤΟ]Υ.

21/22 Μ[ΗΝΑ ΕΚΑΣΤΟΝ] für Η[ΚΑΣΤΟΝ ΜΗΝΑ].

22 am Schluss ΥΡ für Υ[Π.

23 ΣΤΟΤΟΗ]ΤΙΣ Ε[Γ]ΡΑΞΑ (Ξ statt Ψ) für]. Ε[Π]ΡΑΞΑ ΑΓΡΑΜΜΑΤΟΥ für ΗΓΓΥ-ΗΜΜΑΤΟΥ.

24 erg. ΕΓΓΥ]ΩΜΑ[Ι ΚΑΘ. —]..ης: man erwartet ΩΡΟΣ ΣΤΟΤΟΗΤΙΟΣ. — l. του προ^κ [γρ^ εγραψα für υπερε-[γραψα.

Oxyrhynchos I.

LXVIII, 37: προσμεταδοῖ μένουσαν statt προσμεταδοῖμεν οὖσαν (Brinkmann).

IV. Behandelte Worte.